示范性职业教育重点规划教材

仪器分析技术

主　编　周　立　刘裕红　贾　俊

副主编　毛午佳　陈湘霞　卢晓兰

西南交通大学出版社

·成　都·

图书在版编目（ＣＩＰ）数据

仪器分析技术 / 周立，刘裕红，贾俊主编. —成都：
西南交通大学出版社，2018.11
示范性职业教育重点规划教材
ISBN 978-7-5643-6524-0

Ⅰ. ①仪… Ⅱ. ①周… ②刘… ③贾… Ⅲ. ①仪器分
析 – 高等职业教育 – 教材 Ⅳ. ①O657

中国版本图书馆 CIP 数据核字（2018）第 242229 号

示范性职业教育重点规划教材

仪器分析技术

主编　周　立　刘裕红　贾　俊

责任编辑	牛　君
封面设计	何东琳设计工作室

出版发行	西南交通大学出版社
	（四川省成都市二环路北一段 111 号
	西南交通大学创新大厦 21 楼）
邮政编码	610031
发行部电话	028-87600564　028-87600533
网址	http://www.xnjdcbs.com
印刷	四川森林印务有限责任公司

成品尺寸	185 mm × 260 mm
印张	13.25
字数	328 千
版次	2018 年 11 月第 1 版
印次	2018 年 11 月第 1 次
定价	29.00 元
书号	ISBN 978-7-5643-6524-0

编 委 会 _(以姓氏笔画为序)

前　言

为了适应我国高职院校医药教育事业的发展，结合当前职业院校仪器分析实际教学工作的需要，贵阳职业技术学院根据药物质量检验、仪器分析和分析化学的基本理论和方法，结合我国药品检验机构、药企的药品检验需求，在调查常用仪器分析技术的基础上，组织全国 6 所高等医药院校的有关人员共同编写完成本书。

本书力求反映我国常见仪器分析工作的实际，体现各种仪器分析教学内容与工作场景的紧密结合，力争做到内容丰富、重点突出、切合实际、操作性强。因此，本书可作为高职、中职院校的教材，具有很强的实用价值。

本书共有八个模块。

模块一着重介绍仪器分析的岗位常识，包括仪器分析技术简介、样品前处理、误差与数据处理等。

模块二至模块八主要介绍各种常用仪器分析技术的原理、使用方法、注意事项等，包括电位分析法、紫外-可见分光光度法、原子吸收光谱法、红外吸收光谱法、色相色谱法、高效液相色谱法、离子色谱法等。

本书的编写得到了贵阳护理职业学院、成都中医药大学附属医院针灸学校、西南医科大学附属中医医院·中西医结合医院、广东岭南职业技术学院等学校的大力支持，在此表以衷心感谢。

本书在编写过程中，由于参编单位和人员较多，书中难免有不足之处，欢迎使用单位和读者指正，以便再版时加以修改完善。

编　者

2018 年 5 月

目　录

模块一　岗位常识

模块二　电位分析法

模块三　紫外-可见分光光度法

模块四　原子吸收光谱法

模块六　气相色谱法

模块七　高效液相色谱法

模块八　离子色谱法

模块一 岗位常识

项目一 仪器分析技术简介

分析化学是研究物质的化学组成、含量和结构的分析方法及有关理论和技术的一门学科，它包括化学分析和仪器分析两大部分。其中化学分析是以化学反应为基础的分析方法，包括定性、定量和结构分析。仪器分析法是通过测量物质的物理或物理化学性质、参数及其变化来确定物质的组成、含量及化学结构的分析方法。由于这类分析方法在测定中通常需要使用各种精密、特殊仪器，故名"仪器分析"。

任务一 仪器分析技术的特点

一、仪器分析的优点

在化学分析的基础上，近些年迅速发展起来的仪器分析法，具有如下的优点：

1. 灵敏度高

仪器分析比化学分析的灵敏度高得多，多数仪器分析适用于微量、半微量，甚至超微量组分的分析。其相对灵敏度由化学分析的毫升（mL）、毫克（mg）级降到微升（μL）、微克（μg）级，甚至到纳克（ng）级，其绝对灵敏度发展到 $1 \times 10^{-12} \sim 1 \times 10^{-15}$ g 级。

2. 选择性好

仪器分析法大多可以通过选择或者调整测定条件，使共存的组分在测定时相互不受干扰，因此它适用于复杂组分的试样分析，有时也可同时对多组分进行测定。

3. 分析速度快

由于现代仪器分析使用了先进的电子仪器、自动化的操作流程，使仪器自动记录试验结果并对数据进行自动处理，使分析更为迅速。自动进样、上机测定后，很短的时间即可得到分析结果，并可完成批量同种试样的分析。

4. 应用范围广

仪器分析方法多，功能各不相同，因此，仪器分析可以适用于多种分析，如定性和定量分析，结构分析、物相分析、价态分析、微区分析、遥测分析，甚至在不损害试样的情况下进行分析等。

二、仪器分析的不足

仪器分析虽有以上众多优点，但也有不足之处：

1. 相对误差较大

仪器分析的准确度较差，一般相对误差为百分之几，有的甚至更高。这样的准确度仅可用于低含量组分的分析，并不适用于常量分析。

2. 仪器复杂，价格贵

仪器分析使用精密仪器，结构复杂，价格贵，有的仪器甚至需要恒温、恒湿才能正常工作，因此，仪器分析的普遍推广受到了一定的限制。因此，化学分析法和仪器分析法是相辅相成的，在使用时可以根据样品、仪器、条件等具体情况，两者结合使用，相互取长补短。

任务二　仪器分析技术的分类

到目前为止，仪器分析已有多种方法，它们虽然都是分析化学的测量和表征方法，但因其方法原理、仪器结构、适用范围等各不相同，习惯上将其归纳为：电化学分析、光学分析、色谱分析及其他仪器分析法。

一、电化学分析法

电化学分析是根据物质的电学和电化学性质及其变化规律进行分析的方法。该方法通常需要使用化学电池，并将被检测试液作为化学电池的一个组成成分，通过测量该电池的各种参数，如电位、电流、电量、电荷、电导等电学参数，以及研究它们与其他化学参数间的相互作用关系来进行分析。

二、光学分析法

光学分析法是基于分析物发射的电磁辐射或物质与电磁辐射相互作用产生辐射信号变化而建立起来的一类分析方法。可分为光谱法和非光谱法。

1. 光谱法

当电磁辐射作用于物质，使物质的分子或原子内部发生能级之间的跃迁，产生光的发射、吸收，根据发射光或吸收光的波长与强度进行定性分析、定量分析、结构分析和各种数据的确定。

2. 非光谱法

非光谱法是基于物质与辐射相互作用时，测量辐射的某些性质，如折射、衍射和旋转等变化的分析方法。它不涉及物质内部能级的跃迁，是电磁辐射的基本性质的变化。

三、色谱分析法

色谱分析法是一种物理或物理化学分离分析方法，它利用被分离组分在固定相和流动相之间分配系数的不同，使混合物中各组分达到分离，最终再进行定性、定量测定的分析方法，是分析混合物的有力手段。主要有液相色谱法、气相色谱法。

四、其他仪器分析方法

除上述三大类外，仪器分析还有质谱法、放射化学分析法、热分析法、核磁共振波谱法。

1. 质谱法

质谱法是利用试样在离子源中电离后，形成各种带电离子，在加速电场作用下，形成离子束，经质量分析器的作用后，按各种离子质荷比（m/z）的大小分离后进行检测的方法。

2. 放射化学分析法

放射化学分析法是利用放射性同位素对元素进行微量和痕量分析的方法。

3. 热分析法

热分析法是基于热学原理建立的分析方法，通过控温程序控制样品的加热过程，并检测加热过程中产生的各种物理、化学成分的变化方法，对物质的物理性能或成分进行分析的总称。

任务三　仪器分析技术的主要性能指针

定量分析是仪器分析的主要任务之一。对于一种定量分析方法，使用相应的仪器分析方法是否得当，常用一些分析方法的性能指标来评价。这些指标包括精密度、灵敏度、检出限、标准曲线的线性范围、准确度、选择性等。因此，在进行分析前既需要了解试样的基本情况和对分析的相关要求，更需要了解所选用分析方法的基本性能指标。

一、精密度

分析数据的精密度是指使用同一方法，对同一试样进行多次测量所得测量结果的一致程度。同一分析人员在同一条件下测量结果的精密度称为重复性；不同实验室所得测量结果的精密度称为再现性。精密度常用测定结果的标准偏差 S 或相对标准偏差（S_r）量度。精密度是表征随机误差大小的一个指标。一个好的方法应有比较好的精密度。

二、准确度

试样含量测量的测试值与试样含量的真实值（或标准值）相符合的程度称为准确度。准确度是分析方法最重要的性能指标。准确度常用相对误差 E_r 来表示。准确度是分析过程中系统测量误差和随机误差的综合反映，它决定分析结果的可靠程度。方法有较好的精密度并且消除了系统误差后，才有较好的准确度。

$$E_r = \frac{\overline{c}}{\mu} \tag{1-1}$$

式中　$\overline{c}$——测量得到的被测物浓度的平均值；

　　　μ——待测物试液浓度（或真值）。

分析方法的准确度常用以下方法来考察。

1. 用标准样品评价

标准样品（或称标准参考样品）是一种或多种所含物的含量已确定，用于校准测量器具、评价测量方法或确定材料特性量值的物质。用标准样品来评价分析方法的准确度是最理想的方法。用所建立的方法分析标准样品，如果所得结果与标准样品中给定物质的含量一致，说明所建立的方法具有很好的准确度。

2. 与其他方法对照

将分析结果与其他分析方法所得结果进行对照，对所选用分析方法进行评价。在这里，所选用的方法最好是公认的、可靠的方法或者是较为成熟的方法。

3. 进行加标回收实验

在对所建立的一个分析方法进行阐述和论证时，通常要求进行加标回收实验。即首先测定样品中被测物的含量，然后在样品中加入一定量的被测物纯品，然后再测量加标样品中被测物的含量，将加标前后所得被测物的量之差与实际的加标量进行比较，即可得到回收率。回收率在 95% ~ 105%，可以认为所建立的分析方法是准确的。

三、灵敏度

分析方法的灵敏度通常指待测组分单位浓度或单位质量的变化所引起测定信号值的变化

程度，即

$$灵敏度 = \frac{信号变化量}{浓度（质量）变化量} = \frac{\mathrm{d}x}{\mathrm{d}c(\mathrm{d}m)}$$

（1-2）

根据国际纯粹与应用化学联合会（IUPAC）的规定，灵敏度是指在浓度线性范围内校正曲线的斜率。斜率越大，灵敏度越高。分析方法发生改变，灵敏度也随之发生改变。

值得注意的是，在仪器分析中，各种仪器分析方法通常有自己习惯使用的灵敏度概念，如在原子吸收光谱中，常用"特征浓度"，即 1% 的净吸收来表示方法的灵敏度；在原子发射光谱中常采用相对灵敏度来表示不同元素的分析灵敏度。

四、标准曲线的线性范围

标准曲线是待测物质的浓度或含量与仪器响应信号之间的关系曲线。由于是用标准溶液测定绘制的，故称为标准曲线。线性范围是指定量测定的最低浓度扩展到标准曲线偏离线性范围的浓度。各种仪器线性范围相差很大，适用分析方法的线性范围至少应有两个数量级，有些方法适用浓度范围则有 5~6 个数量级。

五、检出限

某一方法在给定的置信水平上可以检出被测物质的最小浓度或最小质量，称为这种方法对该物质的检出限，以浓度表示的称为相对检出限，以质量表示的称为绝对检出限。检出限表明被测物质的最小浓度或最小质量的响应信号可以与空白信号相区别。方法的灵敏度越高，精密度越好，检出限就越低。具体方法的检出限可参照本教材中各种仪器分析方法的具体计算和测定方法进行确定。检出限是方法灵敏度和精密度的综合指针，它是评价仪器性能及分析方法的主要技术指标。

项目二　样品前处理

理想的分析方法应能直接从试样中定性鉴别或定量测定某一待测组分，即所选择的方法应该具有高度的专一性，不受到其他组分的干扰。但在仪器分析工作中除少数样品可以不经过处理直接测定外，绝大多数的样品都具有比较复杂的体系，测定试样中某一组分时常受到其他组分的干扰，因此分析试样在进行测定前必须选择适当的方法消除干扰。样品前处理总的原则是：消除试样中的干扰因素，保留完整的被测组分，以获得可靠的分析结果。常用的样品前处理方法有以下几种。

任务一　有机物破坏法

有机物破坏法主要用于试样中无机元素的测定。药物分子中的无机元素，常与芳环等有机物质结合，成为难溶、难离解的化合物。这些化合物用水解或氧化还原后，测定方法难以将有机结合的金属原子及卤素转变为无机的金属化合物及卤素化合物。要测定这些无机成分的含量，需要在测定前将有机物在强氧化剂的作用下，经长时间的高温处理，破坏有机结合体，使有机结合状态的金属及卤素转变为可测定的无机形式，方可选用合适的分析方法进行测定。该法被称为有机破坏法，一般包括湿法破坏、干法破坏两种。

一、湿法破坏

湿法破坏是常用的样品无机化方法，主要测定有机物中金属元素、硫、卤素等元素的含量。所用的仪器，一般为硅玻璃或硼玻璃制成的凯氏烧瓶。常在样品中加入强氧化剂，并进行加热，在一定温度下使样品中的有机物质完全分解、氧化，呈气态逸出，待测成分转化为无机物状态存在于消化液中，供测试用。常用的强氧化剂有浓硝酸、浓硫酸、高氯酸等。湿法消化有机物的优点是快速、简便。但在消化过程中，常产生大量有害气体，因此操作过程需在通风橱内进行；由于整个操作过程所用无机酸量数倍于样品，所以必须按相同条件进行空白试验校正；消化初期，易产生大量泡沫外溢，故需操作人员随时照管。

常用消化方法有如下几种：

1. 硝酸-高氯酸法

本法破坏能力强，反应比较激烈。故进行破坏时，必须严密注意切勿将容器中的内容物蒸干，以免发生爆炸。

2. 硫酸-硝酸法

本法适用于大多数有机物质的破坏，如染料、中间体或药物等。

3. 硫酸-硫酸盐法

本法所用硫酸盐为硫酸钾或硫酸钠，因硫酸钠为含水化合物，不利于有机物的破坏，故一般多采用硫酸钾。加入硫酸盐的目的是提高硫酸的沸点，以使样品破坏完全。该法统称凯氏定氮法。

二、干法破坏

1. 高温炽灼法

本法是将有机物灼烧灰化以达分解的目的。将适量样品置于坩埚中，常加无水碳酸钠或轻质氧化镁等以助灰化，混合均匀后，先小火加热，使样品完全炭化，然后放入高温炉中灼烧，使其灰化完全。所得残渣即为无机成分，可供测定用。除汞外大多数金属元素和部分非金属元素的测定都可用此法处理样品。

2. 氧瓶燃烧法

本法是将试样药物包在定量滤纸内，将其用铂金片夹稳，放入充满氧气的燃烧瓶中进行充分燃烧，待燃烧产物被吸入吸收液后，再采用适宜的分析方法来检查或测定各元素的含量。本法能简便、快速、彻底地分解破坏有机物，不需要复杂特殊的设备，就能使有机化合物中的待测元素定量分解成无机形式。

任务二　样品的分离和提纯

在对试样进行分析时，有些试样中的多种组分会互相干扰，使分析结果出现较大误差。因此，在测定试样中某一组分之前，需采取一定的措施对干扰组分进行掩蔽。但有时加掩蔽剂也不能完全消除多组分的干扰，这就需要对干扰组分进行分离，才能进行准确的分析测定。分离，即让试样中的组分相互分开的过程。在试样的处理过程中，分离是至关重要的一步。通过分离得到高纯度的被测化合物，分离操作也称为纯化或提纯。定量分析中分离主要有两方面的作用：一是提高方法的选择性；二是将微量或痕量的组分富集，使之达到测定方法的检测限以上，即提高方法的灵敏度。常用的分离方法有沉淀法、萃取法、挥发法以及色谱法等。

一、分离方法简介

（一）沉淀法

沉淀分离法是根据溶度积原理，利用沉淀反应将待测组分从分析的样品体系中沉淀分离出来，或者将干扰组分析出沉淀，以达到除去干扰目的的方法。分离出来的沉淀经过滤、洗涤、干燥或灼烧后，可进行待测组分的定量分析。常用的沉淀分离法有无机沉淀分离法、有机沉淀分离法、共沉淀分离法等。

（二）萃取法

萃取法是利用待测组分在两种互不相溶（或微溶）的溶剂中溶解度或分配系数的不同，使待测组分从一种溶剂内转移到另外一种溶剂中。使用溶剂直接从固体样品中萃取被测组分的方法称为液-固萃取；将样品制成水溶液，用与之不互溶的有机溶剂进行萃取的方法称为液-液萃取，当被测组分全部萃取到有机相中后，使水相和有机相分离，蒸去有机溶剂，称出干燥萃取物的重量[①]，即可确定被测组分含量。

（三）挥发法

挥发指液体或固体分子转化为气体分子的过程。挥发法一般是通过加热或常温下通惰性气体等方法使试样中被测组分挥发逸出，然后根据试样减轻的重量计算该组分的含量；或者该组分逸出时，用相应的吸收剂将其吸收，并根据吸收剂增加的重量来计算该组分的含量。根据称量的对象不同，挥发法分为直接法和间接法。被测组分被分离出后，如果称量的是被测组分或其衍生物，通常称为直接法。被测组分与其他组分分离后，如果通过称量其他组分，测定样品减少的重量来求得被测组分的含量，则称为间接法。

注：① 实为质量，包括后文的称重、恒重、减重、增重等。但由于现阶段我国农林、食品等领域的生产和科研实践中一直沿用，为使学生了解、熟悉行业实际，本书予以保留。——编者注

（四）色谱法

色谱法是一种物理或物理化学分离分析方法，是利用混合物中各组分在两相中具有不同的分配系数或吸附系数，当两相做相对运动时，这些物质在两相中进行多次反复的分配而进行分离的一种方法。它是一种效率最高、应用最广的分离技术，特别适宜于分离多组分试样。常用的色谱法按固定相的使用形式分为柱色谱法、纸色谱、薄层色谱等。

1. 柱色谱法

柱色谱是将固定相置于色谱柱中，如吸附色谱法，柱内填充硅胶、氧化铝等固体吸附剂作为固定相，从柱上端加入待分离的试液，如果试液含有 A、B 两种组分，则两者均被固定相吸附在柱的上端形成一个环带。当加样完成后，可用一种适当的溶剂作为洗脱剂（流动相）进行洗脱，随着洗脱剂向下流动，A 和 B 两组分在两相间连续不断地发生解吸、吸附作用。由于洗脱剂和吸附剂对 A、B 两组分的溶解能力和吸附能力不同，因此 A、B 两组分移动的速度不同，经过相同时间后，两者移动的距离产生差异。吸附能力弱和溶解度大的组分（假定为 A）移动的速度较快，容易被洗脱下来。经过一定时间，A、B 两组分即可完全分开，形成两个环带，每一环带内是一种纯净的物质。如果 A、B 两组分有颜色，则能清楚地看到两个色带。继续洗脱，分别收集流出液进行分析测定。

2. 纸色谱法

纸色谱法是根据不同物质在两相间的分配比不同而进行分离。纸色谱是以滤纸为载体，将待分离的试液用毛细管滴在滤纸的原点位置，利用滤纸吸附约占质量 20% 的水分作为固定相，另取有机溶剂作为流动相（展开剂）。由于滤纸的毛细管作用，流动相沿滤纸向上展开，当流动相接触到滤纸上的试样点时，试样中的各组分就不断地在固定相和展开剂之间进行分配和再分配，分配比大的组分上升慢，分配比小的组分上升快。当分离进行一定时间后，溶剂前沿上升到接近滤纸条的上端时，试样中的不同组分在滤纸上就得以分离。此时，取出纸条，喷上显色剂显斑，试样各组分分离情况用比移值来衡量。

3. 薄层色谱法

薄层色谱法是将柱色谱与纸色谱相结合而发展起来的一种色谱分离方法。薄层色谱具有分离速度快、分离效果好、灵敏度高和显色方便等特点。最常用的薄层色谱为液-固吸附色谱。与柱色谱不同，薄层色谱的固定相是在玻璃板（或塑料板）上涂布吸附剂，如硅胶、活性氧化铝等，其粒度更细，涂布后形成均匀的薄层，用与纸色谱法类似的操作方法进行分离。把试液点在薄层板的一端距边缘一定距离处，然后将薄层板放入盛有展开剂的密闭层析缸中，使点有试样的一端浸入展开剂，由于薄层的毛细管作用，展开剂沿着吸附剂薄层上升，遇到试样时，试样就溶解在展开剂中并随展开剂上升。在此过程中，试样中的各组分在固定相和流动相之间不断地发生溶解、吸附的分配过程。易被吸附的物质移动较慢，较难吸附的物质移动较快。经过一段时间后，不同物质上升的距离不同，形成相互分开的斑点，从而达到分离目的。展开时间一般为几分钟至几十分钟。试样各组分分离情况用比移值来衡量。

吸附剂和展开剂的一般选择原则是：非极性组分的分离，选用活性强的吸附剂，用非极性展开剂；极性组分的分离，选用活性弱的吸附剂，用极性展开剂。实际工作中要经过多次实验来确定。

项目三　误差与数据处理

任务一　仪器分析的误差

在仪器分析中，无论使用的仪器如何精密，测量方法多么完善，操作技术如何娴熟，即使是同一分析工作者重复实验数次，所测得结果总是不能完全一致，而且总是与真实值有差别，这说明客观上存在着难于避免的误差。但随着科学技术的进步和人类认识客观世界能力的提高，误差可以被控制得越来越小，但难以降至为零。一个定量分析要经过若干步骤，每一步测量的误差，都会影响分析结果的准确性。

由此可见，在仪器分析过程中，误差是客观存在的，不可避免的。因此，为了提高分析结果的准确性和可靠程度，要求分析工作者必须有正确的误差概念，能够准确判断误差的种类，分析出产生误差的原因，有针对性地采取有效措施减小误差，以提高测定的准确度。

一、准确度与误差

准确度是指测量值与真实值接近的程度。测量值与真实值越接近，测量结果准确度越高。误差是指测量值与真实值之间的差值，有正、负之分。测量值大于真实值，为正误差；测量值小于真实值，为负误差。

准确度的高低用误差的大小来衡量，误差越小，准确度越高。误差有绝对误差和相对误差两种表示方法。

1. 绝对误差

为测量值 x 与真实值 x_t 的差值。

$$E_a = x - x_t \tag{1-3}$$

绝对误差的单位与测量值的单位相同；数值可正可负。若为正值，表明测量值大于真实值，为正误差；若为负值，表明测量值小于真实值，为负误差。绝对误差的绝对值越小，表示测量值与真实值越接近，准确度越高。

2. 相对误差

为绝对误差与真实值的比值，常以百分数表示。相对误差无单位，其数值可正可负。

$$E_r = \frac{E_a}{x_t} \times 100\% = \frac{x - x_t}{x_t} \times 100\% \tag{1-4}$$

【例 1-1】分析天平称量 A、B 两物体的质量各为 1.6380 g 和 0.1637 g，若 A、B 的真实质量分别为 1.6381 g 和 0.1638 g，则两物体称量的绝对误差为

A：E_a = 1.6380 g － 1.6381 g = －0.0001 g

B：E_a = 0.1637 g － 0.1638 g = －0.0001 g

两物体的相对误差为

A：$E_r = -0.0001/1.6381 \times 100\% = 0.006\%$

B：$E_r = -0.0001/0.1638 \times 100\% = 0.06\%$

由此可见，当绝对误差相同时，真实值越大，相对误差越小，准确度越高，用相对误差衡量分析结果的准确度更具实际意义。

3. 真实值

指某一物理量客观存在的真实数值。虽然真实值客观存在，但由于测量中存在误差，很难准确得到真实值，只能尽量接近真实值。在分析化学中常用的真实值有三类：理论真值、约定真值和相对真值。

（1）理论真值　化合物的理论组成等，如四边形内角和为 360°。

（2）约定真值　国际计量大会定义的单位，如长度的单位、质量的单位、物质的量的单位；元素周期表中各元素的相对原子质量等。

（3）相对真值　由标准试样给出的测量值作为相对真值。

二、精密度与偏差

精密度是指在相同条件下，多次平行测量的各测量值之间相互接近的程度，反映了分析测量的平行性、重复性和再现性。各测量值之间越接近，测量的精密度越高；反之，各测量值之间越分散，测量的精密度越低。可用偏差衡量精密度的高低，偏差越小，精密度越高。偏差有以下几种表示方法：

1. 绝对偏差

绝对偏差是指单个测量值与测量平均值的差值。其单位与测量值相同，数值可正可负。

$$d = x_i - x \tag{1-5}$$

2. 平均偏差

平均偏差是指各单个绝对偏差绝对值的平均值。其单位与测量值相同，平均偏差为正值。

$$\overline{d} = \frac{\sum\limits_{i=1}^{n}|x_i - \overline{x}|}{n} \tag{1-6}$$

3. 相对平均偏差

相对平均偏差是指平均偏差与测量平均值的比值。常以百分数表示，无单位。

$$\overline{d_r}\% = \frac{\overline{d}}{\overline{x}} \times 100\% \tag{1-7}$$

用平均偏差和相对平均偏差表示精密度比较方便、简单，但由于在一系列平行测定值中，偏差大的值总是占少数，这样按总测定次数计算的平均偏差结果会偏小，大偏差值将得不到充分的反映，反映不出数据的分散程度。因此常采用标准偏差和相对标准偏差表示，能将较大的偏差更显著地表现出来，更好地体现出数据的分散程度。

4. 标准偏差

当测定次数 $n \leqslant 20$，可用标准偏差表示测量值的分散程度，其单位与测量值相同。

$$S = \sqrt{\frac{\sum\limits_{i=1}^{n}(x_i - \overline{x})^2}{n-1}} \qquad (1\text{-}8)$$

标准偏差计算式中对偏差进行了平方，避免正负偏差相互抵消，又使大偏差能得到更显著的反映。

5. 相对标准偏差（RSD）

是指标准偏差与平均值的比值，常用百分数表示。

$$\text{RSD} = \frac{S}{\overline{x}} \times 100\% \qquad (1\text{-}9)$$

在实际工作中普遍采用可靠性较高的相对标准偏差来表示分析结果的精密度。

【例 1-2】计算下列一组数据的平均值、平均偏差、相对平均偏差、标准偏差和相对标准偏差。

$$33.45，33.49，33.40，33.46$$

解：$\overline{x} = \dfrac{33.45 + 33.49 + 33.40 + 33.46}{4} = 33.45$

$\overline{d} = \dfrac{|33.45 - 33.45| + |33.49 - 33.45| + |33.40 - 33.45| + |33.46 - 33.45|}{4} = 0.025$

$\overline{d_{\text{r}}} = \dfrac{0.025}{33.45} \times 100\% = 0.075\%$

$S = \sqrt{\dfrac{0 + 0.04^2 + 0.05^2 + 0.01^2}{4-1}} = 0.04$

$\text{RSD} = \dfrac{0.04}{33.45} \times 100\% = 0.12\%$

三、准确度与精密度的关系

准确度与精密度的概念不同，当与真实值作比较时，它们从不同侧面反映了分析结果的可靠性。准确度表示测量结果的准确性，精密度表示测量结果的重现性。系统误差是定量分析中误差的主要来源，它影响分析结果的准确度；偶然误差影响分析结果的精密度。测定结果的好坏应从精密度和准确度两个方面衡量。

【例 1-3】有甲、乙、丙、丁四人对同一个样品进行测定，每人平行测定 4 次，真实值为 37.40，结果见图 1-1。

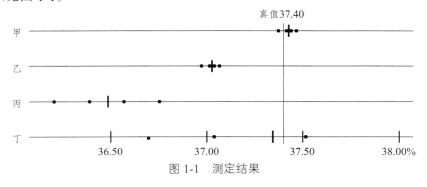

图 1-1 测定结果

由图 1-1 可见：

甲的结果准确度高，精密度高；

乙的结果准确度低，精密度高；

丙的结果准确度低，精密度低；

丁的结果精密度低，表观准确度高，但结果不可靠。虽然平均值接近真实值，是由于正负误差相互抵消的结果，纯属偶然，当测量次数少时，显然得不到正确的结果。

由此可见，精密度高时，准确度不一定高；精密度低时，表明各测量值之间分散，此时测定结果不可靠，此时考虑准确度无意义。因此，准确度高的前提是精密度高，精密度是保证准确度的先决条件。精密度是衡量准确度的前提，分析测试中首先考虑精密度。影响准确度和精密度的因素不一样。

任务二　产生误差的原因

根据误差的性质及产生的原因，通常将误差分为系统误差和偶然误差。

一、系统误差

系统误差由某种确定的原因造成，对分析结果的影响比较恒定，具有单向性；在同一条件下重复测定，重复出现，具有重现性。理论上可以测定，为可测误差。系统误差影响测量的准确度，但不影响精密度的高低。根据系统误差产生的原因，可分为方法误差、仪器误差、试剂误差、操作误差。

1. 方法误差

选择的分析方法不够完善造成。例如，由于反应条件不完善而导致化学反应进行不完全；重量分析中沉淀的溶解损失会造成负误差，共沉淀会导致正误差；滴定分析中指示剂选择不当或滴定终点与化学计量点不相符合，也会产生误差。

2. 仪器误差

实验仪器未经校正或仪器本身不够准确所引起，如滴定管、容量仪器刻度不准确，砝码磨损等。

3. 试剂误差

试剂不符合要求或蒸馏水含有杂质等引起，如去离子水不合格，试剂纯度不够等。

4. 操作误差

主要指在正常操作情况下，由于操作者掌握的基本操作规程和控制实验条件与正规要求稍有出入所造成的误差，是操作人员的主观因素造成。例如，滴定管读数偏离或偏低，对终点颜色的确定偏深或偏浅，对某种颜色的辨别不够敏锐等所造成的误差。

二、偶然误差

同一条件下，对同一试样反复进行测量，在消除了系统误差之后，每次测量所得结果仍然会出现一些无规律的随机性变化，我们把这种随机性变化归咎于随机误差的存在，这种误差表面上似乎毫无规律，纯属偶然，所以称为偶然误差，偶然误差由某些难以控制且无法避免的偶然因素造成，具有随机性，所以又称为随机误差。例如测量时环境的温度、湿度和气压的偶然变化；操作者对平行试样处理的微小差异等。

偶然误差通常不恒定，无法校正。单次误差方向不定、大小不定，不可避免，但符合统计规律：在进行多次测定时，大误差出现的概率小，小误差出现的概率大，大小相近的正负误差出现的概率大致相等。

需要说明的是，系统误差与偶然误差的划分并无严格的界限，系统误差和偶然误差常常会相伴出现。如滴定终点的颜色判断，某人总是偏深，产生系统误差中的操作误差，但在平行测定中，每次偏深的程度又不一致，则产生偶然误差。

除上述两种误差外，在分析过程中，还有因操作人员疏忽或差错引起的"过失"，实质上是一种错误，不属于误差的范畴。如滴定管读数错误、记录及计算错误等。因此需要在操作中仔细认真，恪守操作规程，养成良好的实验习惯，避免出现"过失"。如发现确实是过失得出的测定结果，应将该次测定结果舍弃。

三、提高分析结果的准确度方法

要想提高分析结果的准确度，必须设法减免分析过程中带来的各种误差。下面介绍几种减免误差的主要方法。

（一）选择合理的分析方法

不同分析方法的灵敏度和准确度不同。因此常量组分的测定一般应选用化学分析法，微量或痕量组分的测定应选用仪器分析法。另外，选择分析方法时，还应考虑共存组分的干扰等各种因素。总之，必须根据分析对象、样品情况以及对分析结果的要求，选择合理的分析方法。

（二）减小测量误差

为了获得分析结果的准确度，必须尽量减免各步测量误差。例如，一般分析天平称量的绝对误差为±0.0001 g，用减重称量法称量一份试样，要平衡两次，可能引起的最大误差是±0.0002 g，为了使称量的相对误差小于 0.1%，取样量就不能小于 0.2 g；在滴定分析中，一般滴定管读数的绝对误差为±0.01 mL，一次滴定需两次读数，因此可能产生的最大误差是±0.02 mL，为了使滴定读数的相对误差小于 0.1%，消耗滴定液的体积就不能小于 20 mL。

应该注意不同的分析工作对准确度的要求不同，各测量步骤的准确度应与分析方法的准确度相当。

（三）消除或减小系统误差

1. 对照试验

用已知溶液代替样品溶液，在同样条件下进行测定，这种分析实验称为对照试验。用以检查试剂是否失效、反应条件是否正确、测量方法是否可靠。对照试验是检查系统误差的有效方法。常用的有标准试样对照法和标准方法对照法。标准试样对照法是用已知准确含量的标准试样代替待测试样，在完全相同的条件下进行分析、对照。标准方法对照法是用可靠的标准方法与被检验的方法，对同一试样进行分析对照。若测定结果很接近，则说明被检验的方法可靠。

2. 回收试验

若试样的组成不清楚，或不宜用纯物质又无标准试样进行对照试验时，可以采用回收试验。这种试验是先用选定方法测定试样中待测组分含量后，再向试样中加入已知量待测组分的纯物质（或标准品），然后用与测定试样同样的方法进行对照试验。根据试验结果，按下式计算回收率：

$$回收率/\% = \frac{C - A}{B} \times 100\% \tag{1-10}$$

式中　A——样品所含被测成分量；

　　　B——加入对照品量；

　　　C——实测值。

回收率的范围通常为 95% ~ 105%。回收率越接近 100%，说明系统误差越小，方法准确度越高。

3. 空白试验

空白试验是指在不加试样的条件下，按照与测定试样相同的分析方法、条件、步骤对空白试样进行检验。检验所得结果称为空白值，从试样的检验结果中扣除空白值，就可以消除由试剂、仪器引起的系统误差。

4. 校准仪器

仪器不准确引起的仪器误差，可以通过校准仪器来消除。如对天平、砝码、滴定管和移液管等计量和容量器皿及测量仪器进行校准，并在计算时采用校正值。由于计量及测量仪器的状态可能会随环境、时间等条件变化而发生变化，因此需定期进行校准。

5. 遵守操作规章

分析工作者应严格按照规程认真操作，尽量减小操作误差。

（四）减小偶然误差的影响

根据偶然误差的分布规律，在消除系统误差的前提下，平行测定次数越多，平均值越接近于真实值，因此，增加平行测定次数可以减小偶然误差对分析结果的影响。在实际工作中，一般对同一试样平行测定 3 ~ 4 次，其精密度符合要求即可。

任务三　有效数字及其运算规则

在定量分析中，实验数据的记录和结果的计算中，保留几位数字，须根据测量仪器和分析方法的准确度来决定，即分析结果不仅表示试样中待测组分的含量，同时还反映了测量的准确程度。

一、有效数字

有效数字是指在分析工作中实际上能测量得到的，并有实际意义的数字。包括所有的准确数字和最后一位可疑数字。记录的数字不仅表示测量数据的大小，还要准确地反映出测量的准确度。例如，用万分之一的分析天平称量某试样的质量为 25.6194 g，这一数值中，前五位是准确的，最后一位"4"是可疑数字，但该数字并非臆造，故记录时应保留。由于分析天平的绝对误差为±0.0001 g，所以该试样的实际质量是 25.6193 ~ 25.6195 g。在记录有效数字时，只允许保留最后一位为可疑的数字，除非特别说明，通常有±1 个单位的误差。

有效数字的位数，直接与测定的相对误差有关。有效数字位数多一位，测量的准确度比后者高 10 倍。所以在测量准确度的范围内，有效数字位数越多，测量也越准确，但超过测量准确度的范围，过多的位数是毫无意义的。

判断有效数字的位数，必须遵循以下几条原则：

（1）数字 1 ~ 9 均为有效数字，但数字"0"特殊，具有双重性，"0"可能是有效数字，也可能是无效数字，只起定位作用。当 0 位于数字之前，不是有效数字，只起定位作用；当"0"位于数字之间，是有效数字；当"0"位于数字之后，是有效数字。为了避免有效"0"和用作定位的"0"相混淆，常将用作定位的"0"用指数形式表示。如 0.00783 g，记为 7.83×10^{-3} g。

（2）在变换单位时，有效数字的位数必须保持不变。如 0.0851 g 应写成 8.51 mg。

（3）对于很小或很大的数字，可用指数形式表示。如 0.0089 g 可记录为 8.9×10^{-3} g；如 17000 g，若为 4 位有效数字，可记录为 1.700×10^4 g。

（4）对 pH、pM、pK_a 等对数值，其有效数字仅取决于小数部分数字的位数，而其整数部分的数值只代表原数值的幂次。如 pH = 8.00，对应的[H^+] = 1.0×10^{-8} mol/L，有效数字为两位。

（5）如果数据的首位数字≥8，其有效数字的位数可多算一位。如 9.825，其相对误差与五位有效数字接近，所以可认为是五位有效数字。

（6）非测量得到的数字，如圆周率 π、自然数 e、法拉第常数 F 等，有效数字位数可认为无限多，运算过程中由有效数字来确定计算结果的位数。

二、有效数字的修约规则

在数据处理过程中，各测量数据的有效数字的位数可能不同，即准确度不同。如果能将误差较小的测量数据按一定规则进行修约，既可以简化计算，又不会影响结果的准确度。这种对有效数字位数多的数字，将其多余的尾数舍弃的过程，称为数字修约。修约规则如下：

（1）按照国家标准采用"四舍六入五留双"的规则，即测量值中被修约的数字≤4 时，舍弃；≥6 时，进位；等于 5，且 5 后面数字为"0"或无数字时，则根据 5 前面的数字是奇数还是偶数，如果是奇数，则进位，否则舍弃，总之，使保留下来的末位数字为偶数；若 5 后的数字不为"0"，则此时无论 5 前面是奇数或偶数，均应进位。

（2）不能分次修约，只能一次修约到所需位数。如将 28.745 修约为三位有效数字，不能先修约成 28.75，再修约为 28.8，应该一次修约为 28.7。

（3）在修约标准偏差、相对标准偏差时，修约的结果应使准确度降低，即无论何种情况，都要进位。例如，$S=0.353$，保留两位有效数字，应修约成 0.36。在做统计检验时，标准偏差可多保留 1~2 位数字参加运算，计算结果的统计量可多保留一位数字与临界值比较。表示标准偏差和相对标准偏差时，一般取 1~2 位有效数字。

（4）在计算分析结果时，当组分含量≥10%，一般要求保留四位有效数字；含量在 1%~10%通常要求保留三位有效数字；含量<1%时保留两位有效数字。

三、有效数字的运算规则

在计算分析结果时，每个测量数据的误差会传递到分析结果中去，而运算不能改变测量的准确度。所以，应根据误差传递的规律进行有效数字的运算。注意如果数据的第一位数字≥8，其有效数字的位数可多算一位。

1. 加减法

加减法的计算是各数值绝对误差的传递，所以结果的绝对误差应与数据中绝对误差最大的数据相同，即应以绝对误差最大，小数点后位数最少的数据为准。

如 $0.0331 + 25.31 + 6.90051 = 0.03 + 25.31 + 6.90 = 32.24$

2. 乘除法

乘除法的计算是各数值相对误差的传递，所以结果的相对误差应与数据中相对误差最大的数据相当，即应以相对误差最大，有效数字位数最少的数据为准。

如 $0.0331 × 25.31 × 6.90051 = 0.0331 × 25.3 × 6.90 = 5.78$

在大量数据运算中，若分步运算，为防止误差迅速累积，修约时对所有的数据可先多保留一位有效数字，最后结果再按修约规则取舍。

使用计算器进行运算时，可先不修约，但要求正确保留最后结果的有效数字位数。

任务四　平均值的置信区间

对于准确度要求较高的分析，如制定分析标准、涉及重大问题的试样分析等所需的数据，需要多次对试样进行平行测定，将取得的多个数据用数理统计的方法进行处理。由于偶然误差的存在，将系统误差减小或消除的情况下，测定结果只能是接近真实值，而不可能是被测组分的真实值。因此在表示分析结果时，必须说明测量值与真实值的接近程度及其真实值所在的范围与可靠性。

一、平均值的精密度

平均值的精密度可用平均值的标准偏差来表示。由于各次测量都是对同一样品用同一方法，假设它们的精密度都相同，即标准偏差相同，用 S 表示。平均值的标准偏差用 $S_{\bar{x}}$ 表示，它与单次测定标准偏差成正比，而与测定次数的平方根成反比，可表示为

$$S_{\bar{x}} = \frac{S}{\sqrt{n}} \tag{1-11}$$

上式表明，增加测定次数，可减小平均值的标准偏差，平均值的精密度越好。但测定次数应适当，不宜过多。开始时随着测量次数 n 的增加，$S_{\bar{x}}$ 相对迅速减小；当 $n>5$ 时，$S_{\bar{x}}$ 的减小就相对较慢了；当 $n>10$ 时，$S_{\bar{x}}$ 的改变已经很小了。说明过多增加测量次数并不能使精密度显著提高。所以在实际工作中，一般平行测定 3~4 次即可，要求较高时可测定 5~9 次。

二、平均值的置信区间

定量分析的目的是通过系列分析步骤测定试样中待测组分的含量，但由于偶然误差的存在，得到真实值的可能性很小，但可以根据误差的分布规律，估计出真实值所在的区间范围。在要求准确度较高的分析工作中，提出分析报告时，需对总体平均值 μ（μ 在消除系统误差时为真实值）做出估计，推断在某个范围内包含总体平均值 μ 的概率为多少。置信限为总体平均值 μ 的估计值两边各定出的一个界限。总体平均值 μ 所在的范围称为置信区间。在对总体平均值 μ 的取值区间做出估计时，还应指明这种估计的可靠性或概率，将真实值落在此范围内的概率称为置信概率或置信度，用 P 表示，借以说明测定平均值的可靠程度。

估计真实值的置信区间，实际上是对偶然误差进行统计处理。但这种统计处理必须要在消除或校正系统误差的前提下进行。

在实际分析工作中，通常对试样进行的是有限次数测定。为了对有限次测量数据进行处理，在统计学中引入统计量 t 代替 μ。t 值不仅与置信度 P 有关，还与自由度 $f(n-1)$ 有关，故常写成 $t_{(P,f)}$。当 $f\to\infty$ 时，$t\to$ 真实值。所以，对于有限次数的测量，其平均值的置信区间为

$$\mu = \bar{x} \pm tS_{\bar{x}} = \bar{x} \pm \frac{tS}{\sqrt{n}} \tag{1-12}$$

上式表明在某一置信度下，以平均值 $\bar{x}$ 为中心，包括总体平均值 μ 在内的可靠性范围，称为平均值的置信区间。

不同置信度 P 及自由度 f 所对应的 t 值已计算出来，如表 1-1 所示，可供查用。

表 1-1　t 分布表

	P	90%	95%	99%
	3	2.35	3.18	2.84
	4	2.13	2.78	4.60
	5	2.01	2.57	4.03
$f(n-1)$	6	1.94	2.45	3.71
	7	1.90	2.36	3.50
	8	1.86	2.31	3.36

续表

P	90%	95%	99%
9	1.83	2.26	3.25
10	1.81	2.23	3.17
20	1.72	2.09	2.84
∞	1.64	2.96	2.58

（左侧表头：$f(n-1)$）

置信度越高，同一体系的置信区间就越宽，包括真值的可能性也就越大。在实际工作中，置信度不能定得过高或过低。置信度过高会使置信区间过宽，准确性越差；置信度过低，其判断可靠性则无法保证。分析化学中通常取 95%的置信度，有时也可根据具体情况采用 90%、99%的置信度。

任务五　可疑值的取舍

在分析测定工作中，对同一样品进行多次重复测量时，有时会出现个别数据与其他数据相差较远（明显偏大或偏小），在统计学上将这种数据称为可疑值或离群值、异常值。例如在分析某一含铁试样时，平行测定了四次，测定结果分别为 42.15%，42.19%，46.22%，42.21%。其中 46.22%就是一个可疑值。

对于可疑值，不能任意舍弃。对于可疑值的正确处理，应该首先查明可疑值是否确系实验过程中的过失造成的，若是可直接舍去；若找不出原因，这个可疑值既可能由过失引起，也可能由偶然误差引起，应该按照一定的统计学方法处理以决定其取舍。常用的检验方法有 Q 检验法（舍弃商法）和 G 检验法（Grubbs 法）。

一、Q 检验法（舍弃商法）

Q 检验法是利用统计量 Q 进行检验的方法。适合于测定次数为 3～10 次，测定中可疑数据的取舍处理，它是国际标准化组织（ISO）采用的方法。具体检验步骤为：

（1）将 n 个测定值按从小到大的顺序排列；

（2）计算出测定值的极差，即极大值与极小值之差，$x_{最大} - x_{最小}$；

（3）计算可疑值与紧邻值之差，$x_{可疑} - x_{紧邻}$；

（4）用可疑值与紧邻值之差的绝对值除以极差，所得商称为舍弃商 Q：

$$Q = \frac{\left| x_{可疑} - x_{紧邻} \right|}{x_{最大} - x_{最小}} \tag{1-13}$$

（5）根据测定次数 n 和要求的置信水平（如 95%）查 Q 的临界值表（表 1-2）得到 Q 值。若计算出的 $Q_{计} \geqslant Q_{表}$，应该把可疑值舍弃，否则应保留。

表 1-2 不同置信度下的 Q 值

n	3	4	5	6	7	8	9	10
$Q(90\%)$	0.94	0.76	0.64	0.56	0.51	0.47	0.44	0.41
$Q(95\%)$	0.97	0.84	0.73	0.64	0.59	0.54	0.51	0.49
$Q(99\%)$	0.99	0.93	0.82	0.74	0.68	0.63	0.60	0.57

二、G 检验法

当可疑值不止一个，或测量数据较多时可用 G 检验法，具体步骤如下：

（1）计算包括可疑值在内的测定平均值及标准偏差；

（2）按下列公式计算 $G_{计}$ 值。

$$G_{计} = \frac{\left| x_{可疑} - \overline{x} \right|}{S} \tag{1-14}$$

根据测定次数和显著性水平 Q，查表 1-3，得到 G 的临界值。若 $G_{计} > G_{表}$，则该可疑值应当舍弃；反之则保留。

表 1-3 不同置信度下的 G 值表

n	3	4	5	6	7	8	9	10
$G(90\%)$	1.15	1.46	1.67	1.82	1.94	2.03	2.11	2.18
$G(95\%)$	1.15	1.48	1.71	1.89	2.02	2.13	2.21	2.29
$G(99\%)$	1.15	1.50	1.76	1.97	2.14	2.27	2.39	2.48

项目实战

1. 指出下列各种误差为系统误差还是偶然误差。若为系统误差，请说明为哪种系统误差，并指出消除方法。

（1）砝码被腐蚀；

（2）天平的两臂不等长；

（3）容量瓶和移液管未经校准；

（4）质量分析中试样的非被测组分被共沉淀；

（5）试样在称量过程中吸湿；

（6）试剂中含有微量被测组分；

（7）取滴定管读数时，最后一位数字估计不准；

（8）天平的零点突然有变动；

（9）滴定终点与计量点不一致；

（10）称量过程中温度有波动；

（11）视差；

（12）游标尺零点不准。

2. 判断以下说法是否正确?

（1）通过多次测量取平均值的方法可以减弱偶然误差对测量结果的影响。

（2）被测量的真值是客观存在的，可以计算得到。

（3）系统误差的绝对值和符号在任何测量条件下都保持恒定，即不随测量条件的改变而改变。

（4）对于可疑值，可以任意舍弃。

（5）系统误差影响分析结果的精密度，偶然误差影响分析结果的准确度。

（6）精密度是保证准确度的先决条件，但精密度高时，准确度不一定高。

3. 判断下列数据有效数字的位数

（1）0.0054

（2）5.35×10^6

（3）800.040

（4）pH=4.96

（5）pK_a=4.14

（6）$\sqrt{2}$

4. 将下列测量值修约为 3 位有效数字

（1）45.57

（2）50.018

（3）2.245

（4）0.0045

（5）5.5507

5. 根据有效数字运算规则计算下列各式结果：

（1）8.057+1.1500+23.1+0.28

（2）12.15-0.257+21.0555+54.1

（3）$\dfrac{54.11 \times 0.10 \times 15.4502}{8.0057 \times 10.14}$

（4）$\dfrac{1.055 \times 24.1 - 7.115 \times 0.024 \times 10^{-2}}{0.15524}$

（5）pH=8.00，$[H^+]$=?

6. 计算下列数值的平均值、平均偏差、相对平均偏差、标准偏差和相对标准偏差。

（1）0.112，0.114，0.115，0.119

（2）58.87，58.97，58.86，58.90

7. 简述准确度和精密度的关系。

8. 提高分析结果准确度的方法有哪些?

9. 测定样品的百分标示量，4 次测定结果如下：98.2%，99.5%，99.3%。99.0%。问 98.2% 这个数据是否应保留？（置信度为 95%）分别用 Q 检验法、G 检验法判断。

10. 分析人员测定黄铁矿中硫的质量分数，六次测定结果分别为 30.48%，30.42%，30.59%，30.51%，30.56%，30.49%，计算置信水平 95%时总体平均值的置信区间（置信度为 95%时，$t_{0.05,5}$=2.57）。

模块二　电位分析法

项目一　电位分析法的基本任务

任务一　电化学分析法

电化学分析法是根据电化学原理和物质的电化学性质而建立起来的一类分析方法。电化学分析法通常是将待测液与适当的电极组成化学电池，通过测量电池的电化学参数（电导、电流、电压、电量、电阻等）的变化情况或强度，对待测组分进行分析。它具有选择性高、灵敏度高、设备简单、分析速度快、易于微型化等优点，广泛用于化工、医药、环境、生物、材料、能源等领域的样品分析及科学研究，特别是近年来，随着现代科技的进步，新材料、新技术的应用，各种微电极、修饰电极的相继问世，电化学分析法应用于自然科学、生命科学等许多研究领域，前景十分广阔。

一、电化学分析法的分类

按分析中所测量的电化学参数不同，可将电化学分析法分为以下几类。

1. 电位分析法

电位分析法是将合适的指示电极与参比电极插入待测溶液中组成化学电池，运用电池的电动势或指示电极的电位变化进行分析的方法。电位分析法可分为直接电位法和电位滴定法。直接电位法是通过测量原电池的电动势直接求得待测离子活（浓）度的方法。如用玻璃电极测定溶液中 H^+ 的活（浓）度。电位滴定法是通过测量滴定过程中电池电动势的变化来确定滴定终点的一种滴定分析法。电位滴定法常运用于对没有合适的指示剂指示滴定终点，浑浊溶液或深色溶液等难以用指示剂判断滴定终点的滴定反应，采用该法可得到更准确的分析结果。

2. 电解分析法

电解分析法是以电解现象为基础建立的分析法，包括库仑分析法、电重量法、库仑滴定法。库仑分析法是采用外加电源电解试样，根据待测物完全电解时消耗的电量进行分析的方法。电重量法是采用外加电源电解试样，根据电解产物在电极上定量沉积后电极质量的增加来确定待测物的含量。从滴定反应类型而言，库仑滴定法的基本原理与普通滴定分析类似，所不同的是，库仑滴定法中的标准溶液不是经由滴定管向待测液中滴加，而是采用恒定电流，通过电解试样产生，然后与待测组分作用，根据滴定终点消耗的电量求出待测物质含量。

3. 电导分析法

根据溶液的电导性质进行分析的方法称为电导分析法，电导分析法分为直接电导法和电导滴定法。直接电导法是根据测量的电导数据与被测物浓度的定量关系直接确定被测物含量；电导滴定法则是根据滴定过程中溶液电导的变化确定终点。电导分析法具有灵敏度较高的优点，但因选择性较差，限制了应用范围。

4. 伏安分析法

以测量电解过程中电流-电位曲线（又称伏安曲线）为基础的一类电化学分析方法称为伏安分析法。极谱法是以滴汞电极为指示电极，根据电解过程的电流-电位曲线进行定性、定量分析的方法。在某一恒定电压下进行电解，使待测物在电极上富集，再用适当的方法溶解富集物，根据溶出时的电流-电位或电流-时间曲线进行分析的方法称为溶出伏安法。而电流滴定法是在固定的电压下，根据滴定过程中电流的变化来确定终点的分析方法。

二、电化学分析法的特点

电化学分析法是分析化学领域中发展迅速、应用日益广泛的学科分支。与其他的分析方法相比，电分析化学法具有许多显著的特点，主要有：

（1）分析速度快，如伏安或极谱分析法可以一次同时测定多种被分析物。

（2）灵敏度高，可用于痕量甚至超痕量组分的分析，如脉冲极谱、溶出伏安等方法都具有非常高的灵敏度，可测定浓度低至 10^{-11} mol·L^{-1}、含量为 10^{-9} 量级的组分。

（3）所使用的仪器简单、经济，且易于实现自动控制。所需试样的量较少，试样的预处理手续一般也比较简单。

（4）由于电化学分析法测量所得到的值是物质的活度而非浓度，从而在生理、医学上有较为广泛的应用。

（5）电化学分析法可用于各种化学平衡常数的测定以及化学反应机理的研究。

（6）电化学分析法适用于进行微量操作，如微型电极，可直接刺入生物体内，测定细胞内原生质的组成，适用于活体分析和监测。

三、化学电池

电化学分析是通过化学电池内的电化学反应来实现的。如果化学电池自发地将本身的化学能转化为电能，这种化学电池称为原电池。如果实现电化学反应的能量是由外电源提供的，这种化学电池称为电解池。

1. 原电池

将锌棒插入 Zn^{2+} 溶液中，作为负极；将铜棒插入 Cu^{2+} 溶液中，作为正极，两溶液之间用盐桥相连接，两电极用导线接通，这样就构成了 Cu-Zn 原电池（图 2-1）。在该电池内发生的电极反应如下。

锌电极（阳极）：$Zn \Longrightarrow Zn^{2+} + 2e^-$（发生氧化反应）

铜电极（阴极）：$Cu^{2+} + 2e^- \Longrightarrow Cu$（发生还原反应）

原电池的总反应：$Zn + Cu^{2+} \Longrightarrow Zn^{2+} + Cu$

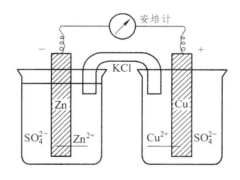

图 2-1　Cu-Zn 原电池示意图

此电池反应可以自发进行。但必须满足两个条件：反应物中的氧化剂和还原剂须分隔开来，不能使其直接接触；电子由还原剂传递给氧化剂要通过溶液之外的导线（外电路）；通过盐桥可以使两种电解质溶液的离子相互迁移，保持溶液的电中性状态，保证反应的顺利进行。

2. 电解池

将外电源接到 Cu-Zn 原电池上，如果外电源的电压稍大于 Cu-Zn 原电池的电动势，且方向相反时，外电路电子流动方向只能依外电源的极性而定。此时，两极的电极反应与原电池的情况恰恰相反。这样就构成了 Cu-Zn 电解池（图 2-2）。

锌电极（阴极）：$Zn^{2+} + 2e^- \Longrightarrow Zn$（发生还原反应）

铜电极（阳极）：$Cu \Longrightarrow Cu^{2+} + 2e^-$（发生氧化反应）

电解池的总反应：$Zn^{2+} + Cu \Longrightarrow Cu^{2+} + Zn$

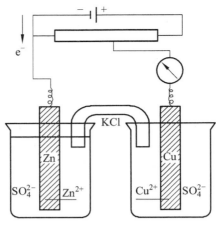

图 2-2　Cu-Zn 电解池示意图

3．电池的表示方法

IUPAC 规定电池用图解表示式来表示。

如 Cu-Zn 原电池的图解表示式为

$$Zn|ZnSO4(a_1)\|CuSO_4(a_2)|Cu$$

Cu-Zn 电解池的图解表示式为

$$Cu|CuSO_4(a_2)\|ZnSO_4(a_1)|Zn$$

书写电池图解表示式的规则如下：

（1）左边电极进行氧化反应，右边电极进行还原反应。

（2）电极的两相界面和不相混的两种溶液之间的界面，都用单竖线"|"表示；当两种溶液通过盐桥连接，并已消除液接电位时，则用双竖线"‖"表示。

（3）电解质位于两电极之间。

（4）气体或均相电极反应，反应本身不能直接做电极，要用惰性材料做电极，以传导电流，在表示图中要指出何种电极材料（如 Pt、Au、C 等）。

（5）电池中的溶液应注明浓（活）度，如有气体则应注明压力、温度，若不注明则指 25 ℃和 100 kPa。

四、电极电位与液体接界电位

1．电极电位

在化学电池中，两相接触的界面间存在着电位差，称为电极电位。

电极的电位绝对值，目前无法测量。测量的是相对值，其相对的标准是标准氢电极（SHE，国际上规定标准氢电极的电位为零），被测电极与标准氢电极组成原电池，测得电池的电动势，即可求出被测电极的电位。但有个别氧化还原电对组成的电极，其标准电极电位是根据化学热力学原理计算得来的。

2．液体接界电位

两个组成不同或浓度不同的溶液直接接触形成界面时，由于浓度梯度或离子扩散使离子在相界面上产生迁移。当这种迁移速率不同时，会产生电位差或称产生了液接电位。在电化学分析中，由于液接电位不是电极反应所产生的，会影响电池电动势的测定，实际工作中应消除。消除或减少的办法是采用盐桥将两个溶液连接起来，使液接电位降低或消除。

盐桥通常是由饱和 KCl 溶液的琼脂凝胶注入 U 形管中组成，两端以多孔砂芯密封，以防止电解质溶液间的虹吸。做盐桥的电解质有 KCl、NH_4Cl、KNO_3 等。

任务二　电位分析法

一、概　述

电位分析法（potentiometric analysis），按 IUPAC 建议是通过化学电池的电流为零的一类方法。电位分析法分为两种，一种是直接电位法（potentiometry），另一种是电位滴定法（potentinmetric titration）。

电位分析法是电化学分析法（electroanalytical methods）的一个重要组成部分。

电位分析法是通过测定含有待测溶液的化学电池的电动势，进而求得溶液中待测组分含量的方法。通常在待测电解质溶液中，插入两支性质不同的电极，用导线相连组成化学电池。利用电池电动势与试液中离子活度之间一定的数量关系，从而测得离子的活度。它包括电位测定法和电位滴定法。电位测定法是通过测量电池电动势来确定待测离子的活度的方法。例如用玻璃电极测定溶液中 H^+ 的活度 a_{H^+}，用离子选择性电极测定各种阴离子或阳离子的活度等。电位滴定法是通过测量滴定过程中电池电动势的变化来确定滴定终点的滴定分析法，可用于酸碱、氧化还原等各类滴定反应终点的确定。此外，电位滴定法还可用来测定电对的条件电极电位，酸碱的离解常数，配合物的稳定常数等。

电位分析法的关键是如何准确测定电极电位值。利用电极电位值与其相应的离子活度遵守能斯特（Nernst）关系就可达到测定离子活度的目的。

如将一金属片浸入该金属离子的水溶液中，在金属和溶液界面间产生了扩散双电层，两相之间产生了一个电位差，称之为电极电位，其大小可用能斯特方程描述：

$$\varphi_{M^{n+}/M} = \varphi^{\ominus}_{M^{n+}/M} + \frac{RT}{nF} \ln a_{M^{n+}} \tag{2-1}$$

式中　　$a_{M^{n+}}$——M^{n+}的活度，溶液浓度很小时可用 M^{n+} 的浓度代替活度。

由式（2-1）看来似乎只要测量出单支电极的电位，就可确定 $\varphi_{M^{n+}/M}$，进而确定 M^{n+} 的活度，实际上这是不可能的。在电位分析中需要用一支电极电位随待测离子活度不同而变化的电极（称为指示电极，indicator electrode）与一支电极电位值恒定的电极（称为参比电极，reference electrode）和待测溶液组成工作电池。设电池为

$$M \mid M^{n+} \Vert 参比电极$$

习惯上把正极写在右边，负极写在左边，用 E 表示电池电动势，则

$$E = \varphi(+) - \varphi(-) + \varphi_L \tag{2-2}$$

式中　　$\varphi(+)$ ——电位较高的正极的电极电位；

$\varphi(-)$ ——电位较低的负极的电极电位；

φ_L——液体接界电位，其值很小，可以忽略，故

$$E = \varphi_{参比} - \varphi_{M^{n+}/M} = \varphi_{参比} - \varphi^{\ominus}_{M^{n+}/M} - \frac{RT}{nF} \ln a_{M^{n+}}$$ （2-3）

式中　$\varphi_{参比}$——参比电极的电位。

式（2-3）中 $\varphi_{参比}$ 和 $\varphi^{\ominus}_{M^{n+}/M}$ 在温度一定时，都是常数。只要测出电池电动势 E，就可求得 $a_{M^{n+}}$，这种方法称为电位测定法。

若 M^{n+} 是被滴定的离子，在滴定过程中，电极电位 $\varphi_{M^{n+}/M}$ 将随 $a_{M^{n+}}$ 变化而变化，E 也随之不断变化。在化学计量点附近，$a_{M^{n+}}$ 将发生突变，相应的 E 也有较大的变化。通过测量 E 的变化就可以确定滴定终点，这种方法称为电位滴定法。

电分析化学中，常使用两电极（指示电极和参比电极）系统或三电极（工作电极、参比电极和辅助电极）系统进行测量。

二、参比电极和指示电极

1. 参比电极

参比电极是测量电池电动势，计算电极电位的基准，因此要求它的电极电位已知而且恒定，在测量过程中，即使有微小电流（约 10^{-8} A 或更小）通过，仍能保持不变，它与不同的测试溶液间的液体接界电位差异很小，数值很低（1~2 mV），可以忽略不计，并且容易制作，使用寿命长。标准氢电极（standard hydrogen electrode，SHE）是最精确的参比电极，是参比电极的一级标准，它的电位值规定在任何温度下都是 0 V。用标准氢电极与另一电极组成电池，测得的电池两极的电位差值即是另一电极的电极电位。但是标准氢电极制作麻烦，氢气的净化、压力的控制等难于满足要求，而且铂黑容易中毒。因此直接用 SHE 做参比电极很不方便，实际工作中常用的参比电极是甘汞电极和银-氯化银电极。

2. 指示电极

电位分析中，还需要另一类性质的电极，它能快速而灵敏地对溶液中参与半反应的离子的活度或不同氧化态的离子的活度比，产生能斯特响应，这类电极称为指示电极。

常用的指示电极主要是金属电极和膜电极两大类，根据其结构上的差异可以分为金属-金属离子电极、金属-金属难溶盐电极、汞电极、惰性金属电极、玻璃膜及其他膜电极等。

项目二　常用的离子选择性电极

离子选择性电极（ion selective electrode，ISE）是由对某种离子具有不同程度的选择性响应的膜所组成的电极，也称为膜电极。它与上述金属基电极的区别在于电极的薄膜并不失去或得到电子，而是选择性地让一些离子透过。

任务一 离子选择性电极的分类

离子选择性电极种类很多，按照 IUPAC 的建议，可进行如下分类（图 2-3）。

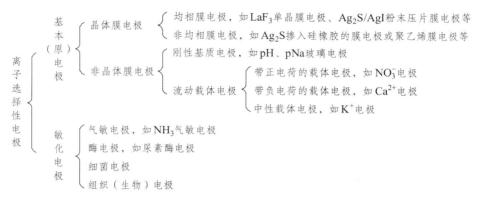

图 2-3 离子选择性电极的分类

一、基本电极

基本电极又称原电极，是电极膜直接响应待测离子的离子选择性电极，根据电极膜材料的不同，又分为晶体电极和非晶体电极。

1. 晶体膜电极

晶体膜是指电极膜由电活性物质难溶盐晶体制成的一类电极。根据电极膜的制备方法不同，晶体电极又分为均相膜电极和非均相膜电极。其中由难溶盐的单晶、多晶或混晶化合物均匀混合制成电极膜的电极称为均相膜电极；而由电活性物质均匀分散在憎水性惰性材料（如聚氯乙烯等）中制成电极膜的电极称为非均相膜电极。

2. 非晶体膜电极

非晶体膜电极是指电极膜由非晶体材料组成，根据膜的状态又分为刚性基质电极和流动载体电极。其中电极膜由特定玻璃吹制而成的玻璃电极为刚性基质电极；将与相应离子有作用的活性载体（配位剂或缔合剂）溶于与水不相混溶的有机溶剂中组成一种液体离子交换剂，将其吸收（或吸附）到一种微孔物质（纤维素、醋酸纤维素、聚氯乙烯等）上制成电极膜的电极为流动载体电极，也称液膜电极。根据活性载体的带电性质，又进一步分为带电荷的流动载体电极和中性流动载体电极。

二、敏化电极

此类电极是利用界面反应敏化的离子电极。通过界面反应将待测物质等转化为可供基本电极测定的离子，实现待测物的间接测定。根据界面反应的性质不同，又可分为气敏电极、酶电极、细菌电极和生物电极等。

1. 气敏电极

气敏电极是一种气体传感器，能用于测定溶液或其他介质中某种气体的含量，因而也称为气敏探针。其主要部件为微多孔性气体渗透膜。它是由醋酸纤维、聚四氟乙烯、聚偏氟乙烯等材料制成，具有疏水性，但能透过气体。例如，当测定二氧化碳时，二氧化碳气体通过气体渗透膜，与中介溶液（中间电解质溶液）-0.01 mol/L 碳酸氢钠相接触，于是二氧化碳与水作用生成碳酸，影响碳酸氢钠的电离平衡，从而改变溶液的 pH。所以用 pH 电极测定 pH 的改变值，就可以间接测得二氧化碳的含量。

常用的气敏电极能分别对 CO_2、NH_3、NO_2、SO_2、H_2S、HCN、HF、HAc 和 Cl_2 进行测量。气敏电极还可用于测定试液中的有关离子，如 NH_4^+、CO_3^{2-} 等。此时，借助于改变试液的酸碱性使它们以 NH_3、CO_2 的形式逸出，然后进行测定。

2. 酶电极

酶电极是在基本电极上覆盖一层能和待测物发生酶催化反应的生物酶膜或酶底物膜制成。酶是生化反应的高效催化剂，具有高选择性。酶催化反应的产物，可以用一种离子选择性电极加以测定。

由于酶的作用具有很高的选择性，所以酶电极的选择性是相当高的。如一些酶电极能分别对葡萄糖、脲、胆固醇、L-赖氨酸等生物分子进行检测。

3. 细菌电极

细菌电极是把某种细菌的悬浮体放在主体电极和透气膜之间制成。

4. 生物电极

以动植物组织薄片材料作为敏感膜固化在生物电极是把动物或植物组织覆盖于主体电极上构成。如用猪肾切片贴在氨电极表面制成的生物电极可测谷氨酰胺含量。用刀豆浆涂在氨电极表面制成的生物电极可测尿素含量。这种利用动植物组织细胞中含有的大量酶作为生物膜催化材料所构成的组织电极，制作简便、经济。其中生物膜的固定技术是电极制作的关键，它决定了电极的使用寿命，对电极性能也有很大影响。

近年来发展起来的离子敏感场效应晶体管（ISFET）是一种微电子敏感元件及制造技术与离子选择电极制作及测量方法相结合的高技术分析方法，它是离子选择性电极制造工艺与半导体微电子制造技术相结合的产物，它既具有离子选择电极对敏感离子响应的特性，又保留场效应晶体管的性能。许多离子选择性电极敏感膜如晶体膜、PVC 膜和酶膜等都可用来制作 ISFET 膜。由于 ISFET 是全固态器件，体积小，易于微型化，已在生物医学、环境分析、食品工业方面得到应用。

任务二　离子选择性电极的基本结构

离子选择性电极的基本构造包括三部分，如图 2-4 所示。①敏感膜。这是离子选择性电极最关键的部分。②内参比溶液。含有对膜及内参比电极响应的离子。③内参比电极。通常用 Ag-AgCl 电极（有的离子选择性电极不用内参比电极，而是在晶体膜上压一层银粉，把导线直接焊接在银粉层上，或把敏感膜涂在金属丝或金属片上制成涂层电极）。

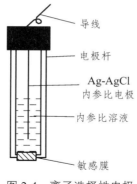

图 2-4　离子选择性电极

任务三　玻璃电极

玻璃电极除了对 H^+ 响应的 pH 玻璃电极之外，尚有对 Li^+、K^+、Na^+、Ag^+ 响应的玻璃电极。玻璃电极的结构组成为电极腔体（玻璃管）、内参比电极、内参比溶液及敏感玻璃膜，其中敏感玻璃膜为关键部分。玻璃电极分单玻璃电极和复合电极两种，玻璃电极的结构如图 2-5 所示。

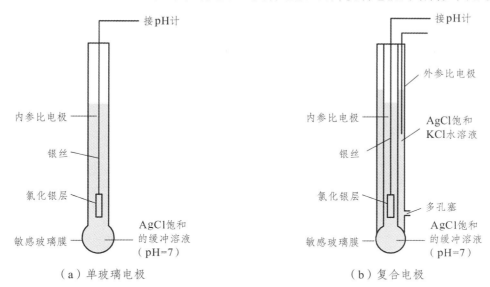

（a）单玻璃电极　　　　　（b）复合电极

图 2-5　pH 玻璃电极

玻璃电极依据玻璃球膜材料的特定配方不同，可以做成对不同离子响应的电极。pH 玻璃电极是最常用的，也是研究最多的电极。它的敏感膜是由 Na_2O 21.4%、CaO 6.4%、SiO_2 72.2% 经烧结而成的玻璃薄膜，膜厚为 30 ~ 100 μm。泡内装有 pH 值一定的缓冲溶液作为内参比溶液（0.1 mol/L HCl 溶液），其中插入一支 Ag-AgCl 电极作为内参比电极，即构成了玻璃电极。

玻璃电极之所以能测定溶液 pH，是由于玻璃膜产生的膜电位与待测溶液 pH 有关。下面介绍玻璃膜电位的形成。

pH 玻璃电极在使用前，必须在水溶液中浸泡，生成三层结构，即膜内、外两表面的两个水合硅胶层及膜中间的干玻璃层，如图 2-6 所示。

水合硅胶层厚度为 0.01 ~ 10 μm。在水合硅胶层，相界电位的产生不是由于电子的得失，而是由于离子在溶液和硅胶层界面间进行迁移。溶液中的 H⁺ 经水合硅胶层扩散至干玻璃层，干玻璃层的阳离子向外扩散以补偿溶出的离子，离子的相对移动产生扩散电位，膜电位即由相界电位与扩散电位之和构成。

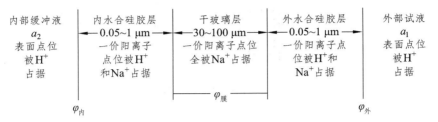

图 2-6　浸泡后的玻璃膜示意图

由热力学可以证明，膜外侧水合硅胶层-试液的相界电位 $\varphi_{外}$ 和膜内侧的水合硅胶层-内部溶液的相界电位 $\varphi_{内}$ 可用下式表示（25 °C）：

$$\varphi_{外}=k_1 + 0.0591 \lg \frac{a_1}{a_1'} \tag{2-4}$$

$$\varphi_{内}=k_2 + 0.0591 \lg \frac{a_2}{a_2'} \tag{2-5}$$

式中　a_1、a_2——外部试液和电极内参比溶液中的 H⁺ 活度；

$\quad\quad$ a_1'、a_2'——玻璃膜外、水化硅胶层表面的 H⁺ 活度；

$\quad\quad$ k_1、k_2——由玻璃膜外、内表面性质决定的常数。

玻璃膜内、外表面的性质基本相同，则

$$k_1=k_2, \quad a_1' = a_2'$$

$$\varphi_{膜}=\varphi_{外} - \varphi_{内}=0.0591 \lg \frac{a_1}{a_2} \tag{2-6}$$

由于内参比溶液中的 H⁺ 活度（a_2）是固定的，则

$$\varphi_{膜}=K'' + 0.0591 \lg a_1 = K'' - 0.059 \mathrm{pH}_{试液} \tag{2-7}$$

式中　K''——由玻璃膜电极本身性质决定的常数。

从式（2-7）可以看出，在一定温度下玻璃电极的膜电位 $\varphi_{膜}$ 与试液的 pH 呈线性关系。根据式（2-6），当把一支离子选择性电极浸入与该电极的内参比溶液的活度完全相同的被测溶液中，同时所选用的参比电极也完全与内参比电极相同时，所测得的电池的电动势应该为零。但实际上并不如此，而是一个约为数毫伏并随时间缓慢变化的电位，称为不对称电位。它主要是由于玻璃膜内、外表面的状况不同所产生的，如含钠量、表面张力以及机械和化学损伤的细微差异。在实际应用时，须校正不对称电位。具体操作是，用标准缓冲溶液，通过仪器设置的"定位"调节消除不对称电位，同时还可通过长时间浸泡，使不对称电位可以达到最小而有一稳定值（1 ~ 30 mV）。

玻璃电极具有内参比电极，如 Ag-AgCl 电极，玻璃电极电位应是内参比电极电位和玻璃

电位之和，即

$$\varphi_{玻璃} = \varphi_{AgCl/Ag} + \varphi_{膜} \tag{2-8}$$

pH 玻璃电极的优点是不受溶液中氧化剂、还原剂、颜色及沉淀的影响，不易中毒；缺点是本身具有很高的电阻，电阻随温度变化，一般只能在 5 ~ 60 ℃ 使用。改变玻璃膜的某些成分，如加入一定量的 Al_2O_3，可以制成某些阳离子电极，如表 2-1 所示。

表 2-1　阳离子玻璃电极的玻璃膜组成及特性

主要响应离子	玻璃膜组成摩尔分数/%			选择性系数
	Na_2O	Al_2O_3	SiO_2	
Na^+	11	18	71	K^+0.003 3（pH =7） 0.000 36（pH =11） Ag^+ 500
K^+	27	5	68	Na^+0.05
Ag^+	11	18	71	Na^+ 0.001
	28.8	19.1	52 1	H^+ $1×10^{-5}$
Li	Li_2O15	25	60	Na^+ 0.3，K^+ 0.001

任务四　氟离子电极

氟离子选择性电极的敏感膜是掺有 EuF_2（有利于导电）的 LaF_3 单晶切片，内参比电极是 Ag-AgCl 电极，内参比溶液是 0.1 mol/L NaCl 和 0.1 ~ 0.01 mol/L NaF 混合溶液（F^-用来控制膜内表面的电位，Cl^-用以固定内参比电极的电位），常用的电极结构如图 2-7 所示。

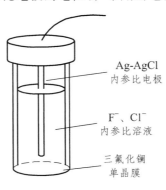

图 2-7　氟离子选择性电极

由于溶液中的氟离子能扩散进入膜相的缺陷空穴，而膜相中的氟离子也能进入溶液中，因而在两相界面上建立双层结构而产生膜电位。而又因为缺陷空穴的大小、形状和电荷分布，只能容纳特定的可移动的晶格离子，其他离子不能进入空穴，故膜电极一般具有较高的离子选择性。

当氟离子选择性电极插入 F^-溶液中时，F^-在晶体膜表面进行交换。25 ℃ 时，有

$$\varphi_{膜} = K - 0.059 \lg a_{F^-} = K + 0.059 \, pF \tag{2-9}$$

氟离子选择性电极的选择性较高，Cl^-、Br^-、I^-、SO_4^{2-}、NO_3^- 是 F^- 含量的 1000 倍时无明显干扰，PO_4^{3-}、CH_3COO^-、HCO_3^- 不干扰。主要干扰来自 OH^-，是因为在 pH 值较高时，溶液中的 OH^- 与 LaF_3 晶体膜中的 F^- 交换，即

$$LaF_3 + 3OH^- \Longrightarrow La(OH)_3 + 3F^-$$

所释放出来的氟离子将增高试液氟离子的含量，对测量产生正干扰。通常，测定氟离子的最适宜 pH 范围为 5~6，如果 pH 过高，则会产生氢氧根离子的干扰；如果过低，则会形成 HF 或 HF_2^-，而使游离氟离子浓度降低。通常采用柠檬酸盐缓冲溶液来控制溶液的酸度。原因是柠檬酸盐不但能与铁、铝等离子形成配合物，消除它们因与氟离子发生配合反应而产生的干扰，而且同时可控制溶液的离子强度。

项目三 直接电位法

直接电位法是将合适的参比电极和指示电极渗入待测液中，利用电池电动势与待测液中待测组分活度-浓度之间的关系，进而求得待测液中待测组分活（浓）度的方法。直接电位法常用于测定溶液中的 pH 值和离子活（浓）度。

任务一 pH 值的电位法测定

一、pH 值测定原理

采用直接电位法测定溶液中 pH 值时，常采用甘汞电极作为参比电极，pH 玻璃电极作为指示电极，与被测溶液组成工作电池，此电池可用下式表示：

Ag，AgCl|HCl|玻璃|试液‖KCl（饱和）|Hg_2Cl_2，Hg

$$\underset{\text{|玻璃电极}}{\overset{\varphi_{膜}}{}} \quad \underset{\parallel}{} \quad \underset{\text{甘汞电极|}}{\overset{\varphi_L}{}}$$

$$\varphi_{玻璃} = \varphi_{AgCl/Ag} + \varphi_{膜} \qquad\qquad \varphi_L + \varphi_{Hg_2Cl_2/Hg}$$

上述电池的电动势为

$$\begin{aligned} E &= \varphi_{Hg_2Cl_2/Hg} - \varphi_{玻璃} + \varphi_L \\ &= \varphi_{Hg_2Cl_2/Hg} - \varphi_{AgCl/Ag} - \varphi_{膜} + \varphi_L \end{aligned} \tag{2-10}$$

由式（2-7）知

$$\varphi_{膜} = K - 0.059 \, pH_{试液}$$

代入式（2-10）得

$$E = \varphi_{\mathrm{Hg_2Cl_2/Hg}} - \varphi_{\mathrm{AgCl/Ag}} - K + 0.059\,\mathrm{pH}_{\text{试液}} + \varphi_{\mathrm{L}} \qquad （2\text{-}11）$$

式（2-11）中 $\varphi_{\mathrm{Hg_2Cl_2/Hg}}$，$\varphi_{\mathrm{AgCl/Ag}}$，$K$ 和 φ_{L} 在一定条件下都是常数，将其合并为常数 K'，因此，上式可表示为

$$E = K' + 0.059\,\mathrm{pH}_{\text{试液}} \qquad （2\text{-}12）$$

由式（2-12）可知，在一定条件下，电池的电动势 E 与待测溶液 pH 值呈线性关系，如果能求出 E 和 K' 的值，即可计算出待测溶液的 pH 值。通过测量可得到 E 值。常数 K' 包括内外参比电极的电极电位等常数、$\varphi_{\text{不对称}}$ 和 φ_{L}，每支玻璃电极的不对称电位各不相同，因此，公式中常数 K' 很难确定，故在实际工作中，不能用式（2-12）计算 pH 值，而是用一个 pH 值已经确定的标准缓冲溶液作为基准，比较包含被测溶液和缓冲溶液的两个工作电池的电动势来确定被测溶液的 pH 值。

二、测定方法

假设已知 pH 值的标准缓冲溶液为 s，待测溶液为 x，由两种溶液组成工作电池，其电动势分别为：

$$E_x = K' + 0.059\mathrm{pH}_x \qquad （2\text{-}13）$$
$$E_s = K' + 0.059\mathrm{pH}_s \qquad （2\text{-}14）$$

先测量已知 pH 值的标准缓冲溶液的电池电动势为 E_s，然后再测量待测液的电池电动势为 E_x。式（2-13）与（2-14）相减，整理得

$$\mathrm{pH}_x = \mathrm{pH}_s + \frac{E - E_s}{0.059} \qquad （2\text{-}15）$$

通过测定已知 pH 值的标准缓冲溶液的电池电动势和待测溶液的电池电动势，利用式（2-15）即可计算出待测溶液的 pH 值。

通过该法可消除玻璃电极的不对称电位和公式中由 K' 的不确定因素所带来的误差，提高测量结果的准确度。

常用标准缓冲溶液的 pH_s 见表 2-2。

表 2-2　标准缓冲溶液的 pH

温度/ °C	草酸盐标准缓冲溶液	苯二甲酸盐标准缓冲溶液	磷酸盐标准缓冲溶液	硼砂标准缓冲溶液	氢氧化钙标准缓冲溶液（25 °C 饱和溶液）
0	1.67	4.01	6.98	9.46	13.43
5	1.67	4.00	6.95	9.40	13.21
10	1.67	4.00	6.92	9.33	13.00
15	1.67	4.00	6.90	9.27	12.81
20	1.68	4.00	6.88	9.22	12.63
25	1.68	4.01	6.86	9.18	12.45

温度/°C	草酸盐 标准缓冲溶液	苯二甲酸盐 标准缓冲溶液	磷酸盐 标准缓冲溶液	硼砂标准 缓冲溶液	氢氧化钙标准缓冲 溶液（25 °C 饱和溶液）
30	1.68	4.01	6.85	9.14	12.30
35	1.69	4.02	6.84	9.10	12.14
40	1.69	4.04	6.84	9.06	11.98
45	1.7	4.05	6.83	9.04	11.84
50	1.71	4.06	6.83	9.01	11.71
55	1.72	4.08	6.83	8.99	11.57
60	1.72	4.09	6.84	8.96	11.45

在实际工作当中，不需要通过上式计算待测溶液的 pH 值，而是采用 pH 计直接测出待测溶液的 pH 值。根据《中国药典》（2015 年版），即先取与待测溶液 pH 值接近的标准缓冲溶液对仪器进行校正，使仪器示值与表 2-2 所列数值一致，再测定待测液的 pH 值，然后再选择与第一种标准溶液的 pH 值相差约 3 个单位的第二种标准缓冲液校对仪器示值，误差应不大于 ±0.02pH 单位。

三、pH 的实用定义

pH 值是水溶液中氢离子活度的方便表示方法，pH 值定义为水溶液中氢离子活度（a_{H^+}）的负对数，即 $pH = -\lg a_{H^+}$。

用 pH 计测定溶液的 pH 是用玻璃电极为指示电极、甘汞电极为参比电极组成测量电池：

pH 玻璃电极|被测溶液或标准缓冲液|饱和甘汞电极

$$E = \varphi_{SCE} - \varphi_G = 常数 - \frac{RT}{F} \ln a_{H^+} \tag{2-16}$$

pH 理论定义为

$$pH = -\lg a_{H^+} \tag{2-17}$$

将式（2-17）代入（2-16）得

$$E = 常数 + 2.303 \frac{RT}{F} pH \tag{2-18}$$

为了消除常数项的影响，在实际操作过程中，采用与已知 pH 的标准缓冲溶液相比较，即

$$E_s = 常数 + 2.303 \frac{RT}{F} pH_s \tag{2-19}$$

式（2-18）与式（2-19）相减，得

$$pH = pH_s + \frac{E - E_s}{2.303RT / F} \tag{2-20}$$

式（2-20）称为 pH 的实用定义。

四、测定 pH 值的仪器

测定 pH 值的仪器是酸度计，或者称为 pH 计，它是根据 pH 的实用定义而设计的，它由电极和电计两部分组成。电极与待测溶液组成工作电池，而用电计测量电池的电动势。根据电池电动势的测量方式不同，pH 计分为只读式和补偿式两类。因 pH 玻璃电极具有较高的阻抗值，为减小测定误差，采用高阻抗的离子计作为电计。有时也采用 pH 复合电极，即将外参比电极（常用 Ag-AgCl 丝）复合在同一支电极上，这样插入一支电极就相当于参比电极和 pH 玻璃电极的作用。目前市售的酸度计型号较多，实验室常用的有 pHS-25 型、pHS-2 型、pHS-3 型、pHS-3C 型等，也有适合户外操作，轻巧灵便的便携式、笔式酸度计。

五、使用 pH 玻璃电极的注意事项

（1）每次测定前用部分被测溶液润洗电极。

（2）测定时，标准缓冲溶液与待测溶液的温度要保持一致。

（3）应采用新沸过并放冷的纯化水配制标准缓冲液与溶解供试品，其 pH 值应为 5.5～7.0。

（4）在更换标准缓冲液或供试品溶液前，应使用纯化水充分洗涤电极，再将水吸尽，或者用所换的标准缓冲溶液或供试品溶液洗涤。

（5）在测定高 pH 值的待测溶液和标准缓冲液时，应注意碱误差的问题，必要时选用适当的玻璃电极测定。

（6）当不用 pH 计时，pH 玻璃电极应浸入缓冲溶液或水中，长期保存时应仔细擦干并装入保护性容器中。

（7）标准缓冲溶液一般可保存 2～3 个月，如发现有浑浊、沉淀或发霉等现象，该标准缓冲溶液不能再使用。

任务二　离子选择性电极直接电位法测定离子活度（浓度）

一、测定离子活（浓）度的基本原理

用离子选择性电极测定离子活度-浓度的方法与用 pH 指示电极测定溶液 pH 相似，是把离子选择性电极与参比电极浸入待测溶液组成电池，测量其电动势。如，用氟离子电极测定 F^- 活（浓）度时组成如下的电池：

$$Hg，Hg_2Cl_2 | KCl（饱和）||试液|LaF_3| NaF，NaCl | AgCl，Ag$$

$$
\begin{array}{c}
\text{膜} \\
\varphi_{\text{膜}}
\end{array}
$$

| 甘汞电极 | | 氟离子电极 |

若忽略液接电位，则电池电动势

$$E = (\varphi_{AgCl/Ag} + \varphi_{膜}) - \varphi_{Hg_2Cl_2/Hg} \qquad (2\text{-}21)$$

将 $\varphi_{膜} = K - 0.0591g\, a_{F^-}$

代入式（2-21）中，即得

$$E = \varphi_{AgCl/Ag} + K - \varphi_{Hg_2Cl_2/Hg} - 0.0591g\, a_{F^-}$$

令 $K' = \varphi_{AgCl/Ag} + K - \varphi_{Hg_2Cl_2/Hg}$ 为常数，则

$$E = K' - 0.0591\lg a_{F^-} \qquad (2\text{-}22)$$

对于离子选择性电极，可得出如下一般公式：

$$E = K' \pm \lg a \qquad (2\text{-}23)$$

当离子选择性电极做正极时，对阳离子相应的电极，K' 后面一项取正值；对阴离子相应的电极，K' 后面一项取负值。K' 为常数，其数值决定于薄膜、内参比溶液及内外参比电极的电极电位等。

从式（2-14）可以看出，工作电池的电动势，在一定条件下与待测离子的活度的对数成线性关系，通过测量电动势即可计算出待测离子的活（浓）度。

二、测定离子活（浓）度的方法

1. 标准比较法

标准比较法是把离子选择性电极与参比电极分别浸入被测溶液和标准溶液中组成电池，然后测量其电动势，通过比较的方法计算出被测溶液的浓度。

以已知离子活度的标准溶液为基准，分别测量包含标准溶液和待测试液的两个工作电池的电动势，从而计算出待测溶液的离子活度。以阳离子选择性电极做正极或阴离子选择性电极做负极为例，在均加入惰性电解质（称为总离子强度调节缓冲液，TISAB）的条件下，分别测量标准溶液和待测溶液所组成电池的电动势。

假设已知活度的标准溶液为 s，待测溶液为 x，由两种溶液组成工作电池，其电动势分别为

$$E_x = K' + \lg a_x \qquad (2\text{-}24)$$
$$E_s = K' + \lg a_s \qquad (2\text{-}25)$$

令 $$s = \frac{2.303RT}{nF}$$

式（2-15）减去（2-16），同时将 s 代入，整理得

$$\Delta E = E_x - E_s = s\lg\frac{a_x}{a_s}$$

则 $$\lg a_x = \frac{\Delta E}{S} + \lg a_s \text{ 或 } a_x = a_s \times 100^{\Delta E/s} \qquad (2\text{-}26)$$

同理，可推算出阳离子选择性电极做负极或阴离子选择性电极做正极时的离子活度。

2. 标准曲线法

标准曲线法是离子选择性电极最常用的一种分析方法。用被测的纯物质（纯度高于 99.9%）配制一系列不同浓度的标准溶液，将指示电极和参比电极插入一系列含有不同浓度的待测离

子的标准溶液中，并在其中加入一定的惰性电解质（称为总离子强度调节缓冲液，TISAB），测定所组成的各个电池的电动势，绘制 $E_{电池}-\lg c_i$ 或 $E_{电池}-pM$ 关系曲线，如图 2-8 所示。然后在被测溶液中也加入相同的 TISAB，并用同一对电极测定其电动势 E_x，再从标准曲线上查出相应的 C_x。

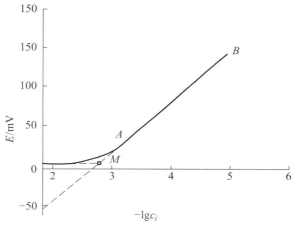

图 2-8　标准曲线

用标准曲线法通常要加入 TISAB，其目的是控制溶液的离子强度。在离子活度系数保持不变的情况下，膜电位才与 $\lg c_i$ 呈线性关系。TISAB 通常由惰性电解质、金属配合剂（做掩蔽剂）、pH 缓冲剂组成。其主要作用是：维持溶液在适宜的 pH 值范围内，满足离子选择性电极的要求；保持较大且相对稳定的离子强度，使活度系数恒定；掩蔽干扰离子。

该法适用于测定溶液组成简单，待测溶液与标准溶液的组成基本相同的大批量测试样品。

3. 标准加入法

标准加入法通常是在样品的组成复杂或组成不清楚，用标准曲线法测定有困难时采用。该法是将已知体积的标准溶液加入已知体积的试液中，根据电池电动势的变化计算试液中被测离子的浓度。

设样品溶液浓度为 c_x，体积为 V_x，活度系数为 γ_x，游离的（即未配合的）离子分数为 a_x，与离子选择性电极和参比电极组成工作电池，测得电动势为 E_x，假设离子选择性电极做正极，且对阳离子有选择性响应，则 E_x 与 c_x 符合如下关系：

$$E_x = K'_x + \frac{2.303RT}{nF}\lg(a_x\gamma_x c_x) \tag{2-27}$$

再向试液中准确加入体积为 V_s（约为试液体积的 1/100）的待测离子的标准溶液（浓度为 c_s，则 c_s 约为 c_x 的 100 倍），测得工作电池电动势为 E_s，则 E_s 与 c_x 符合如下关系：

$$E_s = K'_s + \frac{2.303RT}{nF}\lg(a_s\gamma_s c_x + a_s\gamma_s\Delta c) \tag{2-28}$$

$$\Delta c = \frac{V_s c_s}{V_x + V_s}$$

由于 $V_x \gg V_s$，可以认为溶液体积基本不变，又由于测定时使用的是同一支电极，故 $K'_x \approx K'_s$，

令 $s = \dfrac{2.303RT}{nF}$，$\Delta E = E_s - E_x$，则由式（2-27）和式（2-28）可得

$$c_x = \Delta c(10^{\pm\Delta E/s} - 1)^{-1} \tag{2-29}$$

对阳离子响应的电极做正极或对阴离子响应的电极做负极时，取"+"号；对阳离子响应的电极做负极或对阴离子响应的电极做正极时，取"–"号。

标准加入法只需要加入一种标准溶液，操作简单快速，且精密度较高。该法适用于组成比较复杂、份数较少的样品，为获得正确结果，必须保证加入标准溶液后，样品离子强度无显著变化。

项目四　电位滴定法

任务一　电位滴定装置及基本原理

电位滴定法（potentiometric titration）是根据滴定过程中指示电极电位的突跃来确定化学计量点的电位分析法。电位滴定法可用于酸碱、配位、氧化还原、沉淀等各类滴定。电位滴定法的仪器装置如图 2-9 所示。电位滴定法与滴定分析法的主要区别是指示终点的方法不同，前者通过电池电动势的突变来指示，而后者是通过指示剂的颜色变化来指示。

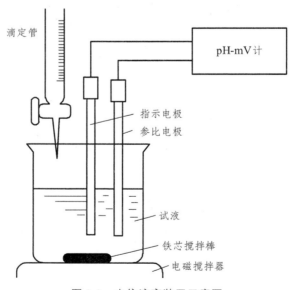

图 2-9　电位滴定装置示意图

进行电位滴定时，在待测液中插入一支指示电极和一支参比电极，组成原电池。随着标准溶液的加入，在化学计量点附近，待测物和滴定剂的浓度会发生急剧变化，且在化学计量点的浓度变化率最大，而使指示电极的电位发生突变，引起电池电动势的突跃，因此通过测

量电池电动势的变化即可确定滴定终点。

电位滴定法与用指示剂确定终点的滴定相比，具有客观性强，准确度高，不受溶液有色、浑浊等限制，易于实现滴定分析自动化等优点，是一种重要的仪器分析方法。尤其是对于没有合适指示剂可以利用或者使用指示剂难以判断终点的场合，电位滴定法更为有利。在选择新的指示剂滴定方法时，也常需借助电位滴定法进行对照，确定指示剂的变色终点，检查新方法的可靠性；应用电位滴定法还可以确定一些热力学常数。随着离子选择性电极的迅速发展，可选用的指示电极越来越多，电位滴定法的应用也越来越广泛。

任务二　电位滴定终点的确定方法

进行电位滴定时，每加一次滴定剂测量一次电池电动势，直到化学计量点以后。为了滴定曲线的测量准确和数据处理简便，一般在远离化学计量点处滴定剂滴加体积稍大；在计量点附近，应减小滴定剂的加入体积，最好每加一小份（0.10～0.05 mL）记录一次数据，并保持每次加入滴定剂的体积相等，以使数据处理更为方便、准确。在电位滴定中，滴定终点的确定方法通常有两种，以 0.1000 mol/L AgNO$_3$ 滴定 NaCl 的电位滴定数据为例，来介绍电位滴定终点的确定方法。具体的数据记录和处理见表 2-3。

表 2-3　以 0.100 mol/L AgNO$_3$ 溶液滴定 NaCl 溶液的数据

V_{AgNO_3} /mL	E/V	$\Delta E/\Delta V$/（V/mL）	$\Delta^2 E/\Delta V^2$/（V^2/mL^2）
5.00	0.062	0.002	—
15.00	0.085	0.004	—
20.00	0.107	0.008	—
22.00	0.123	0.015	—
23.00	0.138	0.016	—
24.00	0.146	0.050	—
24.10	0.183	0.110	—
24.20	0.194	0.390	2.8
24.30	0.233	0.830	4.4
24.40	0.316	0.240	−5.9
24.50	0.340	0.110	−1.3
24.60	0.351	0.070	−0.4
24.70	0.358	0.050	—
25.00	0.373	0.024	—
25.50	0.385	—	—

一、作图法

1. E-V 曲线法

以加入滴定剂的体积 V 为横坐标，对应的电池电动势为纵坐标，绘制 E-V 曲线（如图 2-10 所示）。曲线上的转折点（拐点）所对应的体积即为滴定终点体积。此法应用方便，适用于在突跃范围内电动势变化明显的滴定曲线。若突跃不明显，则可用一级或二级微商法确定化学计量点。

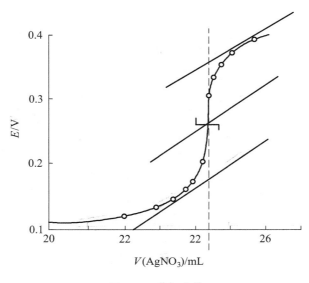

图 2-10　E-V 曲线

2. $\Delta E/\Delta V$-V 曲线法（一级微商法）

$\Delta E/\Delta V$ 表示滴定剂单位体积变化引起电动势的变化值，以 $\Delta E/\Delta V$ 为纵坐标，以加入滴定剂的体积 V 为横坐标，绘制 $\Delta E/\Delta V$-V 曲线（如图 2-11 所示）。根据函数微商性质可知，该曲线的最高（极值）点所对应的体积即为终点体积，与 E-V 曲线拐点对应的横坐标一致。极值点较拐点容易准确判断，所以用 $\Delta E/\Delta V$-V 曲线法确定终点较为准确。

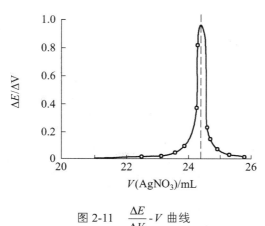

图 2-11　$\dfrac{\Delta E}{\Delta V}$-V 曲线

3. $\Delta^2 E/\Delta V^2$-V 曲线法（二级微商法）

以加入滴定剂的体积 V 为横坐标，对应的 $\Delta^2 E/\Delta V^2$ 为纵坐标，绘制 $\Delta^2 E/\Delta V^2$-V 曲线（如图 2-12 所示），得到一条具有两个极值的曲线。表示在一级微商的基础上，滴定剂单位体积变化所引起 $\Delta E/\Delta V$ 的变化，即 $\Delta(\Delta E/\Delta V)/\Delta V$。该法的依据是函数曲线的拐点在一级微商图上是极值点，在二级微商图上则是等于零的点，即 $\Delta^2 E/\Delta V^2=0$ 时横坐标为滴定终点。

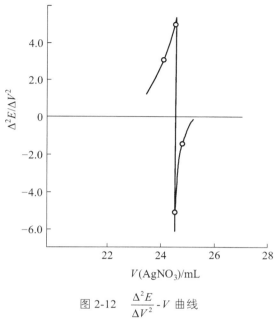

图 2-12　$\dfrac{\Delta^2 E}{\Delta V^2}$-$V$ 曲线

二、内插法

上述确定终点的方法比较费时，除非要研究滴定的全过程。在实际工作中，用内插法计算化学计量点，该法比作图法简单、准确。在二级微商出现相反符号所对应的两个体积之间，必然有 $\Delta^2 E/\Delta V^2=0$ 的一点，这点所对应的体积即是滴定终点的体积，用内插法计算如下：

$$(24.40\text{-}24.30):(-5.9\text{-}4.4)=(V_{终}\text{-}24.30):(0\text{-}4.4)$$

$$V_{终}=24.30+0.10\times(-4.4)/(-10.3)=24.34（\text{mL}）$$

24.34 mL 即为滴定终点时所消耗的 $AgNO_3$ 溶液的体积。

除了以上方法外，还可以用 Gran 作图法、线性滴定图解法、两点电位滴定法等。在实际的电位滴定中，传统的操作方法正逐渐被自动电位滴定法所取代。常用的自动电位滴定仪有两种：一种是自动控制滴定终点，当到达终点电位时，自动关闭滴定装置，显示滴定剂用量；另一种是在滴定过程中自动绘制滴定曲线，并给出滴定终点。

任务三　电位滴定法的应用

电位滴定法可用于各类滴定分析，如酸碱滴定、沉淀滴定、配位滴定、氧化还原滴定等。滴定反应类型不同，所选用的电极系统也不同。电位滴定法除能应用于各类滴定分析外，还能用以测定一些化学常数，如酸（碱）的离解常数、电对的条件电极电位等。下面简单介绍其在各类滴定分析中的应用。

一、酸碱滴定

一般酸碱滴定都可使用电位滴定法，尤其是对弱酸弱碱的滴定，使用电位滴定法更有实际意义。滴定中常用玻璃电极、锑电极等做指示电极，用甘汞电极做参比电极。

太弱的酸（碱）或不易溶于水而溶于有机溶剂的酸（碱），不能在水溶液中滴定，但可以在非水溶液中滴定。很多非水滴定都可以用电位法指示终点。例如，在醋酸介质中可以用 $HClO_4$ 溶液滴定吡啶；在乙醇介质中可以用 HCl 溶液滴定三乙醇胺；在异丙醇和乙二醇的混合介质中可滴定苯胺和生物碱；在二甲基甲酰胺或乙二胺介质中可以滴定苯酚及其他弱酸；在丙酮介质中可以滴定高氯酸、盐酸、水杨酸的混合物等。

又如，测定润滑剂、防腐剂、有机工业原料等有机物质中游离酸或化合酸时，因这些有机物质不溶于水，所以必须将它们溶于有机溶剂后再以氢氧化钾的酒精溶液来进行电位滴定。

二、沉淀滴定

在沉淀滴定中使用的指示电极有金属电极、离子选择性电极和惰性电极等，使用最广泛的指示电极是银电极。以银电极为指示电极，可用 $AgNO_3$ 溶液滴定 Cl^-、Br^-、I^-、SCN^-、S^{2-}、CN^- 等离子以及一些有机酸的阴离子等。

此外，以汞电极做指示电极，可用 $HgNO_3$ 溶液滴定 Cl^-、Br^-、I^-、SCN^-、S^{2-}、$C_2O_4^{2-}$ 等离子；用铂电极做指示电极，可用 $K_4[Fe(CN)_6]$ 溶液滴定 Pb^{2+}、Cd^{2+}、Zn^{2+}、Ba^{2+} 等离子，还可间接测定 SO_4^{2-}。

也可以用卤化银薄膜电极或硫化银薄膜电极等离子选择性电极做指示电极，以 $AgNO_3$ 溶液滴定 Cl^-、Br^-、I^-、S^{2-} 等离子。这些离子选择性电极与传统的银电极比较，具有较能抗表面中毒等优点。

三、氧化还原滴定

在氧化还原滴定中通常用惰性电极做指示电极（如铂、金、汞电极，最常用的是铂电极），甘汞电极做参比电极。将铂电极浸入含有氧化还原体系的溶液时，电极电位为

$$\varphi = \varphi^\ominus + \frac{0.059}{n} \lg \frac{a_{Ox}}{a_{Red}} \tag{2-30}$$

在氧化还原滴定中，化学计量点附近 $\dfrac{a_{Ox}}{a_{Red}}$ 发生急剧变化，使铂电极电位发生突跃。以铂电极为指示电极，可以用 $KMnO_4$ 溶液滴定 I^-、NO_2^-、Fe^{2+}、V^{4+}、Sn^{2+}、$C_2O_4^{2-}$ 等，用 $K_2Cr_2O_7$，溶液滴定 Fe^{2+}、Sn^{2+}、I^-、Sb^{3+} 等，用 $Fe_3[Fe(CN)_6]$ 溶液滴定 Co^{2+} 等。但在 $KMnO_4$ 和 $K_2Cr_2O_7$ 体系中，铂电极可能被氧化生成氧化膜，使电极响应迟钝，这时可用机械方法或化学方法将其除去。

四、配位滴定

在配位滴定中以使用 EDTA 的配位滴定法应用最为广泛。在配位滴定中使用金属电极或离子选择性电极做指示电极，甘汞电极做参比电极，近年来，使用汞电极的电位滴定受到了人们的重视。使用汞电极为指示电极，可用 EDTA 滴定 Cu^{2+}、Zn^{2+}、Ca^{2+}、Mg^{2+} 和 Al^{3+} 等多种金属离子。

配位滴定的终点也可以用离子选择性电极指示。例如，以氟离子电极为指示电极，可以用镧滴定氟化物，可以用氟化物滴定 Al^{3+}。以钙离子选择性电极作为指示电极，可以用 EDTA 滴定 Ca^{2+} 等。电位滴定法把离子选择性电极的使用范围更加扩大了，可以测定某些对电极没有选择性的离子（如 Al^{3+}）。

任务四 自动电位滴定法

自动电位滴定法的滴定终点是根据预设的终点电动势值来确定的，依据是事先滴定标准溶液，从其滴定曲线的化学计量点电动势值设定被测未知试样终点电动势值。

一台现代自动电位滴定仪至少可做：① 自动控制滴定终点，当到达终点时，即自动关闭滴定装置，显示滴定剂用量，给出测定结果；② 能自动记录滴定曲线，经自动运算后显示终点滴定剂的体积及结果，并能存储滴定曲线数据供调用；③ 记录的数据有通用性，容易传递到普通计算机用软件工具处理。

项目实战 电位分析法滴定水中氟离子的含量

一、实战目的

（1）掌握水中氟离子测定的方法。
（2）掌握电位滴定法的工作原理。

二、实战原理

当氟电极与含氟的试液接触时，电池的电动势 E 随溶液中氟离子活度变化而改变（遵守 Nernst 方程）。当溶液的总离子强度为定值且足够时服从关系式：

$$E = K - \frac{2.303RT}{F} \lg a_{F^-}$$

E 与 $\lg a_{F^-}$ 成直线关系，$\frac{2.303RT}{F}$ 为该直线的斜率，亦为电极的斜率。

工作电池可表示如下：

$Ag|AgCl$，Cl^-（0.3 mol/L），F^-（0.001 mol/L）$|LaF_3\|$试液$\|$外参比电极

三、实验仪器与试剂

仪器：氟离子选择电极、饱和甘汞电极或氯化银电极、pH 计、磁力搅拌器、烧杯、容量瓶。

试剂：冰乙酸、盐酸、环己二胺四乙酸或者 1,2-环己撑二胺四乙酸、氟化钠、氯化钠、乙酸钠。

四、操作步骤

1. 仪器的准备

按测定仪器和电极的使用说明书进行，在测定前要使待测溶液和标准溶液的温度相同。

2. 总离子强度调节缓冲液的制备

量取约 500 mL 水，置于 1 L 烧杯中，加入 57 mL 冰乙酸、58 g 氯化钠和 4.0 g 环己二胺四乙酸或者 1,2-环己撑二胺四乙酸，搅拌，溶解。置烧杯于冷水浴中，慢慢地在不断搅拌下加入 6 mol/L NaOH，调节其 pH 为 5.0～5.5，转入 1 L 容量瓶中，稀释至标线，摇匀。

3. 制取氟标准溶液

精密称取经 105 ℃ 干燥后的氟化钠 221 mg，置 100 mL 烧杯中，加水适量使溶解，再转入 1 L 容量瓶中，稀释至标线，摇匀，即得氟化钠标准储备液。取 10.0 mL 储备液，加入 100 mL 容量瓶中，稀释至标线，摇匀，即得氟标准溶液（每 1 mL 相当于 100 μg 的 F）。

4. 绘制标准曲线

分别量取 1.00、3.00、5.00、10.0、20.0 mL 氟化物标准溶液，置于 50 mL 容量瓶中，加入 10 mL 总离子强度调节缓冲溶液，用水稀释至标线，摇匀。分别加入 100 mL 烧杯中，各放入一只塑料搅拌棒，按浓度由低到高的顺序，分别依次插入电极，连续搅拌溶液，待电位稳定后，在继续搅拌时读取电位值 E。绘制 E(mV)-$\lg a_{F^-}$ (mg/L)标准曲线。

5. 测定待测溶液中的氟含量

取适量待测溶液，置于 50 mL 容量瓶中，用乙酸钠或盐酸调节至近中性，加入 10 mL 总离子强度调节缓冲溶液，用水稀释至标线，摇匀，加入 100 mL 聚乙烯杯中，放入一只塑料搅拌棒，插入电极，连续搅拌溶液，待电位稳定后，在继续搅拌时读取电位值 E_x。在每一次测量之前，都要用水充分冲洗电极，并用滤纸吸干。根据测得的电位值，在标准曲线上查找氟化物的含量。

6. 空白试验

用水代替试样，按步骤 5 进行空白试验。

五、注意事项

（1）所用水为去离子水或无氟蒸馏水。

（2）由于玻璃器皿易造成氟污染，所以尽量使用聚乙烯烧杯、器皿。

（3）当水样成分复杂，偏酸性（pH = 2 左右）或偏碱性（pH = 12 左右）时，改用其他总离子强度调节缓冲溶液，可不调节试液 pH 值。

（4）测定过程中，搅拌溶液的速度应恒定。

模块三　紫外-可见分光光度法

项目一　基本原理

任务一　紫外-可见分光光度法概述

紫外-可见分光光度法（ultraviolet and visible spectrophotometry；UV-vis）是研究物质在紫外-可见光区（200 ~ 800 nm）分子吸收光谱的分析方法。紫外-可见吸收光谱属于电子光谱。由于电子光谱的强度较大，因此紫外-可见分光光度法具有较高的灵敏度和较好的准确度，其检测范围可达 $10^{-4} \sim 10^{-6}$ g/mL，高灵敏度仪器甚至可达 10^{-7} g/mL；测定准确度一般为 0.5%，采用性能较好的仪器测定准确度可达 0.2%。紫外-可见分光光度法在定性分析和定量分析上均有广泛的应用。在定性上可用于鉴别官能团和结构式不同的化合物，也可以用来鉴别结构相似的不同化合物；在定量上可以对多种混合组分不经分离进行同时测定。此外还可以配合其他分析检测方法，用以推断化合物的分子结构。

任务二　紫外-可见光谱的产生

一、紫外-可见光的基本特点

紫外-可见光是一种电磁波，根据波长或者频率排列可得如表 3-1 所示的电磁波谱表。

表 3-1　电磁波谱范围

光谱名称	波长范围	跃迁类型	辐射源	分析方法
X 射线	$10^{-1} \sim 10$ nm	K 和 L 层电子	X 射线管	X 射线光谱法
远紫外光	$10 \sim 200$ nm	中层电子	氢、氘、氙灯	真空紫外光度法
近紫外光	$200 \sim 400$ nm	价电子	氢、氘、氙灯	紫外光度法
可见光	$400 \sim 750$ nm	价电子	钨丝灯	比色及可见光度法
近红外线	$0.75 \sim 2.5$ μm	分子振动	碳化硅热棒	近红外光度法
中红外线	$2.5 \sim 5.0$ μm	分子振动	碳化硅热棒	中红外光度法
远红外线	$5.0 \sim 1000$ μm	分子转动、震动	碳化硅热棒	远红外光度法
微波	$0.1 \sim 100$ cm	分子转动	电磁波发生器	微波光谱法
无线电波	$1 \sim 1000$ m			核磁共振光谱法

二、紫外-可见吸收光谱的产生

原子吸收光谱是由原子外层电子选择性地吸收某些波长的电磁波而引起的，原子吸收分光光度法就是根据原子的这一性质建立起来的，原子吸收光谱的特征是光谱为线状光谱。

而分子吸收光谱比较复杂。这是由分子结构的复杂性所引起的。图 3-1 是双原子分子的能级示意图。可以看到除了电子跃迁能级外，在同一电子能级中有几个振动能级，在同一振动能级中又存在不同转动能级。在电子能级变化时，不可避免地也伴随分子的振动和转动的能级的变化。因此，分子的电子光谱通常比原子的线状光谱复杂得多，呈带状光谱。由分子振动能级（能级间的能量差 $0.05 \sim 1$ eV）和转动能级（能级间的能量差小于 0.05 eV）的跃迁而产生的吸收光谱为振动-转动光谱或红外吸收光谱。由电子能级跃迁而产生的光谱为紫外-可见吸收光谱，这种由价电子跃迁而产生的分子光谱称为电子光谱。本章主要研究的就是因电子跃迁而产生的紫外-可见吸收光谱。

理论上将具有单一波长的光称为单色光，由不同波长的单色光组成的光称为复合光。波长在 $200 \sim 400$ nm 的光称为紫外光。人能感觉到的光的波长在 $400 \sim 750$ nm，称为可见光，它是由红、橙、黄、绿、青、蓝、紫等各种色光按一定比例混合而成的。物质的颜色是因为物质对不同波长的光具有选择性吸收作用而产生的。图 3-2 列出了物质的颜色和吸收光之间的关系。图中两种相对应颜色的光称为互补色光，将它们按一定比例混合，可得到白光。

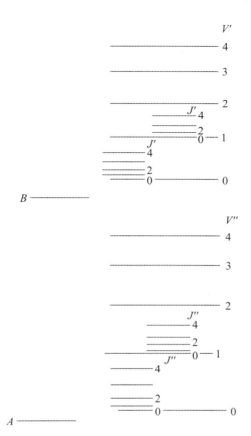

图 3-1　双原子分子中电子振动和转动能级示意图

A，B —电子能级；

V'（0，1，2，3，4），V''（0，1，2，3，4）—振动能级；

J'（0，1，2，3，4），J''（0，1，2，3，4）—转动能级

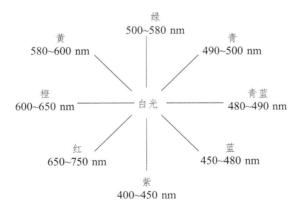

图 3-2　光的互补色示意图

任务三　光吸收定律

一、朗伯-比尔定律（Lambert-Beer law）

分子吸收光谱法是基于在光程长度为 b（cm）的透明池中，对溶液的透射比 T 或吸光度 A 进行定量分析。通常被分析物质的浓度 c 与吸光度 A 呈线性关系，可用下式表示：

$$A = -\lg T = \lg（I_0/I）= \varepsilon bc \quad 或 \quad A = -\lg T = \lg（I_0/I）= \alpha bc \qquad （3\text{-}1）$$

式中　I_0，I——入射光强度与透射光强度；

$\quad\quad\ A$——吸光度；

$\quad\quad\ T$——透射比；

$\quad\quad\ b$——介质厚度，cm；

$\quad\quad\ \alpha$——吸收系数，$L \cdot g^{-1} \cdot cm^{-1}$，多用于含量测定；

$\quad\quad\ \varepsilon$——摩尔吸收系数，$L \cdot mol^{-1} \cdot cm^{-1}$，多用于分子结构的研究。

穿过透明介质时，光强度的降低与入射光的强度、吸收介质的厚度以及光路中吸光微粒的数目成正比。

由于被分析物质的溶液是放在透明的吸收池中测量，在空气/吸收池壁以及吸收池壁/溶液的界面间会发生反射，导致入射光和透射光的损失。如当黄光垂直通过空气/玻璃或玻璃/空气界面时，约有 8.5% 的光因反射而损失。此外，光束的衰减也来源于大分子的散射和吸收池的吸收。故通常不能按上述公式所示的定义直接测定透射比和吸光度。为了补偿这些影响，在实际测量中，采用在另一相同的吸收池中放入溶剂，与被分析溶液的透射强度进行比较。这样就可得到非常接近真实透射比和吸光度的实验值。

朗伯-比尔定律是建立在如下条件之上的：① 入射光为平行单色光，且为垂直照射。② 吸光物质为均匀的非散射体系。③ 吸光质点之间没有相互作用。④ 入射光和吸光物质之间仅限于光吸收作用，无荧光和化学变化的发生。

二、吸光度的加和性

当介质中含有多种吸光组分时，只要各组分之间不存在相互作用，则在某一波长下介质的总吸光度为各组分在该波长下的吸光度的总和。

$$A = A_1 + A_2 + A_3 + \cdots + A_n$$

这一规律称为吸光度的加和性。根据这一规律，可以对多组分物质进行测定。

任务四　偏离朗伯-比尔定律的因素

朗伯-比尔定律有其本身的局限性，吸光度与试样溶液的浓度和光程长度呈正比。理论上以吸光度对浓度作图应得到一条通过原点的直线，但是在实际实验中，测定的吸光度和浓度之间的线性关系往往出现偏差，不遵守朗伯-比尔定律。引起朗伯-比尔定律发生偏离的因素主要有三个方面：① 朗伯-比尔定律本身的局限性。② 实验条件的因素，包括化学偏离和仪器偏离。③ 光学因素。

一、朗伯-比尔定律本身的局限性

严格地说，朗伯-比尔定律只适用于稀溶液，从这个意义上讲，它是一个有限定条件的定律。在高浓度（＞0.01 mol/L）时，吸收组分间的平均距离将会减小，粒子的电荷排布将因粒子之间的相互作用而发生改变，导致它们的摩尔吸收系数 ε 发生改变，从而吸收给定波长的能力发生变化。由于粒子间相互作用的程度与溶液浓度有关，故使吸光度和浓度间的线性关系偏离了朗伯-比尔定律。因此在吸收组分浓度较低，但其他组分（特别是电解质）浓度高的溶液中也会对检测结果产生影响。

二、化学偏离

在某些物质的溶液中，由于待分析物质与溶剂发生缔合、离解以及溶剂化反应，产生的生成物与被分析物质具有不同的吸收光谱，出现化学偏高。这些反应的进行，会使吸光物质的浓度与溶液的示值浓度不呈正比例变化，因而测量结果将偏离朗伯-比尔定律。

在大多数波长处，重铬酸根离子和其他两种铬酸根粒子的摩尔吸收系数并不相同，而溶液的总吸光度与其二聚体和单体间的浓度不成比例变化，而这一比值又明显与溶液的稀释程度有关，因此在不同浓度测得的吸光度值和六价铬的总浓度之间的线性关系会发生偏离。

三、仪器偏离

仪器偏离主要是指由于单色光不纯引起的偏离。由于只有采用真正的单色辐射才能观测到吸收体系严格遵守朗伯-比尔定律。事实上，通过波长选择器从连续光源中分离出的波长，只是包括所需波长的波长带，即从连续光源中获得单一波长的辐射是很难办到的。因此体系中吸收物质对于不同色光的吸光系数或者摩尔吸收系数存在差异，这导致多色辐射下的吸光度和吸收物质浓度将不成线性关系；不同色光间吸光系数或者摩尔吸收系数差异越大，吸光度-浓度之间的关系偏离线性也就越大。

实验证明，在吸收物质的吸光度随波长变化不大的光谱区内，采用多色光所引起的偏离不会十分明显，相反在吸光度随波长变化而产生较大变化的光谱区内多色光所起的偏离则十分严重。

四、光学因素

1. 杂散光

杂散光（stray light）是一些不在谱带宽度范围内的与所需波长相隔较远的光。杂散光也可使光谱发生变形变值。特别是在透射光很弱的情况下，会产生明显的作用。现代仪器的杂散光强度的影响可以减少到忽略不计。但在接近末端吸收处，有时因杂散光影响而出现假峰。

2. 散射光和反射光

吸光质点对入射光有散射作用，入射光在吸收池内外界面之间通过时又有反射作用。散射光和反射光，都是入射光谱带宽度内的光，对透射光强度有直接影响。

光的散射可使透射光减弱。真溶液质点小，散射光不强，可用空白对比补偿。但浑浊溶液质点大，散射光强，一般不易制备相同空白补偿，常使测得的吸光度偏高，分析中不容忽视。

反射也使透光强度减弱，使测得的吸光度偏高，一般情况下可用空白对比补偿，但当空白溶液与试样溶液的折射率有较大差异时，可使吸光度值产生偏差，不能完全用空白对比补偿。

3. 非平行光

通过吸收池的光一般都不是真正的平行光，倾斜光通过吸收池的实际光程将比垂直照射的平行光的光程长，使厚度增大而影响测量值。这种测量时实际厚度的变异也是同一物质用不同仪器测定吸光系数时，产生差异的主要原因之一。

五、透光率测量误差

透光率测量误差 ΔT 是测量中的随机误差，来自仪器的噪音（noise）。一类与光信号无关，称为暗噪音（dark noise）；另一类随光信号强弱而变化，称为散粒噪音（signal shot noise）。

暗噪音是由光电检测器或热检测器与放大电路等各部件的不确定性引起的。这种噪音的强弱取决于各种电子元件和线路结构的质量、工作状态以及环境条件。

散粒噪音，又称为信号噪音，其随光照强度增大而增大。散粒噪音与测量光强的平方根成正比，其比值与波长及光敏元件的品质有关。

六、共存组分的干扰及消除

在光度分析中，常常会因共存离子的干扰而影响测定，使测定结果产生严重误差，这是造成光度分析误差的重要原因之一。消除干扰的方法主要有以下几种，可根据具体情况选择使用或联合使用。

1. 控制溶液酸度

控制显色液的酸度是消除干扰简便而重要的方法。它实质上是根据各种离子与显色剂所形成的配合物稳定性的差异，利用酸效应来控制显色反应的完全程度，从而消除干扰、提高选择性。如用 4-[（5-氯-2-吡啶）偶氮-1,3-二氨基苯（5-Cl-PADAR）测定 Co^{2+}，在弱酸性介质中共存的 Cu^{2+}、Ni^{2+} 和 Cr^3 等离子也能与试剂生成有色配合物而干扰测定。但当用强酸酸化有色配合物溶液时，因 Co^{2+} 与试剂生成的配合物最稳定，仍能稳定存在，其他的配合物则被酸分解，从而可以消除其他组分的干扰。

2. 加入掩蔽剂

采用掩蔽剂掩蔽干扰组分是光度分析中最常用的消除干扰方法。常用的掩蔽剂主要是配合剂，有时氧化剂和还原剂也用作掩蔽剂。例如，用 SCN^- 测定钴时，可用 F 做掩藏剂，利用配合效应消除 Fe^{3+} 的干扰；用铬天青 S 法测定铝时，则是利用抗坏血酸的还原作用来消除 Fe^{3+} 的干扰。选择掩蔽剂时，要求它不与被测组分作用；掩蔽剂的颜色以及它与干扰组分反应产物的颜色也不应干扰被测组分的测定。

此外，将二元配合物体系改变为多元配合物体系，选择适当的测量波长和参比溶液等方法也可消除共存离子的干扰。当上述方法都无效时，则需将干扰组分分离除去。

项目二　紫外-可见光谱和分子结构的关系

任务一　跃迁类型

当分子中的价电子吸收一定能量的电磁辐射时，就由较低能级（E_0）跃迁到较高能级（E'），吸收的能量与这两个能级的能量差（ΔE）相等，一般为 1～20 eV。紫外-可见吸收光谱就是分子中的价电子在不同的分子轨道之间跃迁而产生的。分子中的价电子包括形成单键的 σ 电子、双键的 π 电子和非成键的 n 电子（也称 p 电子、孤对电子）。电子围绕分子或原子运动的概率分布叫作轨道。轨道不同，电子所具有的能量也不同。分子轨道可以认为是两个原子结合成分子时，两个原子的原子轨道以线性组合而生成的两个分子轨道。其中一个分子轨道具有较低能量，称为成键轨道；另一个分子轨道具有较高能量，称为反键轨道。例如图 3-3 所示两个氢原子的 s 电子结合，并以 σ 键组成氢分子，其分子轨道具有 σ 成键轨道和 σ* 反键轨道。同样两个原子的 p 轨道平行地重叠起来，组成两个分子轨道时，该分子轨道称为 π 成键轨道和 π* 反键轨道。π 键的电子重叠比 σ 键的电子重叠少，键能弱，跃迁所需的能量低。分子中 n 电子的能级基本上保持原来原子状态的能级，称为非键轨道。非键轨道比成键轨道所处能级高，比反键轨道能级低。由上所述，分子中不同轨道的价电子具有不同能量，如图 3-4 所示，处于低能级的价电子吸收一定能量后，就会跃迁到较高能级。

在紫外和对见光区范围内，有机化合物的吸收光谱主要由 σ→σ*、π→π*、n→π* 及电荷迁移跃迁产生，无机化合物的吸收光谱主要由电荷迁移跃迁和配位场跃迁产生。

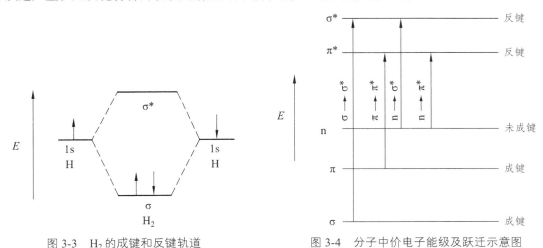

图 3-3　H_2 的成键和反键轨道　　　　图 3-4　分子中价电子能级及跃迁示意图

一、σ→σ* 跃迁

处于 σ 成键轨道上的电子吸收光能后跃迁到 σ* 反键轨道。分子中 σ 键较为牢固，故跃迁需要较大的能量，吸收峰在远紫外区（＜150 nm）。饱和烃类吸收峰波长一般都小于 150 nm，

如乙烷的 λ_{max} 在 135 nm。在 200 ~ 400 nm 范围内没有吸收。

二、π→π*跃迁

处于 π 成键轨道上的电子跃迁到 π* 反键轨道上，所需的能量小于 σ→σ* 跃迁所需的能量，孤立的 π→π* 跃迁一般发生在波长 200 nm 左右（紫外区），其特征是吸光系数 ε 很大，一般 $\varepsilon > 10^4$，为强吸收。例如 CH_2═CH_2 的吸收峰在 165 nm，ε 为 10^4。具有共轭双键的化合物，π→π* 跃迁所需能量降低，如丁二烯的 λ_{max} 在 217 nm（ε 为 21 000）。共轭键越长，跃迁所需能量越小。

三、n→π*跃迁

含有杂原子不饱和基团，其非键轨道中孤对电子吸收能量后，向 π* 反键轨道跃迁，这种跃迁吸收峰一般在近紫外区（200 ~ 400 nm）。吸收强度弱，ε 小，在 10 ~ 100。

四、n→σ*跃迁

含 —OH，—NH₂，—X，—S 等基团的化合物，其杂原子中孤对电子吸收能量后向 σ* 反键轨道跃迁，这种跃迁可以吸收的波长在 200 nm 左右。

五、电荷迁移跃迁

电荷迁移跃迁是指用电磁辐射照射化合物时，电子从给予体向接受体相联系的轨道上跃迁，因此电荷迁移跃迁实质是一个内氧化还原过程，而相应的吸收光谱称为电荷迁移吸收光谱。某些有机化合物如取代芳烃可产生这种分子内电荷迁移吸收。许多无机配合物也有电荷迁移吸收光谱，不少过渡金属离子与含生色团的试剂反应所生成的配合物以及许多水合有机离子均可产生电荷迁移跃迁。电荷迁移吸收光谱最大的特点是摩尔吸光系数较大，一般 $\varepsilon_{max} > 10^4$，用于定量分析，可以提高检测的灵敏度。

六、配位场跃迁

第四、第五周期的过渡金属元素存在 5 个能量相等的简并 d 轨道，镧、锕元素存在 7 个能量相等的简并 f 轨道，在形成配合物时，分别分裂成几组能量不等的 d 轨道及 f 轨道。当它们吸收光能后，低能态的 d 电子或 f 电子可以分别跃迁到高能态的 d 或 f 轨道上去。由于这类跃迁必须在配体的配位场作用下才有可能产生，因此称为配位场跃迁。与电荷迁移跃迁比较，由于选择规则的限制，配位场跃迁吸收的摩尔吸光系数较小，一般 $\varepsilon < 10^2$，位于可见光区。

任务二　光谱特征及有关术语

吸收光谱（absorption spectrum）又称吸收曲线，是以波长 λ（nm）为横坐标，以吸光度 A（或透光率 T）为纵坐标所描绘的曲线，如图 3-5 所示。吸收光谱一般都有一些特征，这些特征可以分别用一些术语进行描述。

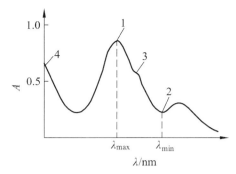

图 3-5　紫外吸收光谱示意图

1—吸收峰；2—吸收谷；3—肩峰；4—末端吸收

吸收峰：曲线上吸光度最大的地方，它所对应的波长称为最大吸收波长（λ_{max}）。

吸收谷：峰与峰之间吸光度最小的部位，该处的波长称为最小吸收波长（λ_{min}）。

肩峰（shoulder peak）：在一个吸收峰旁边产生的一个曲折。

末端吸收（end absorption）：只在图谱短波端呈现强吸收而不成峰形的部分，末端吸收不作为吸收波长。

生色团（chromophore）：是分子结构中含有 $\pi \rightarrow \pi^*$ 或 $n \rightarrow \pi^*$ 跃迁的基团，即能在紫外-可见光范围内吸收能量的原子团，如 $=C=C=$、$=C=O$、$-N=N-$、$-NO_2$、$-C=S$ 等。但是简单的双键化合物生色作用有限，可能处在远红外区，当存在"共轭 π 键"（离域键）时则会使吸收峰红移，使增色作用大大加强。

助色团（auxochrome）：是指含有非键电子的杂原子饱和基团，它们本身不"生色"，当它们与生色团或饱和烃相连时，能使该生色团或饱和烃的吸收峰发生红移现象，并使吸收强度增加。助色团上本身需要至少一对能与生色团 π 电子作用的孤对电子，如 $-OH$、$-NH_2$、$-OR$、$-SH$、$-SR$、$-Cl$、$-Br$、$-I$ 等。

红移（red shift）：亦称长移（bathochromic shift），是由于化合物的结构改变，如发生共轭作用、引入助色团，以及溶剂改变等，使吸收峰向长波方向移动的现象。

蓝（紫）移（blue shift）：亦称短移（hypsochromic shift），是化合物的结构改变或受溶剂影响使吸收峰向短波方向移动的现象。

增色效应和减色效应：由于化合物结构改变或其他原因，使吸收强度增加，称为增色效应或浓色效应（hyperchromic effect）；使吸收强度减弱，称为减色效应或淡色效应（hypochromic effect）。

强带和弱带（strong band and weak band）：化合物的紫外-可见吸收光谱中，凡摩尔吸光系数最大值大于 10^4 的吸收峰称为强带；凡小于 10^2 的吸收峰称为弱带。

任务三　光谱带及其与分子结构的关系

一、光谱带的类型

吸收带是说明吸收峰在紫外-可见光谱中的位置，它表明的是波长连续分布的辐射通过物质时，辐射能量被物质吸收的一部分波长范围。光谱带根据电子和轨道的种类，可以分为六种类型的光谱带，包括 R 带、K 带、B 带、E 带、电荷转移吸收带和配位体场吸收带。我们将介绍前四种吸收带。

R 带（基团型，源自德文 radikal）

R 带是由化合物 n→π*跃迁产生的吸收带，是杂原子不饱和基团，如＝C＝O、—NO、—NO₂、—N＝N— 等这一类生色团的特征。其特点为：处于较长波长范围（250～500 nm），是弱吸收，摩尔吸光系数一般在 100 以内。

K 带（共轭型，源自德文 konjugation）

K 带是共轭双键发生 π→π*跃迁所产生的吸收峰，其摩尔吸收系数较大，一般大于 10^4；吸收峰区域为 210～250 nm，在近紫外区。

B 带（苯的，源自德文 benzenoid）

B 带是芳香族化合物的特征吸收带，其本质为苯环自身振动及闭合环状共轭双键 π→π*跃迁而产生。其特点为苯蒸气和在非极性溶剂中的苯，在 230～270 nm 波长处呈现精细结构的吸收光谱；在极性溶剂中则精细结构消失，呈现宽峰状态。

E 带（乙烯型，源自德文 kthylenicband）

E 带是由苯环中三个乙烯的环状共轭系统的 π→π*跃迁产生的。包括两个吸收峰：E_1 带：180 nm，$\varepsilon=60000$；E_2 带：203 nm，$\varepsilon=8000$。其特点为：苯环上有助色团取代时，E 带将发生红移，但吸收带波长一般不超过 210 nm；苯环上生色团和苯环共轭时，E 带红移与 K 带合并，统称 K 带，并使得 B 带也发生红移现象。

二、影响吸收带的因素

紫外-可见吸收光谱主要取决于分子中价电子的能级跃迁，但分子的内部结构和外部环境都会对紫外-可见吸收光谱产生影响。

1. 共轭效应

分子中的共轭体系由于大 π 键的形成，各能级间能量差减小，跃迁所需能量降低。因此使吸收峰向长波方向移动，吸收强度随之加强的现象，称为共轭效应。

2. 助色效应

当助色团生色团相连时，由于助色团的 n 电子与生色团的 π 电子共轭，结果使吸收峰向长波方向移动，吸收强度随之加强的现象，称为助色效应。

3. 超共轭效应

由于烷基的 σ 电子与共轭体系中的 π 电子共轭，使吸收峰向长波方向移动，吸收强度加强的现象，称为超共轭效应。但其影响远远小于共轭效应。

4. 溶剂效应

溶剂除影响吸收峰位置外，还影响吸收强度及光谱形状，所以一般应注明所用溶剂。极性溶剂使 n→π*和 π→π*跃迁吸收峰位置向不同方向移动，一般使 π→π*跃迁吸收峰向长波方向移动；而使 n→π*跃迁吸收峰向短波方向移动，后者的移动一般比前者移动大（例如：亚丙基丙酮的溶剂效应见表 3-2)。

表 3-2　异亚丙基丙酮的溶剂效应

溶　剂	正己烷	氯　仿	甲　醇	水	波长位移
$\pi \rightarrow \pi^*$	230 nm	238 nm	237 nm	243 nm	向长波移动
$n \rightarrow \pi^*$	329 nm	315 nm	309 nm	305 nm	向短波移动

项目三　紫外-可见分光光度计

任务一　仪器构成

紫外-可见分光光度计的种类和型号众多，但基本都由光源、单色器、吸收池、检测系统和信号显示系统五部分构成。

一、光　源

分光光度计通常采用 6 ~ 12 V 低压钨丝灯或者卤钨丝灯作为光源，其发射的复合光波长较长，在 360 ~ 2500 nm。白炽灯的发光强度与供电电压的 3 ~ 4 次方成正比，所以供电电压要稳定。通常在仪器内同时配有电源稳压器。

氢灯或氘灯：氢灯是一种气体放电发光的光源，发射从 150 nm 至约 400 nm 的连续光谱。由于玻璃吸收紫外光，故灯泡必须具有石英窗或用石英灯管制成。氘灯比氢灯昂贵，但发光强度和灯的使用寿命比氢灯增加 2 ~ 3 倍。现在仪器多用氘灯。气体放电发光需先激发，同时应控制稳定的电流，所以都配有专用的电源装置。

二、单色器（分光系统）

单色器的作用是从光源发出的复合光中分出所需要的单色光。紫外-可见分光光度计的单色器通常由入射狭缝、准直镜、色散元件（棱镜或光栅）、聚焦镜和出射狭缝组成，色散元件是单色器的核心。棱镜一般由玻璃或石英材料制成。玻璃棱镜由于对紫外光有吸收，只能用于可见光区；石英棱镜既可用于可见光区，也可用于紫外光区。光栅单色器在整个光学光谱区具有良好的几乎相同的色散能力，因而目前大多紫外-可见分光光度计采用光栅单色器。从单色器所获单色光的纯度还受到出射狭缝宽度的影响。

三、吸收池

吸收池又称比色皿，是用于盛装参比溶液和试样溶液的玻璃器皿。通常随仪器配有厚度（光程长度）为 0.5 cm、1 cm、2 cm 和 3 cm 四种规格的比色皿。比色皿的表面对入射光有一定的反射作用。因为这种反射作用很小，加之进行光度分析时，都采用同质料和同厚度的比色皿分别盛装试液与参比溶液，因此可以抵消因器皿表面反射光而引起的误差。使用比色皿时要注意保持清洁、避免磨损它的光学面，以保持其光学面透明。测定时应选择同一规格中透射比相差小于 0.5% 的比色皿使用。

四、检测系统

通常是使通过吸收池后的透射光投射到检测器上，利用光电效应而得到与透射光强度成正比的光电流进行测量，因而检测器又称光电转换器。

光电比色计和简易紫外-可见分光光度计以硒光电池为检测器，响应范围为 300～800 nm，尤其对 500～600 nm 的光最为灵敏。硒光电池在较长时间连续照射后，会出现"疲劳"现象，灵敏度降低。

普通紫外-可见分光光度计采用光电管为检测器，它具有灵敏度高、光敏范围广及不易疲劳等优点。光电管由一个半圆筒形阴极和一个金属丝阳极组成。阴极的弧形仪表面上涂有一层光敏材料，当光照射于光敏材料时，阴极就发射电子。给两电极上加一电压，电子便流向阳极，形成光电流。常用的光电管有蓝敏和红敏两种。蓝敏光电管为铯锑阴极，适用波长范围为 220～625 nm；红敏光电管为银和氧化铯阴极，适用波长范围为 600～1200 nm。

中、高档紫外-可见分光光度计广泛采用光电倍增管为检测器。由于光电倍增管中有多个倍增极，对微弱的光电流有很强的放大作用，因而较光电管更为灵敏，适用波长范围为 160～700 nm。

五、信号显示系统

它的作用是检测光电流强度的大小，并以一定的方式显示或记录下来。早期的中、低档紫外-可见分光光度计采用检流计、微安表和电位计等指针式指示系统，它有透射比 T 和吸光度 A 两种标尺。由于吸光度是透射比的负对数，所以吸光度标尺的刻度是不均匀的。现代紫外-可见分光光度计广泛采用数字电压表、函数记录仪、示波器及计算机数据处理台等进行信号处理和显示。

任务二　紫外-可见分光光度计的类型

一、仪器类型

根据仪器的结构与功能不同，紫外-可见分光光度计又可分为单光束、双光束和双波长三种基本类型，三者在光路和吸收池排列方式上的差异如图 3-6 所示。

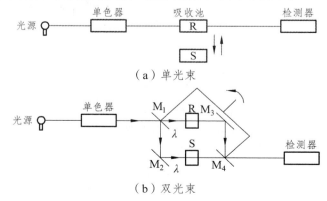

（a）单光束

（b）双光束

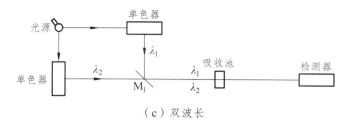

（c）双波长

图 3-6 各类分光光度计工作原理示意图

1. 单光束分光光度计

简易分光光度计都属于这种类型，如我国普遍使用的 721 型、722 型和 724 型等。其结构示意图见图 3-6（a）。单光束分光光度计结构简单，价格低廉，特别适合于固定测定波长的定量分析。但因测量时需先将参比溶液移入光路调节吸光度零点，然后再使用带有吸收池装置的拉杆将试液推入光路测量其吸光度，参比和试液在不同时间内进行比较，由于光源和系统的不定性，会引起测量误差；此外也无法进行吸收光的自动扫描，因此不适合用于经常变更测量波长的定性分析。

2. 双光束分光光度计

双光束分光光度计的构造如图 3-6（b）所示。图中 M_1 和 M_2 为半反射半透射旋转镜，M_2 和 M_3 为平面反射镜。工作时，来自单色器的单色光在 M_1 旋转到透射位置、M_4 旋转到反射位置的瞬间，通过参比溶液 R 照射到检测器上，光强为 I_0；而在 M_1 旋转到反射位置、M_4 旋转到透射位置的另一瞬间，单色光则通过试液 S 照射到检测器上，光强为 I_t。旋转镜快速同步旋转，检测器交替接收光信号 I_0 和 I_t，经处理后一次即可测得试液和参比的吸光度之差，即试样溶液的吸光度。

由于双光束仪器对透过参比和试液的光强 I_0 和 I_t 的测量几乎同时进行，补偿了因光源和检测系统的不稳定而造成的影响，因而具有较高的测量精度。但其光路设计要求严格，价格也比较昂费。

3. 双波长分光光度计

双波长分光光度计是用两种波长 λ_1 和 λ_2 的单色光交替照射样品溶液（不需要使用参比溶液）。经光电倍增管和电子控制系统，测得的是样品溶液在两种波长下的吸光度之差 ΔA；只要波长选择得当，吸光度之差 ΔA 就是扣除了背景吸收的吸光度。双波长分光光度计不仅能测定高浓度试样、多组分混合试样，还能测定浑浊试样，并且准确度高。

二、吸光度校正

波长校正可采用辐射光源法校正。常用氢灯（486.13、656.28 nm）、氘灯（486.00、656.10 nm）或石英低压汞灯（253.65、435.88、546.07 nm）校正。

镨钕玻璃在可见区有特征吸收峰，也可用来校正。

苯蒸气在紫外区的特征吸收峰也可用于校正。在吸收池内滴一滴液体苯，盖上吸收池盖，待苯挥发后绘制苯蒸气的吸收光谱。

以重铬酸钾水溶液的吸收曲线为标准值校正。将 0.0303 g 重铬酸钾溶于 1 L 0.05 mol/L 氢氧化钾中，以 1 cm 吸收池，在 25 ℃ 测定不同波长下的吸光度（表 3-3）。

表 3-3　重铬酸钾溶液的吸光度

波长/nm	吸光度	透光率	波长/nm	吸光度	透光率	波长/nm	吸光度	透光率
220	0.446	35.8%	300	0.149	70.9%	380	0.932	11.7%
230	0.171	67.4%	310	0.048	89.5%	390	0.695	20.2%
240	0.295	50.7%	320	0.063	86.4%	400	0.396	40.2%
250	0.496	31.9%	330	0.149	71.0%	420	0.124	75.1%
260	0.633	23.3%	340	0.316	48.3%	440	0.054	88.2%
270	0.745	18.0%	350	0.559	27.6%	460	0.018	96.0%
280	0.712	19.4%	360	0.830	14.8%	480	0.004	99.1%
290	0.428	37.3%	370	0.987	10.3%	500	0.000	100%

项目四　测量条件的选择

任务一　入射光波长的选择

测量波长的选择影响灵敏度和准确性，一般确定测量波长的方法是先制作吸光物质的吸收曲线，选择最大吸收波长的光作为入射光，这称为"最大吸收原则"。选择最大吸收波长的光进行分析，不仅灵敏度最高，而且能够减少或消除由非单色光引起的对朗伯-比尔定律的偏离，准确度好。

若在最大吸收波长处存在其他吸光物质干干扰时，则应根据"吸收最大，干扰最小"的原则选择测量波长。例如，用分光光度法测定钢中丁二酮肟镍配合物的最大吸收波长为 470 nm（图 3-7），但试样中的铁用酒石酸钠掩蔽后，在 470 nm 处也有吸收，干扰对镍的测定；若选择 520 nm 波长进行测定，虽然测镍的灵敏度稍有降低，但酒石酸铁的吸收很小，几乎不产生干扰，可以提高测定镍的准确度。

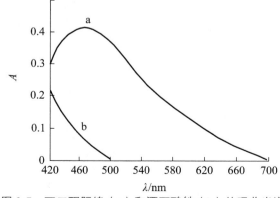

图 3-7　丁二酮肟镍（a）和酒石酸铁（b）的吸收光谱

任务二　参比溶液的选择

参比溶液又称空白溶液，用以调节仪器的工作零点，以消除由于吸收池、溶剂和试剂对光的吸收、反射或散射所造成的误差。如果参比溶液选择得当，还可以消除某些共存物质的干扰。

实际工作中应根据具体情况合理选择参比溶液。当试样溶液、显色剂及所用的其他试剂在测定波长处均无吸收时，可选用蒸馏水（即纯溶剂）作为参比液；若显色剂或其他试剂对入射光有吸收，应选用试剂空白为参比液，这类试剂空白在实践中运用最多；若试样中其他组分有吸收，而显色剂无吸收且不与其他组分作用，则应选用不加显色剂的试样溶液作参为比液。例如，以 KIO_4 氧化显色法测定含钴试样中的锰时，在用锰标准溶液制作标准曲线时，可选用蒸馏水作为参比；而在测定试样时，则应选用不加显色剂的试液作为参比液（钴有颜色）。若显色剂和试液都有吸收，或显色剂与试液中共存组分的反应产物有吸收，可在一份试液中加入适当试剂将被测组分掩蔽起来，然后按相同的操作方法加入显色剂和其他试剂，以此作为参比液来消除干扰。例如，以铬天青 S 为显色剂测定钢中的铝，Ni^{2+}、Cr^{2+} 和 CO^{2+} 等离子干扰测定，为此可取一份试液加适量 NH_4F，使 Al^{3+} 形成 AlF 而不再显色，然后按操作方法加入显色剂及其他试剂，以此作为参比溶液，这时测得的仅为铝的配合物的吸收，就可以消除 Ni^{2+}、Cr^{3+} 和 CO^{2+} 等离子的干扰。

任务三　吸光度读数范围的选择

任何分光光度计都有一定的测量误差，这是由于光源不稳定，读数不准确等因素造成的。一般来说，透射率读数误差 ΔT 是一个常数，但在不同的读数范围内所引起的浓度的相对误差（$\Delta c/c$）却是不同的。

浓度测量的相对误差 $\Delta c/c$ 不仅与仪器的读数误差 ΔT 有关，而且与试液本身的透射率 T 有关。浓度的相对误差的大小与透射率（或吸光度）读数范围有关。当 T 为 20% ~ 65%时，$\Delta c/c$ < 2%；当 $T=36.8\%$时，$\Delta c/c=1.32\%$，浓度相对误差最小。因此，为了减小浓度的相对误差，提高测量准确度，一般应控制待测液的吸光度在 0.2 ~ 0.7。当溶液的吸光度不在此范围时，可以通过改变称样量、稀释溶液以及选择不同厚度的吸收池来控制吸光度。

项目五　定性与定量分析方法

任务一　定性分析方法

目前无机元素的定性分析主要是用发射光谱法，也可采用经典的化学分析方法，因此紫外-可见分光光度法在无机定性分析中并未得到广泛的应用。

在有机化合物的定性鉴定和结构分析中，具有不同或相同吸收基团的不同化合物，可有相同的 λ_{max} 值。但它们的摩尔质量一般是不相同的，因此它们的 ε 或 α 值常有明显差异，所以吸光系数值也常用于化合物的定性鉴别。但由于紫外-可见光区的吸收光谱比较简单，特征性不强，并且大多数简单官能团在近紫外光区只有微弱吸收或者无吸收，因此,该法的应用也有一定的局限性，但它可用于鉴定共轭生色团，以此推断未知化合物的物的结构骨架。在配合红外光谱、核磁共振谱等进行定性鉴定及结构分析中，它无疑是一个十分有用的辅助方法。

利用紫外-可见分光光度法确定未知不饱和化合物结构的结构骨架时，一般有两种方法：① 比较吸收光谱曲线；② 用经验规则计算最大吸收波长，然后与实测值比较。

吸收光谱曲线的形状、吸收峰的数目以及最大吸收波长的位置和相应的摩尔吸收系数，是进行定性鉴定的依据，其中，最大吸收波长 λ_{max} 及相应的 ε_{max} 是定性鉴定的主要参数。比较法是在相同的测定条件下，比较未知物与已知标准物的吸收光谱曲线，如果它们的吸收光谱曲线的吸收光谱的特征，如吸收峰数目、最大吸收波长、吸收峰形状、摩尔吸光系数等完全等相同，则可以认为待测试样与已知化合物有相同的生色团。在进行这种对比法时，也可以借助前人汇编的以实验结果为基础的各种有机化合物的紫外与可见光谱标准谱或有关电子光谱数据表。若一个化合物中有几个吸收峰，并存在谷或肩峰，应该同时作为鉴定依据，这样更显示光谱特征的全面性。

常用的标准图谱和电子光谱数据表有：

Sadtler Standard Spectra（Ultraviolet），London：Heyden，1978（共收集 46000 种化合物的紫外光谱）。

Friedel R A，Orchin M. Ultraviolet Spectra of Aromatic Compounds. New York：Wiley，1951（收集 579 种芳香化合物的紫外光谱）。

Organic Electronic Spectral Data：

这是一套由许多作者共同编写的大型手册性丛书，所搜集的文献资料自 1946 年开始，目前还在继续编写。

另外，紫外吸收光谱数据或曲线进行定性鉴别，有一定的局限性。主要是因为紫外吸收光谱一般只有 1 个或几个宽吸收带，曲线的形状变化不多；在成千成万种有机化合物中，不相同的化合物可以有很类似甚至雷同的吸收光谱。所以在得到相同的吸收光谱时，应考虑到有并非同一物质的可能性。而在两种纯化合物的吸收光谱有明显差别时，可以肯定两物不是同一种物质。

任务二　定量分析

一、定量分析的方法

1. 校准曲线法

最基本的紫外-可见分光光度法是直接利用朗伯-比尔定律，在一定条件下制作校准曲线（标准曲线或工作曲线），以测得的吸光度对被测组分进行定量。

在确定的最佳显色反应条件下和最佳测量条件下，分别测定一系列的含有不同含量被测物的标准溶液的吸光度。以标准溶液中被测组分的含量为横坐标，吸光度为纵坐标绘制 $A\text{-}c$ 曲线，该曲线即为校准曲线。

由朗伯-比尔定律可知，校准曲线的斜率为 εb，在测定中 b 保持为定值不变，故可由曲线的斜率求出 ε。当需要对某未知液的浓度 c_x 进行定量测定时，只需在相同条件下测得未知液的吸光度 A，就可直接在校准曲线上查得或计算得出未知液的浓度 c_x。

2. 示差光度法

前述已知，普通光度法只适用于测定微量或痕量组分，而不适合于常量分析。当待测组分浓度过高时，即便不偏离朗伯-比尔定律，由于吸光度超出准确测定的读数范围，也会引起很大的测量误差，导致准确度降低。在待测组分浓度过高的情况下，可采用示差光度法分析，以获得较为准确的分析结果。

示差光度法与普通光度法的主要区别在于它所采用的参比溶液不同，它不是以 $c=0$ 的试剂空白为参比，而是以一个浓度比待测试液 c_x 稍低的标准溶液 c_s 为参比（调节仪器的 $T=100\%$，$A=0$），然后再测定试液的吸光度。依据朗伯-比尔定律可得

$$A_x = \varepsilon b c_x$$

$$A_s = \varepsilon b c_s$$

实际测得的试液的吸光度（示差吸光度）A_f 为

$$A_f = A_x - A_s = kb(c_x - c_s) = kb\Delta c \qquad （3\text{-}2）$$

由上式可知，所测示差吸光度 A_f，与浓度差 Δc 成正比，制作 $A_f\text{-}\Delta c$ 曲线（也可直接利用以空白溶液作为参比制作的稀溶液校准曲线），根据 A_f 得到 Δc 值，进而从 $c_x = c_s + \Delta c$ 求出待测试液的浓度 c_x。

示差光度法由于扩展了读数标尺，使吸光度读数落在测量误差较小的区域，从而使高浓度待测组分测量的准确度大大提高。但示差光度法对仪器光源要求较高。

3. 解联立方程法

当试样中含有多种吸光组分时，如果各测定组分的吸收曲线之间相互重叠，也可利用吸光度的加和性，对多组分进行同时测定。设混合物中含有 x 和 y 两种组分，测定时根据 x 组分和 y 组分的吸收曲线，选择各组分的 $\lambda_{\max}$ 为测量波长 λ_1 和 λ_2，分别在两个波长下测定混合物的总吸光度，根据吸光度的加和性联立下列方程

$$A\lambda_1 = A_x, \lambda_1 + A_y, \lambda_1$$

$$A\lambda_2 = A_x, \lambda_2 + A_y, \lambda_2$$

$$A = \varepsilon b c \qquad （3\text{-}3）$$

分别测得纯 x 和纯 y 溶液在 λ_1 和 λ_2 两个波长处的摩尔吸收系数，解方程组即可以求得两组分的浓度 c_1 和 c_2。

4. 双波长分光光度法

在经典的光度分析中，常会因共存组分与被测组分的吸收带重叠而干扰测定，有时也会存在溶剂、胶体、悬浮体等散射或吸收辐射引起的背景干扰。采用双波长分光光度法可以解

决这些干扰问题。

双波长分光光度法的原理：在单波长分光光度法中，通常是先用参比溶液调节仪器零位，然后将试液推入光路测定。这样，参比和试液的液池位置、液池的光学性质、溶液浊度、溶液组成，以及仪器和测量条件的微小变化等任何差异都会直接导致误差。双波长分光光度法只用一个试样池。从光源发射出来的光线被分成两束，分别经过两个单色器而得到两束波长不同的单色光。借助切光器，使这两道光束以一定的频率交替通过试样池，最后由检测器显示出试液对波长为 A_1 和 A_2 的两束光的吸光度差值 ΔA。设波长为 λ_1 和 λ_2 的两束单色光的强度相等，则有

$$A\lambda_1 = \varepsilon\lambda_1 bc + A_{b1}$$
$$A\lambda_2 = \varepsilon\lambda_2 bc + A_{b2}$$

式中　A_{b1}，A_{b2}——背景或干扰物质的吸收。

若波波长选择合适，使 A_{b1} 等于 A_{b2}，则

$$\Delta A = (\varepsilon\lambda_1 - \varepsilon\lambda_2)bc \qquad (3\text{-}4)$$

可见 ΔA 与吸光物质的浓度成正比，且基本上消除了试样背景和干扰的影响，这就是用双波长分光光度法进行定量分析的理论依据。

波长组合的选择：显然，在双波长分光光度法中，波长 λ_1 和 λ_2 的组合和选择是方法的关键。当两个或更多组分共存，且吸收光谱有重叠时，通常采用等吸收点法选择参比波长和测定波长。等吸收点法是指干扰组分在所选的两波长处具有相同的吸光度，这样测得的吸光度差就只与待测组分的浓度成线性关系，从而消除了干扰。选择参比波长和测定波长时还应使被测组分在这两波长处具有较大的吸光度差，这样才可保证测定有足够高的灵敏度。

用双波长分光光度法以形成有色配合物测定某组分时，若没有共存组分干扰，选择配合物吸收峰作为测量波长 λ_1，选择显色剂吸收峰作为测量波长 λ_2，可获取比单波长法更高的灵敏度。

5. 催化光度法

催化光度法是一种动力学分析方法，通过测量反应速率进行定量分析。许多化学反应在催化剂催化下可以加快反应速率，而催化反应的速率在一定范围内与催化剂的浓度成正比关系，因而以光度法或其他方法检测催化反应速率就可以实现对催化剂浓度的测定。

二、定量分析的应用

紫外-可见分子吸收光谱法是进行定量分析的最有用的工具之一，它不仅可对那些本身在紫外-可见光区有吸收的无机和有机化合物进行定量分析，而且利用许多试剂可与非吸收物质反应产生紫外和可见光区有强烈吸收的产物，即"显色反应"，从而对非吸收物质进行定量测定。该法灵敏度可达 $11^{-4} \sim 11^{-5}$ mol/L 甚至于可达 $10^{-6} \sim 10^{-7}$ mol/L；准确度好，相对误差在 $1\% \sim 3\%$ 内，如果操作得当，则误差往往可减少到百分之零点几；且操作容易、简单。

紫外-可见吸收光谱法定量分析法的依据是朗伯-比尔定律，即物质在一定波长处的吸光度与它的浓度呈线性关系。因此，通过测定溶液对一定波长入射光的吸光度，就可求出溶液中

物质浓度和含量。由于最大吸收波长 λ_{max} 处的摩尔吸收系数最大，通常都是测量 λ_{max} 的吸光度，以获得最大灵敏度。同时，吸收曲线在最大吸收波长处常常是平坦的，使所得数据能更好地符合朗伯-比尔定律，在紫外-可见吸收光谱法中，对单一物质的定量分析比较简单，一般选用工作曲线法和标准加入法进行定量分析。

三、无机离子分析

紫外-可见分光光度法最传统和最重要的应用领域是对微痕量无机离子的定量分析，特别是无机金属离子的定量分析。在一定的条件下，几乎所有的金属离子都能与特定的化学试剂-显色剂作用形成有色化合物，从而可通过紫外-可见分光光度法对其进行定量测定。紫外-可见分光光度法测定无机离子时，根据待测定离子的性质，选择适当的显色剂和显色反应条件，在一定的测定波长和条件下，制作校准曲线，并在同样的条件下对试样进行测定。对某些极痕量的过渡金属离子，在没有合适的显色反应可达到灵敏度的要求时，利用催化光度法也许可以进行测定。

四、生化物质分析

对临床、食品和药物等领域的生化物质分析，紫外-可见分光光度法是最普遍应用的分析方法。临床医学检测中人体许多重要的生化指标，如葡萄糖、胆固醇、尿素、蛋白质、甘油三酯、血色素、转氨酶和淀粉酶等，都采用传统的比色反应技术进行测定。

紫外-可见分光光度法测定生化物质时，有些可以直接选择适当的显色剂，形成有色化合物进行测定；大多数则需要与酶反应进行联合，经过转化之后或在酶作用下再与适当的显色剂作用，从而形成有色化合物进行测定。与生物免疫技术相结合的酶联免疫法，使紫外-可见分光光度法得到了更大的发展。

现以人血清中总蛋白、葡萄糖和甘油三酯的测定为例，说明吸光光度法在生化分析中的应用。

人血清中总蛋白质的测定原理是：在碱性溶液中，蛋白质分子中多肽的肽键可与铜离子作用生成紫红色配合物。在 37 ℃ 时，反应 15 min，一个铜离子可与 6 个肽键形成配位键，不同种类蛋白质的显色能力相似。在 540 mm 测定所形成配合物的吸光度，可以对人血清中总蛋白含量进行测定。

葡萄糖在葡萄糖氧化酶（GOD）作用下生成葡萄糖酸和过氧化氢，后者与酚及 4-氨基安替比林在过氧化物酶（POD）作用下生成红色醌类染料化合物，在 500 nm 波长处检测，可测定人血清或血浆中的葡萄糖含量。

（1）甘油三酯+水在脂肪酶的作用下分解为甘油+脂肪酸；

（2）甘油+ATP 在甘油激酶的作用下生成甘油-3-磷酸+ADP；

（3）甘油-3-磷酸在甘油磷酸氧化酶作用下生成磷酸二羟丙酮+H_2O_2；

（4）H_2O_2+4-氨基安替比林+对氯苯酚在过氧化物酶的作用下生成有色醌染料+H_2O。

在 500 nm 波长处检测，可测定人血清中的甘油三酯含量。

项目实战一　维生素 B_{12} 注射液的紫外分光光度法定性鉴别

一、实战目的

（1）掌握紫外-可见分光光度计的进行定性分析的方法；

（2）掌握紫外-可见分光光度法可用于定性的特征点；

（3）掌握紫外-可见分光光度法在定性分析中应注意的事项；

（4）掌握紫外-可见分光光度法定性分析的基本思路。

二、实战内容

1. 维生素 B_{12} 概述

维生素 B_{12} 又叫钴胺素，是唯一含金属元素的维生素（结构如下）。自然界中的维生素 B_{12} 都是微生物合成的，高等动植物不能制造维生素 B_{12}。维生素 B_{12} 是唯一的一种需要肠道分泌物（内源因子）帮助才能被吸收的维生素。有的人由于肠胃异常，缺乏这种内源因子，即使膳食中维生素 B_{12} 来源充足，也会患恶性贫血。植物性食物中基本上没有维生素 B_{12}。它在肠道内停留时间长，大约需要 3 h（大多数水溶性维生素只需要几秒钟）才能被吸收。维生素 B_{12} 的主要生理功能是参与制造骨髓红细胞，防止恶性贫血；防止大脑神经受到破坏。维生素 B_{12} 是 B 族维生素中迄今为止发现最晚的一种。维生素 B_{12} 是一种含有 3 价钴的多环系化合物，4 个还原的吡咯环连在一起变成为 1 个咕啉大环（与卟啉相似），是维生素 B_{12} 分子的核心。所以含这种环的化合物都被称为类咕啉。维生素 B_{12} 为浅红色的针状结晶，易溶于水和乙醇，在 pH 值 4.5～5.0 弱酸条件下最稳定，强酸（pH<2）或碱性溶液中分解，遇热可有一定程度破坏，但短时间的高温消毒损失小，遇强光或紫外线易被破坏。普通烹调过程损失量约30%。

$$C_{63}H_{88}CoN_{14}O_{14}P \qquad 1355.38$$

本品为 Coα-[α-（5,6-二甲基苯并咪唑基）] -Coβ 氰钴酰胺。

按干燥品计算，含 $C_{63}H_{88}CoN_{14}O_{14}P$ 不得少于96.0%。

2. 紫外分光光度计定性鉴别维生素 B$_{12}$ 的方法

（1）维生素 B$_{12}$ 吸收光谱上有三个吸收峰：（278±1）nm、（361±1）nm、（550±1）nm，三个吸收峰都可以根据吸收曲线扫描得到。按照定性分析方法对三个特征峰都要进行检测，计算标准品和样品三个吸收峰的特征值。

按照《中国药典》的相关要求，361 nm 波长处的吸光度与 278 nm 波长处的吸光度的比值应为 1.70～1.88。361 nm 波长处的吸光度与 550 nm 波长处的吸光度的比值应为 3.15～3.45。比较标准品和样品在 361 nm、278 nm 和 550 nm 处吸光度的比值，如符合药典所载比值，则可定性鉴别维生素 B$_{12}$。

（2）对比吸收光谱的一致性：取样品配制成与对照品浓度一致的待测液，上机分别描绘二者的吸收光谱，核对其一致性。也可以利用权威手册和文献中所记载的标准图谱来核对，以确定对维生素 B$_{12}$ 定性分析的准确性。

3. 仪器与试剂

仪器：754 型紫外-可见分光光度计（上海光谱仪器有限公司）。

试剂：维生素 B$_{12}$ 标准品、维生素 B$_{12}$ 注射液。

4. 溶液的制备

（1）对照品溶液的制备

精密称定对照品维生素 B$_{12}$ 标准品 0.0025 g，置于 25 mL 容量瓶中，加水至刻度，摇匀。将溶解后的溶液放置冰箱中冷藏，备用。

（2）样品溶液的制备

取样液 0.5 mL，加入 100 mL 蒸馏水定容，待测。

5. 精密度测试

精确量取浓度为 100 μg/mL 的对照品溶液，在 278 nm、361 nm 和 550 nm 分别连续测定 5 次，控制 RSD 不大于 3%。

6. 稳定性试验

取同一样液，在冰箱中冷藏 2 h、4 h、8 h、12 h、24 h 后测定，检验方法的稳定性。

7. 重复性试验

精确取同一批号样品，制备一式 5 份的样液，检测方法的重复性。

8. 样品测定

以蒸馏水为空白溶液，测得吸光度 A_0，作为参比液的吸光度。根据吸光度的加和性，最后确定样液和对照液的吸光度 A_1 和 A_2。

对照液和样液分别测量位于 200～800 nm 的特征峰，对比二者的光谱形状、吸收峰数量以及吸收峰所在的波长位置等特征；之后按照测定的数据计算样液的特征峰吸光度是否满足药典所要求的：361 nm 波长处的吸光度与 278 nm 波长处的吸光度的比值应为 1.70～1.88；361 nm 波长处的吸光度与 550 nm 波长处的吸光度的比值应为 3.15～3.45。每一个样品重复测定三次。

项目实战二　紫外分光光度法测定槐米中总黄酮含量

一、实战目的

（1）掌握紫外-可见分光光度计的进行定量分析的方法；

（2）掌握紫外-可见分光光度法可用于定性的特征点；

（3）掌握紫外-可见分光光度法在定量分析中应注意的事项；

（4）掌握紫外-可见分光光度法定性分析的基本思路。

二、实战内容

黄酮广泛存在自然界的某些植物和浆果中，总数有 4 千多种，其分子结构不尽相同，如芸香苷、橘皮苷、栎素、绿茶多酚、花色糖苷、花色苷酸等都属黄酮。不同分子结构的黄酮可作用于身体不同的器官，如银杏、山楂——心血管系统，蓝梅——眼睛，酸果——尿路系统，葡萄——淋巴、肝脏，接骨木果——免疫系统。平时我们可以通过多食葡萄、洋葱、花椰菜，喝红酒，多饮绿茶等方式来获得黄酮，作为身体的一种补充。20 年前，科学家发现具有活化石之称的银杏树中含有相对较多的黄酮，主要从银杏叶中提取黄酮。

1. 方法原理

本标准采用亚硝酸钠-氯化铝配合分光光度法测定槐米及其制品中的总黄酮含量。在中性或弱碱性溶液中且亚硝酸钠存在时，黄酮类化合物与铝盐生成螯合物，加入 NaOH 后溶液呈红橙色，在一定浓度范围内，其吸光度与黄酮类化合物的含量成正比，符合朗伯-比尔定律。

2. 试剂与材料

试剂：无水乙醇（分析纯）、亚硝酸钠（分析纯）、氯化铝（分析纯）、氢氧化钠（分析纯）、芦丁（$C_{27}H_{30}O_{16}$，CAS 号：153-18-4，纯度 $\geqslant$ 99.0%）。

3. 试剂配制

亚硝酸钠溶液（5%）：称取 5 g 亚硝酸钠，用水溶解定容至 100 mL；该溶液现配现用。

氯化铝溶液（10%）：称取 10 g 氯化铝，用水溶解定容至 100 mL。

氢氧化钠溶液（4%）：称取 4 g 氢氧化钠，用水溶解定容至 100 mL。

乙醇溶液（60%）：量取 600 mL 无水乙醇，用水溶解定容至 1000 mL。

4. 芦丁标准储备液配制

准确称取 20 mg（精确至 0.1 mg）芦丁标准品，用 60%乙醇溶液溶解定容至 100 mL，此溶液中芦丁含量为 200 mg/L。于 4 ℃ 冰箱中避光保存。

5. 仪器与设备

紫外-可见分光光度计（配 1 cm 比色皿）、分析天平（感量 0.1 mg）、超声波清洗仪、离心机、滤膜（孔径为 0.45 μm）。

6. 分析步骤

（1）试样制备

称取粉碎均匀的槐米试样 5 g（精确至 0.1 g）于 100 mL 烧杯中，加入 30 mL 60%乙醇溶液，超声 30 min，用 60%乙醇溶液定容至 50 mL 容量瓶。离心至澄清，过滤，待用。

（2）槐米提取液试样

吸取 5 mL 提取液于 100 mL 烧杯中，加入 30 mL 60%乙醇溶液，超声 10 min，以 60%乙醇溶液定容至 50 mL 容量瓶，摇匀，过滤，待测。

（3）槐米发酵液试样

准确量取 40 mL 发酵液于 50 mL 具塞离心管中，离心，取上清液，用 0.45 μm 的微孔滤膜过滤，吸取 2 mL 滤液，以 60%乙醇溶液定容至 25 mL 容量瓶，摇匀，待测。

（4）仪器参数设置

测定波长：510 nm，比色皿：1 cm。

（5）标准曲线的制作

准确吸取芦丁标准溶液 0.0，0.5，0.8，1.0，1.3，1.5，1.8，2.0 mL，分别置于 10 mL 比色管中，加乙醇溶液至总体积为 5 mL，加亚硝酸钠溶液 0.3 mL，混匀，静置 8 min；再加入氯化铝溶液 0.3 mL，摇匀，静置 10 min；加氢氧化钠溶液 4.0 mL，用乙醇溶液定容至刻度，摇匀，静置 10 min。配制成浓度为 0 mg/L、10 mg/L、16 mg/L、20 mg/L、26 mg/L、30 mg/L、36 mg/L、40 mg/L 的标准系列，测定其吸光度值。以浓度为横坐标、吸光度为纵坐标，绘制标准曲线。

（6）试样溶液的测定

吸取 1.0 mL 待测液于 10 mL 比色管中，加乙醇溶液至 5.0 mL，加亚硝酸钠溶液 0.3 mL，混匀，静置 8 min；再加入氯化铝溶液 0.3 mL，摇匀，静置 10 min；加氢氧化钠溶液 4.0 mL，用乙醇溶液定容至刻度，摇匀，静置 10 min。以未加氢氧化钠试剂的溶液为空白，测定其吸光度值，根据标准曲线计算样品中总黄酮的浓度。

7. 分析结果表述

本品按干燥品计算，含总黄酮以芦丁（$C_{27}H_{30}O_{16}$）计，槐花不得少于 8.0%，槐米不得少于 20.0%。

模块四　原子吸收光谱法

项目一　重金属的基本任务

任务一　重金属的定义

重金属一般是指密度在 5 g/cm^3 以上的金属，《中国药典》和《日本药局方》定义为在实验条件下能与硫代乙酰胺或硫化钠作用显色的金属杂质，英、美和欧洲药典系指在实验条件下能与硫离子作用显色的金属杂质，代表物是铅（Pb）、汞（Hg）、铋（Bi）、砷（As）、锑（Ti）、锡（Sn）、镉（Cd）、银（Ag）、铜（Cu）和钼（Mo）等。由于不同的重金属在土壤中的毒性差别很大，所以在环境科学中人们通常关注锌、铜、钴、镍、锡、钒、汞、镉、铅、铬、钴等。砷、硒是非金属，但是它们的毒性及某些性质与重金属相似，所以将砷、硒列入重金属污染物。由于土壤中铁和锰含量较高，因而一般不太关注它们的污染问题，但在强还原条件下，铁和锰所引起的毒害亦应引起足够的重视。部分重金属，如锰、铜、锌等是生命活动所需要的微量元素。随着人们对健康安全的需求，中药材中重金属成为人们日益关注的焦点，也是中药材质量安全评价的重要指标。因此，了解重金属污染来源、分析检测技术以及目前对重金属的限量要求，对保证中药材品质具有重要意义。

任务二　重金属的污染来源

重金属超标是制约中药出口的主要原因之一。中药重金属污染来源有两种，一种原料药材带入。自然环境，包括空气、土壤、水以及人工种植都会导致重金属污染。中药在采集、运输、加工过程中也可导致重金属污染。另外一种是，某些中成药重金属的主要来源是以治疗为目的，在处方中加入了含重金属的矿物类药材，如朱砂、轻粉、红粉、银珠和硫黄等。重金属污染是中药安全性评价的重要内容之一。

一、主要重金属介绍

1. 镉

一般无污染的土壤中镉含量小于 1 mg/kg。WHO 确定镉为优先研究的食品污染物，联合国环境规划署提出 12 种具有全球性意义的危险化学物质，镉被列为首位。环境中的镉大约有 70% 积累在土壤中，15% 存在于枯枝落叶中，迁移到水体中的镉仅占 3.4% 左右。目前环境中的镉污染主要来自矿山开采和冶炼，以及电镀、电池、颜料、塑料、涂料等的工业生产。镉蓄积性很强，镉污染对健康的危害主要表现为慢性过程，靶器官为肾，长期吸入镉可引起肾脏损害，也可以同时累及骨骼、神经系统、心血管系统、生殖系统等多个系统。镉还具有致畸和致突变作用，是人类致癌物质。

2. 铅

目前，在全世界每年消耗的铅中，约有 40% 用于制造蓄电池，20% 加入汽油中作为防爆剂，12% 用作建筑材料，18% 用于其他用途。铅的冶炼和汽油燃烧时排放的含铅废气的沉降是铅污染的主要来源。此外，铅蓄电池厂的废水及污泥也是铅污染的主要来源。废旧电子器件处理产生大量铅中毒，造成儿童血铅事故频发。铅可在人体内长期蓄积。其中尿铅是反映近期铅接触水平的敏感指标之一。铅无论对成人还是儿童均有明显的毒性。铅中毒可引起贫血、精子数和活力降低、胎儿畸形、儿童智力发育受损、降低呼吸系统的抵抗力等。

3. 砷

化工、冶金、炼焦、火力发电、造纸、玻璃、皮革、电子工业等均向环境排放大量的砷。其中以冶金、化学工业排砷最高。砷主要以正三价和正五价形态存在于环境中，三氧化二砷俗称砒霜。砷是植物强烈吸收累积的元素。砷的氧化物及其盐类可溶性大，在胃肠道可被迅速吸收，硫化砷溶解度低，吸收少，元素砷基本不能吸收。进入体内的砷，可分布在全身各组织和器官中，但主要集中在肝、脾、肾等处。砷的蓄积性很高。

4. 汞

土壤中汞一般含量不高。汞广泛应用于工业、农业、医药卫生等领域。全球每年开采应用汞约 1 万吨，大部分进入环境。在氯碱工业，乙醛生产大量应用。汞的另一来源是煤及化石燃料燃烧产生释放大气中。汞与有色金属伴生于硫化矿，冶炼时进入废气。汞的形态可以分为金属汞，无机化合态汞及有机化合态汞，甲基汞毒性最强。金属汞 75%～85% 以蒸气态经呼吸进入体内，还可被皮肤吸收。长期低剂量吸收会造成神经系统、泌尿系统、心血管、免疫系统、生殖系统损伤，智力低下，生育能力下降。

5. 铬

以两种价态存在，三价铬和六价铬。水体中铬污染源主要是电镀、金属酸洗、皮革鞣制等，工业废水。电镀厂是产生六价铬废水的主要来源，皮革厂、染料厂、制药厂等是产生三价铬废水的主要来源。含铬废渣的堆放、施用化肥以及城市消费和生活等都是向环境中排放铬的可能来源。

二、重金属主要污染

（一）种植环境影响药物重金属含量

中药多以植物药为主，而植物由于受到环境（土壤、气候、供肥条件等）的影响，其质量也将受到影响，其中重金属的差异突出。众多研究表明，不同产地中药重金属差异较大，这与地区土壤、大气、水等重金属污染程度密切相关。土壤中重金属污染途径主要包括：

1. 大气沉降

能源、运输、冶金和建筑材料生产等产生的含有重金属的气体和粉尘进入大气，通过自然沉降和降水进入土壤。据估计全世界每年约有 1600 t 汞通过化石燃料燃烧排放到大气中。含铅汽油的燃烧和汽车轮胎磨损产生的粉尘对大气和土壤造成 Pb、Zn、Cd、Cr、Cu 等污染。

2. 污水

未经处理的工矿企业污水排入下水道与生活污水混合，造成污灌区土壤重金属 Hg、Cd、Cr、Pb、Cd 等的含量逐年增加。如淮阳污灌区土壤 Hg、Ca、Cr、Pb、As 等重金属 1995 年已超过警戒线，其他灌区部分重金属含量也远远超过当地背景值。

3. 固体废弃物

工矿业固体废弃物堆放或处理过程中，由于日晒、雨淋、水洗重金属极易移动，以辐射状、漏斗状向周围土壤、水体扩散。沈阳冶炼厂冶炼锌产生的矿渣主要含 Zn、Cd，1971 年开始堆放在一个洼地场所，目前已扩散到离堆放场 700 m 以外的范围。武汉市垃圾堆放场、杭州铬渣堆放区附近土壤中重金属 Cd、Hg、Cr、Cu、Zn、Pb、As 等的含量均高于当地土壤背景值。

有一些固体废弃物被作为肥料施入土壤，造成土壤重金属污染。磷石膏是化肥工业废物，含有一定量的正磷酸以及不同形态的含磷化合物，并可改良酸性土壤，因而被大量施入土壤，造成了土壤中 Cr、Pb、Mn、As 含量增加。磷钢渣作为磷源施入土壤，造成土壤中 Cr 累积。

4. 农用物资

农药、化肥和地膜长期不合理施用，导致土壤重金属污染。杀真菌农药含有 Cu 和 Zn，被大量地施用于果树和温室作物，造成土壤 Cu、Zn 累积达到有毒的浓度。如在莫尔达维亚，葡萄生长季节要喷 5～12 次波尔多液或类似的制剂，导致每年有 6000～8000 t 铜被施入土壤。

近年来，地膜的大面积推广使用，不仅造成了土壤的白色污染，而且地膜生产过程中加入了含 Cd、Pb 的热稳定剂，增加了土壤重金属污染。

（二）加工过程改变原药重金属含量

原药材炮制加工的粗处理（如采收、去泥沙、清洗等）、炮制加工都可能影响重金属含量。例如，山药炮制前后的重金属含量分析比较，由于麸皮具有吸附作用，麸炒山药炮制后某些微量元素（Cu、Mn、Cr、Zn、Co、Mg 等）的含量降低；女贞子炮制品的铜、铬的含量降低。由于加工炮制过程中辅料及容器等的使用可能带入重金属元素引起重金属污染，减少器具、辅料的污染能有效防止中药材中重金属的超标，并有利于促进中药有效成分的效用部位的研究。

（三）保存过程重蒸导致药材污染

多数中药材仓库为防止中药材霉变、鼠害、虫害，往往使用重金属熏蒸剂，从而导致药材重金属污染。

任务三　国内外对重金属污染的限量

重金属超标严重制约了我国中药材出口及中药现代化进程。中药重金属的限量是保证中药材安全的重要指标，基于部分重金属具有较强毒性，国内外对中草药重金属污染均有明确的限定。

一、国内标准

《中国药典》（2000 年版）Ⅰ部收载的中药材及中药成方制剂共 992 种，其中有重金属限量要求的仅 18 种，约占 2%（规定中药注射剂中重金属含量≤0.15 mg/kg，其他药品中重金属≤20 mg/kg）。为了加强中药的安全性，《中国药典》（2005 年版）新增了采用原子吸收或电感耦合等离子体质谱法测定重金属和有害元素的方法，原子吸收分光光度法同时作为法定方法，以适用于不同实验室分析条件。随后药典逐渐增加控制重金属的药材数量（表 4-1）。

二、国　外

1. 法国、德国、英国

重金属及砷盐限量：

砷（As）　食品总量≤1 mg/kg，草药≤5 mg/kg。

铅（Pb）　食品总量≤1 mg/kg，草药≤5 mg/kg。

锡（Sn） 食品总量≤200 mg/kg。

铜（Cu） 食品总量≤20 mg/kg，茶≤150 mg/kg。

锌（Zu） 食品总量≤50 mg/kg。

表 4-1 部分中药材及饮片的重金属控制标准

品名	检测项目	含量
西洋参	重金属	铅≤百万分之五，镉≤千万分之三，汞≤千万分之二，铜≤百万分之二十，砷≤百万分之二
甘草	重金属	铅≤百万分之五，镉≤千万分之三，汞≤千万分之二、铜≤百万分之二十，砷≤百万分之二
黄芪	重金属	铅≤百万分之五，镉≤千万分之三，汞≤千万分之二，铜≤百万分之二十，砷≤百万分之二
丹参	重金属、有害元素	铅≤百万分之五，镉≤千万分之三，汞≤千万分之二，铜≤百万分之二十，砷≤百万分之二
金银花	重金属、有害元素	铅≤百万分之五，镉≤千万分之三，汞≤千万分之二，铜≤百万分之二十，砷≤百万分之二
石膏	重金属	本品取 8 g≤百万分之十，砷≤百万分之二
煅石膏	重金属	本品取 8 g≤百万分之十
白芍	重金属、有害元素	铅≤百万分之五，镉≤千万分之三，汞≤千万分之二，铜≤百万分之二十，砷≤百万分之二
白矾	重金属	本品 1 g≤百万分之二十
玄明粉	重金属	本品 1 g≤百万分之二十，砷≤百万分之二十。
地龙	重金属	本品 1 g≤百万分之三十
芒硝	重金属	本品 2 g≤百万分之十、砷≤百万分之十
西瓜霜	重金属	本品 1 g≤百万分之十，砷≤百万分之十
冰片（合成龙脑）	重金属	本品 2 g≤百万分之五，砷≤百万分之二
龟甲胶	重金属	本品 1 g≤百万分之三十
阿胶（驴的干燥皮或鲜皮加工而成）	重金属	本品 2 g≤百万分之三十，砷≤百万分之三
鹿角胶（鹿角加工而成）	重金属	本品 1 g≤百万分之三十，砷≤百万分之二

2. 加拿大

重金属及砷盐限量：

（1）草药材

铅（Pb）≤10 mg/kg；铬（Cr）≤0.2 mg/kg。

镉（Cd）≤0.3 mg/kg；砷（As）≤5 mg/kg。

汞（Hg）≤0.2 mg/kg。

（2）草药产品

铅（Pb）≤0.02 mg/kg；铬（Cr）≤ 0.006 mg/kg。

镉（Cd）≤0.02 mg/kg；砷（As）≤ 0.01 mg/kg。

汞（Hg）≤ 0.02 mg/kg。

3. 美　国

（1）草药重金属及砷盐限量：

重金属总量 10～20 mg/kg；铅（Pb）3～10 mg/kg。

汞（Hg）< 3 mg/kg；砷（As）< 3 mg/kg

（2）饮食补充剂重金属及砷盐限量：

① 饮食补充剂原料

铅（Pb）≤10 mg/kg；铬（Cr）≤0.2 mg/kg。

镉（Cd）≤0.3 mg/kg；砷（As）≤5 mg/kg。

② 饮食补充剂产品

铅（Pb）≤0.02 mg/day；铬（Cr）≤0.006 mg/day。

镉（Cd）≤0.02 mg/day；砷（As）≤0.01 mg/day。

汞（Hg）≤ 0.02 mg/day。

4. WHO（世界卫生组织）

重金属及砷盐限量：

适用范围：草药

铅（Pb）≤10 mg/kg；

镉（Cd）≤0.3 mg/kg。

据不完全统计，约有 30%中草药重金属和农药残留不符合要求。

5. 日本、韩国

2009 年日本、韩国相继公布了新的中药材重金属与农药残留许可标准与检测方法，并于 2009 年正式实行。这是继 2005 年日本、韩国公布对中药材二氧化硫的限量要求和检测方法以来，对中药材的又一新规定。

新规定明确植物性中药材重金属标准是：

（1）铅≤ 5 mg/kg，砷≤ 3 mg/kg，汞≤ 0.2 mg/kg，镉≤ 0.3 mg/kg。

（2）鹿茸的砷≤ 3 mg/kg。

（3）以生药的萃取物和只用生药为主成分的制剂，总重金属为 30 mg/kg 以下。但是含有矿物性生药时除外。

任务四　重金属的检测技术及其进展

重金属含量超标已成为国内外用药安全和人体健康的焦点问题，也是制约中药走向现代化和国际化的瓶颈。因此，加强中药中重金属处理刻不容缓，当务之急是采取行之有效的方法来测定中药中重金属含量，以保障人体健康和加快推进中药国际化。中药中重金属常用检测方法包括：

一、紫外分光光度法（UVS）

UVS 是以样品中的重金属与显色剂作用后，在紫外光下吸收，通过测定吸光度而确定重金属的含量。该方法简单、便捷，但干扰因素多，属于非主流的测定方法。

二、原子吸收分光光度法

主要包括石墨炉原子吸收分光光度法（GFAAS）、火焰原子吸收分光光度法（FAAS）、冷原子吸收法（CVAAS）和氢化物-原子吸收法（HGAAS）等，其中石墨炉原子吸收分光光度法、火焰原子吸收分光光度法在重金属检测领域均有广泛应用。原子吸收分光光度法特点见表 4-2。

表 4-2　几种原子吸收分光光度法特点

方法	优点	缺点
GFAAS	灵敏度高，选择性好，简便、快速	石墨管贵，且不能同时测多个元素
FAAS	操作简便，重复性好	灵敏度不高，预处理复杂、耗时；不能同时测定多种元素
CVAAS	专测汞，灵敏度高，准确性好	应用元素有限
HGAAS	检测限低，干扰小	检测的元素较少

三、原子荧光分光光度法（AFS）

AFS 是将样品溶液在火焰或非火焰中原子化产生的基态原子，用光源照射激发，当受激原子返回低能态时，发出原子荧光，通过检测装置测定原子荧光强度从而测定样品中待测元素的方法。该法检测限低于原子吸收分光光度法，线性范围宽，干扰少，但应用元素有限。

四、电感耦合等离子体法

电感耦合等离子体法主要有电感耦合等离子体发射光谱法（ICP-AES）、电感耦合等离子体质谱法（ICP-MS）和高效液相电感耦合等离子体质谱联用法（HPLC-ICP-MS）。此类方法的特点见表 4 -3。

表 4-3　几种电感耦合等离子体法特点

方法	优点	缺点
ICP-AES	灵敏度高，检测限低，抗干扰强，同时或顺序测定多种元素	设备和操作费用较高，样品一般需预先转化为溶液，对有些元素优势并不明显
ICP-MS	光谱干扰比 ICP-AES 小，比 ICP-AES 具有更好的检出限，是痕量分析领域中最先进的方法	价格较昂贵，易受污染
HPLC-ICP-MS	判断元素存在的价态，减少分析时的光谱干扰	价格较昂贵

项目二　原子吸收光谱法概述

任务一　原子吸收光谱的产生

原子是由带正电荷的原子核和带负电荷的电子所组成，核外电子按一定的量子轨道绕核旋转，这些轨道呈分立的层状结构，每层具有各自确定的能量，称为原子能级或量子态。离核越远的能级能量越高。原子处于完全游离状态时，具有最低的能量，称为基态，处于基态的原子称为基态原子，基态原子最稳定。在热能、电能或光能的作用下，基态原子吸收了能量，最外层的电子产生跃迁，从低能态跃迁到较高能态，它就成为激发态原子，此过程就是原子的吸收过程。激发态原子很不稳定，在极短的时间内，电子又会从高能态跃迁回至基态，同时将所吸收的能量以热或光的形式辐射出来，发射相应的谱线，这就是原子的发射过程。原子被激发时所吸收的能量，和从相应激发态再跃迁回基态时所发射的能量在数值上相等，都等于该两能级间的能量差。

原子受外界能量激发，其最外层电子可能跃迁到不同能级，因此可能有不同的激发态。其中，电子从基态跃迁到能量最低的激发态，即第一激发态时，所产生的吸收谱线称为共振吸收线（简称共振线）；在发射光谱中，将电子从第一激发态跃迁回至基态时所发射的谱线称为共振发射线（也简称共振线）。由于不同元素的原子结构不同，所以一种元素的原子只能发射由其基态与激发态决定的特定频率的光。这样，每一种元素都有其特征的光谱线。即使同一种元素的原子，它们的激发态也可以不同，也能产生不同的谱线。由于从基态到第一激发态的跃迁最容易发生，因此，对大多数元素来说，共振线是元素所有谱线中最灵敏的谱线，原子吸收光谱法就是通过测量原子对其共振线的吸收强度而进行定量的分析方法。元素的共振吸收线一般有好多条，其测定灵敏度也不同。在测定时，一般选用灵敏线，但当被测元素含量较高时，也可采用次灵敏线。

任务二　原子吸收分光光度计的基本结构

原子吸收分光光度计与普通分光光度计的结构基本相似，只是用锐线光源代替连续光源，用原子化器代替吸收池。其主要结构包括主要由四部分组成：光源、原子化器、光学系统和检测系统。目前，绝大多数商品原子吸收分光光度计都是单道型仪器。这种类型的仪器只有一个单色器和一个检测器，工作时只使用一支空心阴极灯。使用连续光源校正背景的仪器还有一个连续光源，如氘灯。单道仪器不能同时测定两种或两种以上的元素。单道仪器有单光束型与双光束型两种。单光束型仪器结构比较简单，共振线在外光路损失少，因而应用广泛。但仍受光源强度变化的影响而导致基线漂移（零漂）。虽然可对光源进行适当的预热以降低零漂，然而在标尺扩展时仍不能忽略。双光束型仪器可以克服基线漂移现象。双光束型原子吸收分光光度计光源辐射被旋转斩光器分为两束光，试样光束通过火焰，参比光束不通过火焰，然后用半透半反射镜将试样光束及参比光束交替通过单色器而投射至检测系统。在检测系统中将所得脉冲信号分离为参比信号 I_r，及试样信号 I_s，并得到此两信号的强度比 I_r/I_s。故光源的任何漂移都可由参比光束的作用而得到补偿。

一、光　源

光源的作用是辐射待测元素的特征光谱（实际辐射的是共振线和其他非吸收谱线），以供测量之用。如前所述，为了测出待测元素的峰值吸收，必须使用锐线光源，光源必须能发射出比吸收线宽度更窄的共振线，辐射强度大、稳定、寿命长、背景小。原子吸收分光光度计的光源主要有空心阴极灯和无极放电灯两种。

1. 空心阴极灯

空心阴极灯是目前最能满足上述各项条件要求的一种锐线光源，应用最广。它是由一个钨棒阳极和一个内含有待测元素的金属或合金的空心圆柱形阴极组成的。两极密封于充有低压惰性气体（氖或氩）、带有窗口的玻璃管中。接通电源后，在空心阴极上发生辉光放电而辐射出阴极所含元素的共振线。

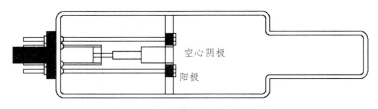

图 4-1　空心阴极灯结构示意图

2. 无极放电灯

这种灯是把被测元素的金属粉末与碘（或溴）一起装入一根小的石英管中，封入 267～667 Pa 压力的氩气。将石英管放于 2450 MHz 微波发生器的微波谐振腔中进行激发。无极放电灯发射的原子谱线强，谱线宽度窄，测定的灵敏度高，是原子吸收光谱法中性能较为突出的光源。

二、原子化器

原子化系统的作用是将试样中的待测元素转变成原子蒸汽。使试样原子化的方法有火焰原子化法（flame atomization）和无火焰原子化法（flameless atomization）两种。前者简单、快速、对大多元素有较高的灵敏度和较低的检测限等优点，应用最为广泛。无火焰原子化技术具有较高的原子化效率、灵敏度和更低的检测限，因而发展快速。

（一）火焰原子化器

主要由雾化器（nebulizer）和燃烧器（burner）两部分。燃烧器有两种类型，即全消耗型和预混合型。全消耗型原子化器是将试液直接喷入火焰，现已较少使用。预混合型原子化器由雾化器、雾化室和燃烧器组成，它使用雾化器将试液雾化，在雾化室内将较大的雾滴除去，使试液的雾滴均匀化。

1. 雾化器

雾化器的作用是将试液雾化，其性能对测定精度和化学干扰产生显著影响。雾化器能使试液变为细小的雾滴，并使其与气体混合成为气溶胶。要求其有适当的提升量（一般为 4~7 mL/min），高雾化率（10% 以上）和耐腐蚀，喷出的雾滴小、均匀、稳定。现在的商品仪器大多使用气动同心圆式雾化器。这种雾化器与预混合式燃烧器匹配，具有雾化性能好、使用方便等优点。这种雾化器由不锈钢、聚四氟乙玻璃等机械强度高、耐腐蚀性好的材料制成。

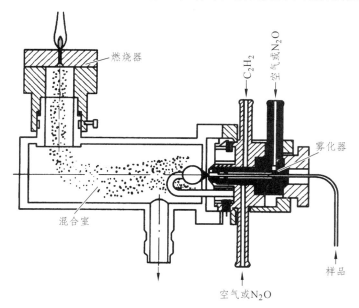

图 4-2　预混合型原子化器

2. 雾化室

雾化室（也叫预混合室）的作用是使气溶胶的雾粒更小、更均匀，并与燃气充分混合后进入燃烧器。室内装有撞击球，被雾化的雾滴经节流管碰在撞击球上，进步分散成细雾；还装有扰流器，对较大的雾滴有阻挡作用，使其沿室壁流入废液管排出，同时可使气体混合均匀，火焰稳定，降低噪声。

3. 燃烧器

试液雾化后进入预混合室（也叫雾化室），与燃气（如乙炔、丙烷、氢等）在室内充分混合，其中较大的雾滴凝结在壁上，经预混合室下方废液管排出，而最细的雾滴则进入火焰中。对预混合室的要求是能使雾滴与燃气充分混合，"记忆"效应（先测组分对后测组分测定的影响）小，噪声低和废液排出快。预混合型燃烧器的主要优点是产生的原子蒸气多，吸样和气流的稍许变动影响较小，火焰稳定性好，背景噪声较低，而且比较安全。缺点是试样利用率低，通常约为 10%。燃烧器有孔型和长缝型两种。长缝型燃烧器又有单缝和三缝之分，以单缝较为常用。

4. 火　焰

火焰的作用是使待测物质分解成基态自由原子。因此，火焰基本特征对原子化过程影响较大。

（1）火焰温度：火焰原子化的能力主要决定于火焰温度。一般说来，火焰温度高有利于原子化，但温度过高，也会引起激发态原子数增多，低电离势元素的电离度增加，火焰发射增强，多普勒效应增大，谱线变宽，气体膨胀因素增大，这将会导致测定灵敏度降低，因此对特定的分析对象应寻求最佳的实验温度。

（2）燃烧速度：是指着火点向可燃混合气其他点的传播速度（cm/s）。要使火焰稳定，可燃混合气供气速度应大于燃烧速度，但供气速度过大，会使火焰离开燃烧器，不稳定，甚至吹灭，供气速度过小，会引起回火。

（3）燃气与助燃气比例：二者比例不同，其氧化还原特性不同，可分为三类。

① 化学计量火焰：燃气与助燃气之比与化学反应计量关系相近，又称中性火焰，这类火焰温度高、稳定、干扰小、背景低，适合于多元素的测定。

② 富燃火焰：指燃气大于化学计量的火焰，由于燃烧不完全，具有较强的还原性气氛，适用于易形成难解离化合物的测定，但它的干扰较多，背景值高。

③ 贫燃火焰：指助燃气少于化学计量的火焰，它的温度较低，有较强的氧化性，有利于测定易解离、易电离的元素，如碱金属。

（4）火焰的光谱特性：它决定于火焰的成分，并限制了火焰的应用范围，如对于共振吸收线位于短波区的 As、Se、Hg、Pb、Zn 等元素的测定，宜选用氢火焰，而不能用在短波区有较大吸收的烃火焰。

正确选择火焰是非常重要的，在原子吸收测定时，还应注意调节光束通过火焰区的位置，使来自光源的辐射由原子浓度最大的区域通过，从而获得最高的灵敏度。

（二）非火焰原子化器

非火焰原子化器种类很多，发展很快，主要有石墨炉原子化器、化学原子化器、阴极溅射原子化器、激光原子化器等，下面对石墨炉原子化器（图4-3）进行简要介绍。

石墨炉的核心部件是一个长约50 mm、外径为8～9 mm、内径为5～6 mm的石墨管，管壁中间部位有一个用于注入试样溶液的直径为1～2 mm的小孔。石墨管两端安装在连接电源的石墨锥体上。为了防止石墨管在高温下燃烧，其外侧设置了一个惰性气氛保护罩，保护罩内有惰性气体流过。这一路保护气称为外气。另有一路惰性气体从石墨管两端进入其中，从中间的小孔逸出。这一路气流称为内气或载气。炉体两端装有石英窗，光束透过石英窗从石墨管内通过。炉体的最外层是一个水冷套，以降低电接点的温度和炉体的热辐射。

石墨炉由一个低电压大电流电源供电。分析过程一般分为干燥、灰化、原子化、清除四个阶段。通过石墨炉电源的自动程序，设定各阶段的温度、升温方式和加热时间。各阶段的升温方式分为斜坡升温和快速升温两种。斜坡升温方式是使炉温在一定时间内达到设定温度；快速升温方式是使炉温在瞬间达到设定值，快速升温又称最大功率升温。快速升温的升温速率可达2000 ℃/s以上。在升温过程中，利用安装在炉体上的光学温度传感器测量炉内温度，测量的信号反馈给电源的控制电路，实现温度的自动控制。在原子化阶段，采用快速升温往往能使待测元素在极短的时间内实现原子化，以获得更高的瞬时峰值吸收信号。

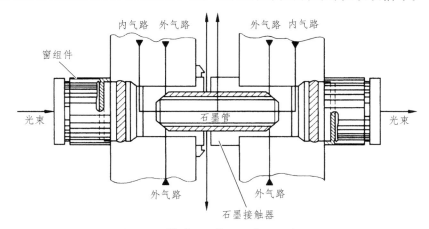

图 4-3　管式石墨炉原子化器示意图

三、光学系统

光学系统可分为两部分，外光路系统（或称照明系统）和分光系统（单色器）。

外光路系统使光源发出的共振线能正确地通过被测试样的原子蒸气，并投射到单色器的狭缝上。光源发出的射线成像在原子蒸气的中间，再由第二透镜将光线聚焦在单色器的入射狭缝上。

分光系统（单色器）主要由色散元件（光栅或棱镜）、反射镜、狭缝等组成。原子吸收分光光度计中单色器的作用是将待测元素的共振线与邻近谱线分开。原子吸收所用的吸收线是锐线光源发出的共振线，它的谱线比较简单，因此对仪器并不要求很高的色散能力，同时为了便于测定，又要有一定的出射光强度，因此若光源强度一定，就需要选用适当的光栅色散率与狭缝宽度配合，构成适于测定的通带（或带宽）来满足上述要求。

四、检测系统

元素灯发出的光谱线被待测元素的基态原子吸收后，经单色仪分选出特征的光谱线，送入光电倍增管中，将光信号转变为电信号，此信号经前置放大和交流放大后，进入解调器进行同步检波，得到一个和输入信号成正比的直流信号。再把直流信号进行对数转换、标尺扩展，最后用读数器读数或记录。

任务三　干扰效应及其消除方法

总的说来，原子吸收光谱分析较发射光谱分析的干扰要少，但仍存在着不容忽视的干扰问题。因此，必须了解产生干扰的可能因素，并设法予以抑制或消除。

按照干扰产生的性质及原因，在原子吸收法中，干扰效应大部分可分为四类：光谱干扰、电离干扰、化学干扰及物理干扰。

一、光谱干扰

是指与光谱的发射和吸收有关的干扰效应，主要是光谱线干扰和背景干扰，来源于光源和仪器。

（一）与光源有关的干扰

1. 待测元素的其他共振线干扰

常见于多谱线元素。在测定的共振线波长附近，有单色器不能分离的被测元素的其他光谱线，导致测定灵敏度下降，标准曲线弯曲。消除方法：① 减小狭缝宽度来减少干扰线；② 换分析线。

2. 非待测元素的谱线干扰

如果此谱线是该元素的非吸收线，同样会使待测元素的灵敏度下降，工作曲线弯曲；如果此谱线是该元素的吸收线，而当试样中又含有此元素时，将产生"假吸收"，从而得到不正确的结果，产生正误差。这种干扰主要是由于空心阴极灯的阴极材料不纯等，且常见于多元素灯。若选用具有合适惰性气体，纯度又较高的单元素灯，即可避免干扰。另外一种与光源有关的光谱干扰原因，是空心阴极灯中有连续背景发射。连续背景的发射，不仅使灵敏度降低，工作曲线弯曲，而且当试样中共存元素的吸收线处于连续背景的发射区时，有可能产生假吸收。因此不能使用有严重连续背景发射的灯。灯的连续背景发射是由灯的制作不良，或长期不用而引起的。碰到这种情况，可将灯反接，并用大电流空点，以纯化灯内气体，经过这样处理后，情况可能改善。否则应更换新灯。

3. 光谱线的重叠干扰

原子蒸气中，共存元素的吸收波长与待测元素的发射线波长接近时，产生重叠干扰。

消除：① 选择待测元素的其他谱线；② 上机前分离干扰元素。

（二）与原子化器有关的干扰

背景吸收干扰：原子吸收分析中的火焰吸收、气体分子对光的吸收、高浓度盐的固体微粒对光的散射的联合效应产生的干扰。它是一种特殊的光谱干扰，表现为增感正误差-宽频带。

1. 分子吸收

指原子化过程中生成的气体分子、氧化物、氢氧化物和盐类分子对辐射的吸收，是一种宽带吸收。

2. 火焰吸收

乙炔-空气焰在波长小于 250 nm 时有明显吸收，这是火焰中 OH、CH、CO 等分子或基团吸收光源辐射的结果。

消除方法：① 仪器调零；② 可采用空气-氢或氩-氢火焰来测定 As、Se、Te、Sb、Zn、Cd 等吸收线在短波的元素。

3．光散射

高浓度盐的固体微粒对光的散射所引起的宽带吸收。

非火焰的背景吸收比火焰高得多，可采用自动氘灯背景和偏振-塞曼法来消除。

（1）氘灯法：氘灯产生的连续光源，通过火焰时只产生背景吸收，而 HCl 得到的吸收包括了原子吸收和背景吸收，将此两值相减，即可扣除背景。氘灯适于<320 nm，扣除达 0.5 A。

（2）ZAAS 法：20 世纪 70 年代崛起的 AAS，它是在原子化器上加以磁场，利用吸收谱线在磁场中分裂，分裂成一条 π 线和两条±σ 线，此时根据 π 线对平行偏振光的吸收，得到原子吸收和背景吸收；而 σ 线对垂直偏振光的吸收仅为背景吸收，因此，两者的差值为扣除背景后的原子吸收值。应用该效应进行测定，背景扣除上限可达 1.7 A，相当于 98%背景吸收，尤适于高背景、低含量元素的测定。

二、化学干扰

它是原子吸收法中经常遇到的干扰。任何阻止和抑制火焰中基态原子形成的干扰，称为化学干扰。它主要影响待测元素的原子化效率，这种干扰具有选择性，对试样中各种元素的影响是各不相同的，并随测定条件的变化而变化，是 AAS 中的主要干扰来源。主要原因是待测原子与共存物质作用生成难挥发的化合物，使待测元素不能全部从它的化合物中解离出来，基态原子数减少。

消除方法：

1．选择合适的原子化条件

化学干扰很大程度上取决于化学火焰的温度和组成。提高原子化温度，化学干扰会减小。使用高温火焰或提高石墨炉原子化温度，可使难解离的化合物分解。如在高温火焰中不干扰 Ca 的测定。

2．加入释放剂

当预测元素和干扰元素在火焰中形成稳定的化合物时，加入另一种物质，使与干扰元素化合，生成更稳定、更难挥发的化合物，从而使待测元素从干扰元素的化合物中释放出来。

3．加入保护剂

保护剂的作用是其可与被测元素生成易分解或更稳定的配合物，防止被测元素与干扰组分生成难于解离的化合物。保护剂一般是有机配合剂，常用的有 EDTA 和 8-羟基喹啉。例如 EDTA 可与钙形成 EDTA-Ca 配合物，从面将钙"保护"，避免钙与酸根作用，消除了酸根对钙的干扰。

4．加入饱和剂

饱和剂的应用是在标准溶液和试样溶液中加入足够量的干扰元素，使干扰趋于稳定（即饱和）。例如用氧化亚氮-乙炔火焰测定铁时，可在标准溶液和试样溶液中均加入 200 mg/L 以上的铝盐，使铝对钛的干扰趋于稳定。

5．加入基体改进剂

这种方法主要用于各种炉原子化法。在试样中加入基体改进剂，使其在干扰或灰化阶段与试样作用，增加基体的挥发性或改变被测元素的挥发性，以消除干扰。

以上方法都不能消除化学干扰时，采用化学分离，如溶剂萃取、离子交换、沉淀分离等方法。

三、电离干扰

电离干扰（ionization interference）是指待测元素在原子化过程中发生电离而引起的干扰效应，其结果使基态原子数减少，测定结果偏低，标准曲线的斜率减小且向纵轴方向弯曲。电离干扰的程度可用电离度（金属正离子浓度与该金属总浓度之比）来衡量，其大小与元素的电离能、原子化温度、自由电子密度和浓度等有关。因此采用低温火焰和加入消电离剂可以有效地抑制和消除电离干扰。常用的消电离剂是易电离的碱金属元素如铯盐等。

四、物理干扰

试样在转移、蒸发过程中，由于溶剂或溶质的特性（黏度、表面张力、比重、温度等）以及雾化气体的压力等的变化，喷雾效率或待测元素进入火焰的速度发生改变而引起干扰。这种干扰是非选择性的，以及对试样中各元素的影响基本上是相似的。消除方法主要有：① 配制与待测试样具有相似组成的标准溶液，采用标准加入法可消除这种干扰；② 适当稀释溶液，适用于高浓度试液。

项目三　测定条件的选择和分析方法

任务一　测定条件的选择

原子吸收分光光度分析中，测定条件的选择的好坏，对测定的灵敏度、准确度和干扰情况等有很大的影响。因此，测定条件的选择至关重要，应根据实际情况选择。

一、分析线的选择

通常选择元素的共振线做分析线，使测定具有较高的灵敏度。当共振线处于远紫外区，例如 As、Se、Hg 等元素，因火焰组分对来自光源的光吸收很强，这些元素不宜选择共振线做分析线；被测元素的共振线附近有其他谱线干扰、稳定性差时，也不宜采用；分析较高浓度的试样时，应选择其他共振线做分析线，得到适度的吸收值，改善标准曲线的线性范围；对于微量元素的测定，须选用第一共振线做分析线。总之，最适宜的分析线，应视具体情况通过实验确定，可通过扫描空心阴极灯的发射光谱，了解有哪些可供选用的谱线，然后喷入试液，通过观察选择出不受干扰而吸收强度适宜的谱线作为分析线。

二、空心阴极灯电流

空心阴极灯的发射特性取决于工作电流。工作电流的大小及稳定度直接影响测定的灵敏度及精度。灯上均标有最大工作电流和可使用的电流范围。但仍需通过试样确定，通过测定吸收值随灯电流的变化而选定最适宜的工作电流。在保证稳定和合适光强的情况下，选用最低的工作电流。

三、火　焰

火焰的选择与调节是保证高原子化效率的关键之一。选择什么样的火焰，取决于具体任务。不同火焰对不同波长辐射的透射性能是各不相同的。乙炔火焰在 220 nm 以下的短波区有明显的吸收，因此对于分析线处于这一波段区的元素，是否选用乙炔火焰就应考虑这一因素。已知不同火焰所能产生的最高温度是有很大差别的。显然，对于易生成难解离化合物的元素，应选择温度高的乙炔-空气以及乙炔-氧化亚氮火焰；反之，对于易电离元素，高温火焰常引起严重的电离干扰，是不宜选用的。选定火焰类型后，应通过实验进一步确定燃气与助燃气流量的合适比例。

四、燃烧器高度

对不同元素，自由原子浓度随火焰高度的分布是不同的。测定时必须仔细调节燃烧器的高度，使测量光束从自由原子浓度最大的火焰区通过，以期得到最佳的灵敏度。

五、狭缝宽度

原子吸收分光光度法中，由于使用锐线光谱，谱线重叠的概率较小，可以使用较宽的狭缝，以增加光强；使用小的增益以降低检测器的噪声，提高信噪比，改善检测器极限。当光源辐射较弱或共振线吸收较弱时，必须用较宽的狭缝。当火焰的背景发射较强，在吸收线附近有干扰谱线与非吸收光存在时，应使用较窄的狭缝。

以上讨论主要是火焰原子化法仪器工作条件的选择。除此外，对测定时的干扰情况、回收率、测定的准确度及精密度等，都需进一步通过实验才能进行确定及评价。

石墨炉原子化法中，合理选择各阶段的温度与时间是十分重要的，干燥应在稍低于沸点的温度下进行，灰化一般在没有损失的前提下尽可能使用较高的灰化温度，原子化宜选用能达到最大信号时的最低温度，时间应以保证完全原子化为准，此阶段停止通入保护气体，以延长自由原子在石墨炉内的平均停留时间。净化温度应高于原子化温度。常用的保护气体 Ar，流速在 1 ~ 5 L/min 为宜。

任务二　分析方法

原子吸收分析法的定量基础是朗伯—比尔定律。即在一定条件下，当被测元素浓度不高、吸收光程固定时，吸光度与被测元素的浓度成线性关系，即

$$A = KC \tag{4-1}$$

根据这个关系，原子吸收的定量分析方法仍然是相对分析法，可采用：标准曲线法、比较法、标准加入法和内标法。

一、标准曲线法

实用原子吸收分析仍是一种间接测定方法。原子吸收法所用的标准曲线法与分光光度法的标准曲线法基本做法一致。即配制一系列不同浓度的与试样基体组成相近的标准溶液，测量吸光度，绘制吸光度-浓度曲线（A-C 曲线）。同时，在相同条件下，测得试液的吸光度，然后在曲线上查得试样浓度。分析最佳的吸光度范围在 0.2～0.7，因为大多数元素在此范围内符合朗伯-比尔定律，浓度范围可根据待测元素的灵敏度来估算。标准曲线法简便、快速，但仅适用于组成简单的试样。

纯粹从理论上说，A-C 曲线应是一条过原点无限长的单调直线。然而，理论和大量实验观测表明：采用不同激发光源，A-C 曲线形状和斜率有很大差异；就是同一光源，也往往因为各种因素的变化，出现不同类型的工作曲线。它的各种形状集中反映了 A 和元素浓度 C 之间的复杂性。实际观测到的 A-C 曲线，可归纳为四种类型（图 4-4）。

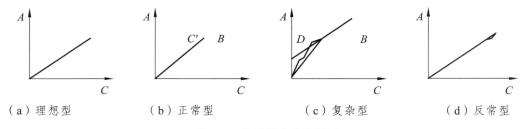

|（a）理想型 |（b）正常型 |（c）复杂型 |（d）反常型 |

图 4-4　几种标准曲线类型

图（a）理想型：斜率在 45° 左右，典型为 Ag（328.1 nm）。

图（b）正常型：从原点到 C' 范围呈线性关系，超过 C'，曲线逐渐向浓度轴弯曲，并向一极值 B 渐近，此后，A-C 不存在线性关系。大多数元素呈现这种工作曲线。

图（c）复杂型：这种曲线的特点是线性范围很小，曲线很快呈弯曲状态，到达极值 B 点的范围很大，如 Co、Sr 就呈此形状。这种情况的影响因素比较复杂。

图（d）反常型：有些元素在高浓度区，A-C 曲线向 A 轴弯曲，例如，在 N_2O-C_2H_2 中测 Eu，就会观测到该曲线。

在实际工作中，标准曲线可能发生弯曲，其原因有：

（1）非吸收光的影响：当共振线与非共振线同时进入检测器时，由于非共振线不遵循朗伯-比尔定律，与光度法中复合光相似，引起 A-C 曲线上部弯曲。

（2）共振变宽：当待测元素浓度大时，其原子蒸气分压增大，产生共振变宽，使吸收强度下降，A-C 曲线上部弯曲。

（3）发射线与吸收线的相对宽度：通常当发射线的半宽度与吸收线的半宽度的比值约小于 1/5 时，标准曲线是直线，否则发生弯曲现象。

（4）电离效应：当元素的电离电位低于约 6 eV 时，在火焰中容易发生电离，使基态原子数减少。浓度低时，电离度大，吸光度下降；浓度增高，电离度逐渐减小，所以引起标准曲线向浓度轴弯曲。

应用标准曲线法，应注意以下几点：

（1）所配制的标准溶液的浓度，应在吸光度与浓度呈线性关系的范围内；

（2）标准溶液与试样溶液都应用相同的试剂处理；

（3）应该扣除空白值；

（4）在整个分析过程中操作条件应保持不变；

（5）由于喷雾效率和火焰状态经常变动，标准曲线的斜率也随之变动，因此，每次测定前应用标准溶液对吸光度进行检查和校正。

二、标准加入法

一般说来，待测试样的确切组成是不完全确知的，这就为配制与待测试样组成相似的标准溶液带来困难。在这种情况下，若待测试样的量足够的话，与其他仪器分析方法（如电位测定法等）一样，可应用标准加入法克服这一困难。这种方法的操作原理如下：取相同体积的试样溶液两份，分别移入容量瓶 A 及 B 中，另取一定量的标准溶液加入 B 中，然后将两份溶液稀释至刻度，测出 A 及 B 两溶液的吸光度。设试样中待测元素（容量瓶 A 中）的浓度为 c_x，加入标准溶液（容量瓶 B 中）的浓度为 c_0，A 溶液的吸光度为 A_x，B 溶液的吸光度为 A_0，则可得

$$A_x=kc_x \tag{4-2}$$

$$A_0=k（c_0+c_x） \tag{4-3}$$

联立上述两式可得

$$c_x = \frac{A_x}{A_0 - A_x} \cdot c_0 \tag{4-4}$$

实际测定中，可采用下述作图法。取若干份（如 4 份）体积相同的试样溶液，从第二份开始分别按比例加入不同量的待测元素的标准溶液，然后用溶剂稀释至一定体积（设待测元素的浓度为 c_x，加入标准溶液后浓度分别为 c_x+c_0，c_x+2c_0，c_x+4c_0），分别测得其吸光度，以 A 对加入量作图，得图 4-5 所示的直线。这时曲线并不通过原点，相应的截距所反映的吸收值正是试样中待测元素所引起的效应。如果外延此曲线使与横坐标相交，相应于原点与交点的距离，即为所求的待测元素的浓度 c_x。

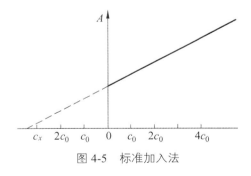

图 4-5　标准加入法

注意：

（1）在组分的线性范围内测定；

（2）包括未知样品在内，至少要四个点做外推；

（3）直线斜率不能太小或太大；

（4）标准加入法只能消除基体干扰，无法消除背景干扰。

综上，标准加入法在原子吸收光谱分析中是典型的定量分析方法。这种方法常作为消除

基体效应的重要手段，因为它不存在标准与样品基体组成不同而可能带来的干扰。当很难配制与样品液相似的标准液，或样品液基体成分很高且变化不定，或样品中含有大量固体物质对吸收的影响难以保持一致时，采用加入法是非常有效的。

三、内标法

1. 方　法

在系列标准溶液中分别加入一定量的内标元素（试样中不存在的）。分别测定每个标液中待测元素与内标元素的吸光度，求出比值。用此比值对标准溶液中待测元素的浓度作图，得标准曲线。

然后，在相同条件下，根据测得的试液中待测元素和内标元素两者吸光度的比值，从标准曲线上求得试样中待测元素的浓度。

2. 特　点

（1）能消除溶液黏度、表面张力、样品的雾化率以及火焰温度等因素的影响，能得到高精度的测量结果。

（2）只适用双波道原子吸收分光光度计。

（3）内标元素与待测元素要有相似的物理、化学性质，因此应用受到限制。

项目实战　原子吸收光谱法测定胶囊壳中的铬

一、实战目的

（1）掌握原子吸收光谱法测定重金属的操作方法；

（2）掌握原子吸收光谱法测定重金属的原理；

（3）熟悉原子吸收光谱法的基本思路。

二、仪器与试剂

仪器：原子吸收分光光度计、铬空心阴极灯、微波消解仪、分析天平（感量 0.000 1 g）。

试剂：铬单元素标准溶液、硝酸、氢氟酸、超纯水等。

三、实战内容

1. 测定条件

测定波长 357.9 nm，狭缝 0.5 nm，灯电流 7 mA，干燥温度 100 ℃，持续 30 s；灰化温度 100 ℃，持续 20 s；原子化温度 2 500 ℃，持续 3 s；清除温度 2600，持续 2 s；背景校正为塞曼校正。

2. 标准溶液的制备

精密量取铬单元素标准溶液（1000 mg/L）5 mL 加水定容至 50 mL，得 100 mg/L 的铬元素标准溶液。取该标准溶液 1 mL 加水定容至 100 mL，得每 1 mL 溶液中含铬元素为 1 mg 的铬标准储备液。精密量取铬标准储备液 5 mL，用 2%硝酸溶液稀释至 100 mL，作为对照品溶液（50 mg/L）。

3. 供试品溶液及空白溶液的制备

将软胶囊剪一小口，挤出大部分内容物，再将囊体剖开，用棉签擦拭干净，再取棉签蘸取乙醚后擦拭囊体，晾干，备用。精密称取上述拭净囊体 0.3 ~ 0.5 g，置聚四氟乙烯消解罐内，加硝酸 5 mL，100 ℃ 加热预消解，至无红棕色气体产生（40 ~ 60 min），冷却至室温，补加 2 ~ 3 mL 硝酸，再加入 0.5 mL 氢氟酸，置于微波消解炉内，进行消解，冷却后放气，130 ℃ 加热赶酸至 1 ~ 2 mL，用高纯水定容至 50 mL。取上清液为供试品溶液。同法制备试样空白溶液。

4. 方法学验证

（1）标准曲线的测定　分别吸取所需体积的对照品溶液，用 2%硝酸溶液稀释至 10 mL，注入石墨炉原子化器，按照上述测定参数测定吸光度。以吸光度为纵坐标、浓度为横坐标，绘制标准曲线。

（2）精密度试验　取 1 份已处理好的供试品溶液，连续进样 6 次，测定吸光度，计算 6 次结果的 RSD。

（3）重复性试验　分别取同批的软胶囊 6 份，每份约 0.5 g，精密称定，按本法测定，计算 RSD。

（4）检出限与定量限　检出限试验重复进样空白溶液 11 次，记录吸光度。以吸光度标准偏差的 3 倍与标准曲线的斜率比值，计算得到仪器的检出限；以吸光度标准偏差的 10 倍与标准曲线的斜率比值，计算得到仪器的定量限。

（5）回收率试验　取软胶囊样品 0.5 g，精密称定，准确加入 1 mg/mL 的铬标准储备液 0.5，1.0 和 1.5 mL，按照供试品溶液制备方法消解，测定，计算回收率。

5. 测定方法

精密量取空白溶液与供试品溶液各 10 μL，注入石墨炉原子化器，按照上述测定条件注入石墨炉原子化器，按照测定条件中测定参数测定吸光度。从标准曲线上读出供试品溶液中铬的含量，计算，即得软胶囊样品中铬元素的含量。

模块五　红外吸收光谱法

学习目标

◇ 知识目标

※ 了解红外光谱仪的基本结构及其工作原理；

※ 了解红外光谱产生的条件；

※ 理解基团频率及影响吸收峰变化的因素；

※ 掌握主要基团（羧基、羟基、羰基、烯）的特征吸收峰；

※ 掌握红外光谱法在物质结构定性分析中的应用。

◇ 技能目标

※ 能够根据样品的状态、性质选择适宜的试样制备方法，能熟练掌握红外吸收光谱仪的操作；

※ 能根据红外吸收图谱基团频率判断官能团、确定常见有机化合物的结构；

※ 能对光谱仪进行日保养常维护工作，能够排除简单的故障。

项目一　红外吸收光谱法的基本原理

目前电磁波谱包括宇宙射线、γ 射线、X 射线、紫外光、可见光、红外光、微波、无线电波等。前一章节介绍的紫外-可见吸收光谱法通常是检测不饱和有机物，特别是具有共轭体系的有机物；但红外光谱旨在研究振动中伴随有偶极矩变化的化合物。

红外吸收光谱法又叫红外分光光度法，简称红外光谱法。红外光谱法是根据物质分子对红外辐射而建立的物质结构定性鉴别和定量分析的一种光谱分析法。分子吸收红外辐射后，发生振动和转动引起偶极矩变化，产生分子振动和转动能级从基态到激发态的跃迁，故红外光谱又称为分子振动-转动光谱。而光谱仪记录红外光的透射比与波长或波数关系的曲线，就是红外光谱。

红外光谱位于可见光区和微波光区之间，波长范围为 0.75 ~ 1000 μm，通常将红外光区划分为三个区：近红外区、中红外区和远红外区（表 5-1）。因绝大多数有机物和无机物的基频吸收频率都出现在中红外区，因此中红外区是研究和应用最多的区域，实验仪器技术也最为成熟。所以常说的红外光谱即指中红外光谱。

表 5-1　红外光谱区域划分

区　域	波长 $\lambda/\mu m$	波数 $\tilde{\nu}/cm^{-1}$	能级跃迁类型
近红外区	$0.75 \sim 2.5$	$13158 \sim 4000$	$O—H, N—H, C—H$ 键的倍频吸收
中红外区	$2.5 \sim 25$	$4000 \sim 400$	分子中原子的振动和分子转动
远红外区	$25 \sim 1000$	$400 \sim 10$	分子转动、晶格振动

由于每种化合物均有红外吸收，红外光谱分析特征性强，通过谱图的吸收带谱强度和波长（或波数）的位置，反映出分子结构的特点，解析可以获取未知物质分子结构；而吸收谱带的吸收强度与分子组成或化学基团的数量有关，可对待测物进行定量分析和纯度鉴定。红外光谱法能够对气态、液态、固态样品直接进行测定，还适用于所有有机化合物、无机化合物、高分子化合物以及配合物，这是其他仪器分析方法难以做到的。因此红外光谱是有机化合物结构解析的有效方法之一，广泛应用于医药、食品、生物、环境、化工、高分子材料等领域。

任务一　双原子分子的振动

一、双原子振动模型——谐振子模型

分子中的原子以平衡点为中心，以非常小的振幅（与原子核之间的距离相比较）做周期性的振动，即简谐振动。双原子分子是简单的分子，振动形式是最简单的，其振动只发生在联结两个原子的直线方向上，且只有一种振动形式，伸缩振动，即两原子之间距离（键长）的改变，如 HCl 分子的振动。

双原子分子振动可以近似地看作简谐振动，把两个质量为 m_1 和 m_2 的原子看作两个刚性小球，连接两原子的化学键设想为无质量的弹簧，弹簧长度 r 就是分子化学键的长度，如图 5-1 所示。

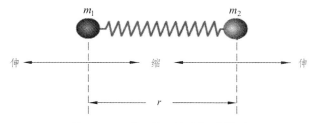

图 5-1　双原子分子简谐振动模型

根据经典力学的虎克（Hooke）定律，双原子分子简谐振动的频率计算公式为

$$\nu = \frac{1}{2\pi}\sqrt{k/u} \tag{5-1}$$

或者用波数表示

$$\tilde{v} = \frac{v}{c} = \frac{1}{2\pi c}\sqrt{k/u} \qquad （5\text{-}2）$$

式中　$\tilde{v}$——波数（在光的传播方向上每单位长度内的光波数，为波长的倒数），cm^{-1}；

　　　c——光速；

　　　k——化学键的力常数，N/cm；

　　　u——原子的折合质量，$u = \dfrac{m_1 m_2}{m_1 + m_2}$。

若把折合质量与原子的相对原子质量单位之间进行换算，折合为相对原子质量单位，即可得到

$$\tilde{v}/cm^{-1} = 1304\sqrt{k/u} \qquad （5\text{-}3）$$

二、化学键的力常数

双原子分子及多原子分子中受其他因素影响小的化学键，其计算值与实验值较接近，具有一定的实用意义。由式（5-1）（5-2）可知，做简谐振动的双原子分子的基本振动频率（波数）与化学键的力常数及相对原子质量有直接关系。力常数（k）越大，折合相对原子质量（u）越小，化学键的振动波数越高。例如 C—C、C=C、C≡C 三种键的折合相对原子质量相同，而化学键的力常数依次为：单键<双键<三键，所以化学键的振动频率也越高，其红外吸收谱带将产生在低波数区域。又如 C—O、C—N、C—C 三种键的力常数相近，而折合相对原子质量依次为 C—O>C—N>C—C，因此波数依次减少。几种化学键的力常数见表5-2。

表 5-2　化学键的力常数

键	C—C	C=C	C≡C	C—H	O—H	N—H	C=O
$k/$（N/cm）	4.5	9.6	15.6	5.1	7.7	6.4	12.1

因为各种有机化合物的结构不同，其化学键力常数和原子质量各不相同，则会出现不同的振动波数，因此有其各自的红外吸收光谱。这也说明把双原子分子的伸缩振动近似地比作是简谐振动，基本可以反映分子振动光谱的主要特征。不过，上述用经典力学方法处理分子的振动是宏观处理方法，或是近似处理方法，可事实上一个真实分子的振动能量变化是量子化的；况且，分子中各基团之间，以及基团中的化学键之间都存在着互相影响，因此除了化学键两端的原子质量、化学键的力常数外，分子结构内部因素和外部因素（化学环境）都影响分子振动频率。

任务二　多原子分子的振动

多原子分子的振动，既有双原子分子沿其键轴方向的伸缩振动，也有各种可能的变形振动。一般将振动形式分为两大类：伸缩振动和弯曲振动。

一、伸缩振动

化学键两端原子沿着价键的方向往返，做伸缩性运动，使键长发生变化而键角不变的振

动称为伸缩振动，如碳氧双键、碳氢单键、碳氮三键之间的伸缩振动。伸缩振动又可分为对称伸缩振动和反对称伸缩振动，分别用 ν_s 和 ν_{as} 表示。对称伸缩振动是指振动时各个键同时缩短或伸长；反对称伸缩振动是指振动时有的键缩短、有的键伸长。对同一基团而言，不对称伸缩振动的频率及吸收强度总是高于对称伸缩振动。亚甲基的伸缩运动和 CO_2 分子的伸缩运动如下所示。

二、弯曲振动

弯曲振动又称变形振动或变角振动，是一种键长不变而基团键角发生周期性变化的振动形式。弯曲振动又可分为面外弯曲振动和面内弯曲振动，用 γ、δ 表示。面外弯曲振动是指弯曲振动的方向垂直于分子平面；面内弯曲振动是指弯曲振动完全位于平面上。面外弯曲振动分为面外摇摆振动（以符号 ω 表示）和扭曲变形振动（以符号 τ 表示）。面外摇摆振动，是基团作为一个整体在垂直于分子对称平面的前后摇摆，键角基本不发生变化；面外扭曲振动，是两个原子在垂直于分子平面的方向上前后相反地来回扭动。面内弯曲振动分为面内摇摆振动（以符号 ρ 表示）和剪式弯曲振动（以符号 δ 表示）。面内摇摆振动是指两个原子作为一个整体在分子平面内左右摆动的振动，剪式弯曲振动是指两个原子在同一平面内彼此相向弯曲的振动形式。亚甲基的弯曲振动形式如下所示。

（剪式振动 δ）　　（面内摇摆振动 ρ）　　（面外摇摆振动 ω）　　（扭曲振动 τ）

－ 表示垂直于纸面向下运动；＋ 表示垂直于纸面向上运动

三、振动自由度

分子基本振动的数目称为振动自由度，可以用来描述多原子分子振动形式的多少，每个振动自由度相对应于红外光谱上一个基频吸收带。在中红外区，光子的能量较小，不足以引起电子能级跃迁，只有分子中的振动、转动和平动这三种振动形式的能量变化。分子的转动能级跃迁产生远红外光谱，而分子的平动能量改变，不产生振动-转动光谱。所以在中红外区，只考虑分子的振动能级跃迁。假设分子由 N 个原子组成，如果先不考虑其中化学键的存在，在三维空间里，可用 x、y、z 三个坐标来描述其振动，即每个原子在空间的运动有三个自由度，N 个原子组成的分子则有 $3N$ 个自由度，然而这 $3N$ 个自由度包括了分子振动、转动和平动 3 个自由度。所以分子的振动自由度 $f = 3N$－转动自由度－平动自由度。

对于线性分子，因绕自身键轴转动的转动惯量为 0，因而只有 2 个转动自由度，其振动自由度 $f=3N-5$。例如，CO_2 分子的振动自由度 $f=3\times3-5=4$，其基本振动形式如上所示。

对于非直线型分子，除了整个分子绕三个坐标轴有 3 个转动自由度，还有在三个坐标方向的平动，其振动自由度 $f=3N-6$。例如，H_2O 分子的振动自由度 $f=3\times3-6=3$。其基本振动形式如下所示。

对称伸缩振动　　　　　　　反对称伸缩振动　　　　　　　弯曲（变形）振动

任务三　红外光谱产生的条件

红外吸收光谱是基于分子振动能级（同时伴随转动能级）跃迁而产生的。物质吸收红外辐射要满足两个条件：

1. 分子振动时，必须伴随瞬时偶极矩的变化

红外跃迁是偶极矩变化诱导的，即红外辐射的能量是通过分子振动偶极矩的变化传递给分子。由于构成分子的各原子的电负性不同，从而表现出不同的极性，称为偶极子，通常用分子的偶极矩（μ）来表示分子极性的大小。当偶极子处在电磁辐射的电场中时，该电场做周期性反转，偶极子经受交替的作用力，偶极矩减少或增加。因偶极子本身具有一定的振动频率，因此，只有当辐射频率与偶极子振动频率相匹配时，分子才与辐射振动耦合增大其振动能，使分子由原来的基态振动跃迁到较高振动能级，因此，并非所有的振动都会产生红外吸收。同一分子有多种振动方式，只有能使其偶极矩发生变化的振动形式才会吸收特定频率的红外辐射。如 CO_2 是线性分子，其永久偶极矩为零，当它做对称的伸缩振动时，无偶极矩变化，此时 CO_2 不产生红外吸收，不具有红外活性；但它做不对称振动时，就伴有瞬时偶极矩的变化，产生红外吸收，具有红外活性。

2. 辐射光具有的能量与产生振动跃迁所需的跃迁能量相等

与其他分光光度法相同，只有当辐射光的红外辐射频率与分子中某些振动方式的频率相同时，分子才吸收其能量，从基态振动能级跃迁到较高能量的振动能级，宏观表现为透射光强度变小，这决定了吸收峰在图谱上出现的位置。

当一定频率的红外光辐射分子时，如果分子中某个基团的振动频率和它一致，二者就会产生共振，光的能量则通过分子偶极矩的变化传递给分子，这个基团就吸收一定频率的红外光，产生振动跃迁。若连续用不同频率的红外光照射某试样，因试样对不同频率的红外光吸收程度不同，通过试样后的红外光在一些频率范围内仍然较强，另一些频率范围减弱，通过红外吸收光谱图，就能对样品进行定性和定量分析。

任务四 红外光谱的表示方法

红外光谱常用波长（单位：μm）、波数 $\tilde{\nu}$（单位：cm^{-1}，代替频率）表示，两者之间的关系是：

$$\tilde{\nu} = \frac{1}{\lambda(\text{cm})} = \frac{10^4}{\lambda(\text{um})} = \frac{c}{\nu} \tag{5-4}$$

式中 ν——光的振动频率，Hz；

c——光速，3×10^{10} cm/s。

波数 $\tilde{\nu}$（cm^{-1}）：指的是 1 cm 中含波的数量。如 10 μm 的红外光所对应的波的个数是 $\tilde{\nu} = \frac{10^4}{10} = 1000$（$cm^{-1}$）。

红外吸收光谱通常采用纵坐标为透射比 T（%）、横坐标为波数 $\tilde{\nu}$（cm^{-1}）或波长 λ（cm）曲线来描述（图 5-2、图 5-3），曲线上的"谷"代表光谱吸收峰，由于纵坐标为透光率（T），所以吸收峰向下。

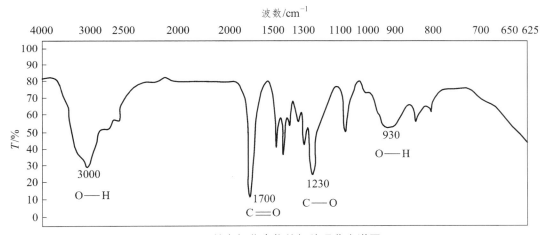

图 5-2 某有机化合物的红外吸收光谱图

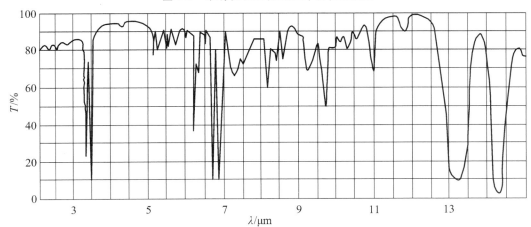

图 5-3 聚苯乙烯的红外光谱图

同一 $T\text{-}\lambda$ 曲线与 $T\text{-}\bar{\nu}$ 曲线图略有差异，因为前者采用的是波长等间隔分度，后者采用的是波数等间隔分度。

项目二　基团频率和特征吸收峰

红外光谱是分子结构的客观反映，谱图上的吸收峰与分子中各基团的振动方式相对应，构成分子的各种基团，如 N—H、H—O、C≡C、C≡C、C≡O 等，都有其特定的红外吸收频率，而分子其他结构部分对其吸收频率区影响不大。

任务一　红外光谱区域的划分

一、红外光谱区域的划分

红外光谱区可分成基团频率区（4000～1300 cm^{-1}）和指纹区（1300～400 cm^{-1}）两个区域。

1. 基团频率区

基团频率区是因伸缩振动产生的吸收带，比较稀疏，容易辨认，常用于鉴定官能团，又称官能团区或特征频率区。基团频率区又可分为四个区域：

（1）X—H 键伸缩振动区（4000～2500 cm^{-1}）。X 可以是 S、O、C、N 等原子，主要提供有关羟基、烃基、氨基的结构信息。

（2）羟基（O—H）是判断醇和酚和有机酸类的重要依据。O—H 的吸收峰出现在 3650～3200 cm^{-1} 之内，当酚和醇溶于非极性溶剂（如 CCl$_4$），浓度低于 0.01 mol/L 时，在 3650～3580 cm^{-1} 处出现游离 O—H 的振动伸缩吸收，峰形尖锐，且没有其他吸收峰干扰，易于识别。而当样品浓度增大时，羟基化合物产生缔合现象，O—H 的伸缩振动吸收峰向低波数方向位移，在 3400～3200 cm^{-1} 产生一个强而宽的吸收峰。

酰胺和胺的 H—N 伸缩振动吸收峰也出现在 3500～3100 cm^{-1} 区域，因此，可能会对羟基（O—H）伸缩振动有干扰。

（3）烃基（C—H）的伸缩振动又分为不饱和碳（双键和苯环）与饱和碳两种，其碳氢键伸缩振动频率以 3000 cm^{-1} 为分界线，不饱和的 C—H 伸缩振动出现在 3000 cm^{-1} 以上，吸收峰强度较低，常在大于 3000 cm^{-1} 处以饱和碳的碳氢键吸收峰的小肩峰的形式存在，从而以此来判断化合物中是否含有不饱和的 C—H 键。

苯环的 C—H 键伸缩振动频率出现在 3030 cm^{-1} 附近，其吸收峰强度比饱和的 C—H 稍弱，谱带比较尖锐。

饱和的 C—H 伸缩振动低于 3000 cm^{-1}，为 3000～2800 cm^{-1}，取代基对它们影响很小。如 —CH$_2$ 基的吸收在 2930 cm^{-1} 和 2850 cm^{-1} 附近，—CH$_3$ 基的伸缩吸收峰产生在 2960 cm^{-1} 和 2876 cm^{-1} 附近。

饱和的双键 $=C-H$ 的吸收出现在 $3040 \sim 3010\ cm^{-1}$，末端 $=CH_2$ 的吸收峰出现在 $3085\ cm^{-1}$ 附近。

叁键 $\equiv C-H$ 伸缩振动吸收峰出现在更大的波数 $3300\ cm^{-1}$ 附近。

（4）氨基的吸收峰与羟基相似。游离氨基的红外吸收出现在 $3500 \sim 3300\ cm^{-1}$，发生氢键缔合后波数约降低 $100\ cm^{-1}$。

（5）其他。P、S 原子与 H 原子形成的单键 P—H、S—H 的伸缩振动吸收峰出现在此区域的最右端，可延续到 $2500\ cm^{-1}$ 以下。

2. 三键和累积双键区（$1900 \sim 2500\ cm^{-1}$）

主要包括 $-C\equiv C-$、$-C\equiv N-$ 等三键的伸缩振动，以及 $-N=C=S$、$-C=C=C$、$-N=C=O$ 等累积双键的不对称伸缩振动。炔烃类化合物，可以分成 $R-C\equiv C-R'$ 和 $R-C\equiv CH$ 两种类型，$R-C\equiv C-R'$ 的吸收峰在 $2260 \sim 2190\ cm^{-1}$，$R-C\equiv CH$ 的在 $2140 \sim 2100\ cm^{-1}$。如果是 $R-C\equiv C-R$ 对称分子，因振动产生的偶极矩为零，则为非红外活性。$-C\equiv N$ 基的伸缩振动吸收峰在非共轭的情况下出现在 $2260 \sim 2240\ cm^{-1}$。当与不饱和键或芳香核共轭时，该峰位移到 $2230 \sim 2220\ cm^{-1}$ 附近。若分子中含有 O 原子，且 O 原子离 $-C\equiv N$ 越近，其吸收强度越弱，甚至观察不到；若分子中含有 C、H、N 原子，$-C\equiv N$ 吸收峰则比较强而尖锐。

3. 双键伸缩振动区（$1300 \sim 1900\ cm^{-1}$）

该区域主要包括 $C=C$、$C=O$、$N=O$ 等的伸缩振动，苯环的骨架振动，以及芳香族化合物的泛频谱带。

（1）$C=C$ 伸缩振动。烯烃的 $C=C$ 伸缩振动范围是 $1680 \sim 1620\ cm^{-1}$，通常很弱。单核芳烃的 $C=C$ 伸缩振动范围是 $1600\ cm^{-1}$ 和 $1500\ cm^{-1}$ 附近，两个峰。这是芳环的骨架结构，用于判断芳核是否存在。

（2）$C=O$ 伸缩振动出现在 $1900 \sim 1650\ cm^{-1}$，是红外光谱中很有特征且通常是最强的吸收，因此易于判断醛类、酮类、酯类、酸类以及酸酐等有机化合物。酸酐的羰基吸收带谱由于振动耦合而呈现双峰。

（3）苯环的骨架振动约在 1600，1580，1500 及 $1450\ cm^{-1}$ 处，苯的衍生物的泛频谱带出现在 $2000 \sim 1650\ cm^{-1}$，是 $C-H$ 面外和 $C=C$ 面内弯曲振动的泛频吸收，虽强度很弱，但其吸收特征在判断芳核取代类型上是有参考价值的。

4. 单键区（$1500 \sim 1300\ cm^{-1}$）

这个区域比较复杂，主要包括 $C-O$、$C-X$（卤素）等伸缩振动，N—H、$C-H$ 变形振动以及 $C-C$ 单键骨架振动等。

二、指纹区

在 $400 \sim 1300\ cm^{-1}$ 区域中，除单键的伸缩振动外，还存在因弯曲振动而产生的吸收峰。这些振动与一个分子的结构有关，当分子结构略有不同时，该区的吸收峰就出现细微的差异，并显示出分子的特征，这类似于人类的指纹，因此称作指纹区。指纹区可以用于指认结构类似的化合物，也可以作为化合物含有某种基团的旁证。

（1）1300～900 cm^{-1} 区域是 C—N、C—O、C—F、C—P、C—S、P—O、Si—O 等单键的伸缩振动和 C=S、S=O、P=O 等双键的伸缩振动吸收区。

其中 1375 cm^{-1} 附近的谱带 —CH$_3$ 的对称变形振动，可用以指认甲基；C—O 的伸缩振动在 1300～1000 cm^{-1} 区域的吸收峰最强，易于辨别。

（2）900～400 cm^{-1} 区域的某些吸收峰可用来判断化合物的顺反构型。例如，烯烃的 =C—H 面外弯曲振动出现的位置，很大程度上取决于双键的取代情况。像 RCH=CH$_2$ 结构，在 990 cm^{-1} 和 910 cm^{-1} 附近产生两个强峰；RC=CRH 结构的顺、反构型分别在 690 cm^{-1} 和 970 cm^{-1} 出现吸收峰，能够综合判别苯环的取代类型。

三、特征吸收峰

特征吸收峰是指：能鉴定构成分子的基团或化学键存在，并且有较高强度的吸收峰。其对应的吸收频率称为特征吸收频率。如 =C—H 的特征吸收峰在 3300 cm^{-1}，C=C 的特征吸收峰在 2100～2260 cm^{-1}。

除了特征吸收峰，还有相关峰、基频峰和泛频峰。

1. 相关峰

同一种基团由于有多种振动方式，每种具有红外吸收的振动方式都有相应的吸收峰，因此通常不能只由一个特征峰来确定官能团的存在。例如分子中若有 —CH=CH$_2$ 存在，在红外光谱图上可以明显观测到 $\nu_{as(=CH_2)}$、$\nu_{as(C=C)}$、$\gamma_{(=CH_2)}$、$\gamma_{(=CH)}$ 4 个特征峰。而这一组峰是由于 —CH=CH$_2$ 的存在而出现的相互依存的吸收峰，称为相关峰。

2. 基频峰

基频峰是指分子吸收一定频率的红外光后，振动能级从基态跃迁到第一激发态时产生的吸收峰。基频峰的强度一般比较大，是红外吸收光谱上最主要的一类峰。

3. 泛频峰

振动能级由基态跃迁到第二激发态、第三激发态……第 n 激发态时产生的吸收峰称倍频峰。除此之外，还有两个或多个基频峰之和所在的合频峰、两个或多个基频峰之差所在的差频峰，这两种峰多为弱峰，一般不易在谱图上辨认。倍频峰、合频峰及差频峰统称为泛频峰。

四、吸收峰强度的影响因素

1. 吸收峰强度的表示方法

通常用摩尔吸光系数 ε 表示分子吸收光谱的吸收峰强度。通常，红外吸收光谱的 ε 值较小，并且同一分子的 ε 值因检测仪器不同而改变，所以，ε 值在定性鉴别中作用不大。因此红外吸收峰的强度通常用 5 个级别来粗略地表示，见表 5-3。

表 5-3　红外吸收峰的强度表示方法

级别	vs	s	m	w	vw
强度	极强峰	强峰	中强峰	弱峰	极弱峰
对应 ε 值	>100	20～100	10～20	1～10	<1

2. 吸收峰强度的影响因素

红外吸收峰的强度主要由分子振动过程中偶极矩的变化程度和产生能级跃迁概率两个因素来决定。瞬时偶极矩的变化越大，吸收峰越强；振动能级跃迁的概率越大，吸收峰越强。通常遵循以下几个规律：

（1）化学键两端连接的原子的电负性差别越大，伸缩振动产生的吸收峰越强。

（2）同种基团的振动形式不同，其吸收峰强度也不同。通常，反对称伸缩振动的吸收峰强度较对称伸缩振动的吸收峰强度大，伸缩振动的吸收峰强度较变形振动的吸收峰强度大。

（3）基频峰由于相应的能级跃迁概率较大，所以通常吸收峰较强。而倍频峰则因为相应的能级跃迁概率很低，因此吸收峰较弱。

（4）分子对称性越差，振动偶极矩变化越大，相应的吸收峰较强；而对称性较强的分子的吸收峰则较弱。中心对称的分子的净振动偶极矩为零，则没有红外吸收峰出现。

（5）分子中极性基团的共轭效应、氢键的形成及诱导效应等因素使吸收峰的强度增大。

任务二　常见官能团的特征吸收频率

官能团的吸收频率对推断有机化合物的类型及分析分子结构有非常重要的参考价值，表5-4 列出了常见官能团的特征吸收频率。

表 5-4　常见官能团的特征吸收频率

化合物	官能团	吸收峰位置/cm^{-1} 及特征	振动形式
醇、酚	O—H	单体 3590～3650（s）* 3200～3400（有氢键）（s，b）	伸缩振动
醇	C—O	850～802	伸缩振动
烷烃	饱和 C—H	2850～2962（m～s）	伸缩振动
烷烃	饱和 C—H	CH_3：1430～1470（m），1370～1380（s） CH_2：1445～1485（m） CH：1340（w） —CH（CH_3）$_2$：1385（m），1375（m），两峰强度相等 —C（CH_3）$_3$：1395（m），1365（m），后者强度为前者 2 倍	面内弯曲振动
烯	不饱和 C—H	R—CH＝CH_2：985～995（s），905～920（s） R—CH＝CH—R（Z）：650～730（m） R—CH＝CH—R（E）：950～980（s） R_2C＝CH_2：885～895（s） R_2C＝CH—R：780～830（m）	面外弯曲振动

化合物	官能团	吸收峰位置/cm⁻¹及特征	振动形式
芳烃	不饱和 C—H	单取代苯：730～770（vs），690～710（s） 邻位双取代苯：735～770（s） 间位双取代苯：860～950（s），750～810（vs），680～720（s） 对位双取代苯：800～860（vs） 均三取代苯：810～860（s），675～735（s） 连三取代苯：760～780（s），680～725（m） 偏三取代苯：870～885（s），805～82（vs） 四取代苯：800～870（s） 五取代苯：850～900（s）	面外弯曲振动
炔		625～665（s）	
炔	C≡C	2100～2260（w）	伸缩振动
烯	C=C	1620～1680（v）	伸缩振动
芳烃		1600（v），1580（m），1500（v），1450（m）	
炔烃	≡C—H	3300（s）	伸缩振动
烯烃	=C—H	3010～3095（m）	伸缩振动
芳烃		3030（m）	
酸酐	C=O	1800～1850（s），1740～1790（s）	伸缩振动
	C—O	1300～900	
	C—O—C	乙酸乙酯：1260～1230	
		1210～1160	
酯	C=O	1730～1750（s）	伸缩振动
	C—O—C	乙酸乙酯：1260～1230	
		1210～1160	
醛	C=O	～1725	伸缩振动
	O=C—H	28，202，720	
酮	C—C	1300～1100	伸缩振动
	C=O	1705～1725（s）	
酸	O—H	游离 OH：3500～3560（m） 二聚体：2500～3000（s，b）	伸缩振动
	C=O	1760～1710	伸缩振动
	C—O—C	1320～1210	伸缩振动
	O—H	1440～1400	面内弯曲振动
		950～900	面外弯曲振动

化合物	官能团	吸收峰位置/cm^{-1}及特征	振动形式
酰胺	N—H	3180～3350（m）	伸缩振动
		～700	面外弯曲振动
		伯酰胺：1640～1550	弯曲振动
		仲酰胺：1570～1515	
	C＝O	1630～1680（s）	伸缩振动
醚	C—O—C	脂肪烃：1300～1000	伸缩振动
		芳香烃：～1250，～1120（s）	
腈	C≡N	2240～2260（m）	
亚胺、肟	C＝N	1640～1690（v）	伸缩振动
偶氮		1575～1630（v）	
伯胺	N—H	3400～3500（m，双峰），仲胺 3300～3500（m，单峰）	伸缩振动
亚胺		3300～3400（m）	
卤代烃	C—X	C—F：1100～1350（s） C—Cl：700～750（m） C—Br：500～700（m） C—I：485～610（m）	伸缩振动
酰卤	C＝O	1770～1815（s）	伸缩振动

注：*强度符号：vs—很强，s—强，m—中，w—弱，v—可变，b—宽。

任务三　基团频率的影响因素

分子中各基团的振动并不是孤立的，原子的质量、相邻基团、原子间的化学键力常数等内部结构，以及测定状态外部条件的变化都会影响基团频率，所以，同种基团在不同的分子和不同的测定环境条件下，其频率可能会有所移动。影响基团频率的因素主要可分为内部因素和外部因素。

一、内部因素

（一）电子效应

电子效应包括诱导效应、共轭效应和偶极场效应。它们都是由化学键的电子分布不均匀引起的。

1. 诱导效应（I效应）

由于不同取代基具有不同的电负性，通过静电诱导作用，引起分子中电子云分布发生改变，从而改变了化学键力常数，影响基团的特征频率。通常取代基数目增加或取代基电负性增大，静电诱导效应也相应增大，从而导致基团的振动频率向高频位移。例如，当电负性强的元素与 C=O 上的碳原子相连时，诱导效应将使 C=O 键的振动频率增大，吸收峰向高波数移动。例如：

$$R—C \overset{O}{\underset{R}{\diagdown}} \qquad \tilde{v}_C = 1715 \ cm^{-1}$$

$$R—C \overset{O}{\underset{H}{\diagdown}} \qquad \tilde{v}_C = 1730 \ cm^{-1}$$

$$R—C \overset{O}{\underset{Cl}{\diagdown}} \qquad \tilde{v}_C = 1800 \ cm^{-1}$$

$$R—C \overset{O}{\underset{F}{\diagdown}} \qquad \tilde{v}_C = 1920 \ cm^{-1}$$

$$F—C \overset{O}{\underset{F}{\diagdown}} \qquad \tilde{v}_C = 1928 \ cm^{-1}$$

2. 共轭效应（C 效应）

共轭体系中当双键之间以一个单键相连时，双键电子之间发生共轭而离域，使原基团中电子云密度平均化，双键性减弱，化学键的力常数减小，使基团频率向低波数方向移动。例如：

$$\overset{O}{\underset{\parallel}{R—C—R}} \qquad 1715 \ cm^{-1} \qquad\qquad \overset{O}{\underset{\parallel}{—C=C—C—R}} \qquad 1665 \sim 1685 \ cm^{-1}$$

在同一个化合物中，通常是共轭效应和诱导效应同时存在时，吸收峰向占优势的一种效应方向移动。

3. 场效应（F 效应）

场效应是原子或原子团的静电场通过空间相互作用引起的，在分子的立体构型中，当空间结构决定了某些基团靠得很近时，会产生场效应。例如当含有孤对电子的原子（O、S、N 等）与具有多重键的原子相连时，使 C=O 键的电子云密度平均化，造成 C=O 键的力常数下降，使吸收频率向低波数位移。

对于同一基团，若诱导效应和场效应同时存在，振动频率最终移动的方向和程度，取决于这两种效应的结果。当场效应大于诱导效应时，振动频率向低波数移动，反之，振动频率向高波数移动。

（二）氢键效应

氢键的形成往往使基团的吸收频率降低、谱峰变宽。分子间氢键受浓度影响较大，但分子内的氢键不受浓度影响。例如：游离羧酸的 C=O 键吸收频率出现在 1760 cm^{-1} 附近，但在固体或液体中，由于羧酸形成二聚体，C=O 键吸收频率出现在 1700 cm^{-1} 附近。

（三）振动偶合效应

当两个振动频率相同或相近的基团连接在一个共同的原子上时，一个键的振动通过共同链接的原子使另一个键的长度改变，从而形成了强烈的相互作用。发生偶合作用，使振动频率发生变化，一个向高频方向移动，另一个向低频方向移动，分裂成两个峰。一个比原来谱带的频率高一点，另一个低一点。在一些二羰基化合物中常产生振动偶合效应，如羧酸酐。

（四）费米共振效应

当一个振动的基频与另一个振动的倍频接近时，发生相互作用而产生很强的吸收峰或发生裂分，这种现象称为费米共振。例如，在正丁基乙烯基醚（$C_4H_9—O—CH=CH_2$）中，烯基 $\omega_{C=C}$（810 cm^{-1}）的倍频与烯基的 $\nu_{C=C}$（1600 cm^{-1}）发生费米共振，在 1640 cm^{-1} 和 1613 cm^{-1} 产生两个强的谱带。

二、外部因素

外部因素主要是指测试样品的状态以及溶剂极性的不同引起基团频率的移动。外部因素主要有以下几种：

（1）溶剂的极性：溶剂极性越小，极性基团的伸缩振动频率越高。

（2）试样测试状态：所处物态、制备样品的方法、结晶条件、吸收池厚度以及测试温度等。通常情况下，在液态或固态测定时，伸缩振动频率降低；在气态测定时，伸缩振动频率最高。

（3）红外光谱仪元件性能优劣影响相邻峰的分辨率。

项目三　红外光谱仪

目前主要有两类红外光谱仪，即色散型红外光谱仪和傅里叶变换红外光谱仪（Fourier Transform Infrared Spectrometer，FTIR），其主要组成部件有：光源、吸收池、单色器、检测器。

任务一　色散型红外分光光度计

一、工作原理

光源发射出的红外光被分成强度相等的两束光，一束通过样品池，另一束通过参比吸收池。它们随扇形旋转面的调制交替通过单色器，然后被检测器检测。当样品有吸收，两束光强度不一样，检测器则产生交流信号，驱动光楔进入参比光路，使参比光束减弱至与样品光束强度相等。被衰减的参比光束能量就是样品吸收的辐射能，与光楔相连的记录笔直接记录下在不同波数范围的吸收峰，如图 5-4 所示。

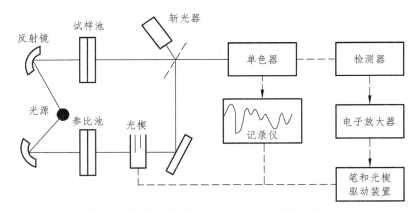

图 5-4   色散型红外光谱仪的结构与原理示意图

色散型红外光谱仪的特点有：

（1）双光束。使用单光束仪器时，在重要的红外区域内，大气中的 H_2O、CO_2 也有较强的吸收，所以需要参比光路来补偿以消除它们的影响，使这两种物质的吸收补偿为零，从而测定时不必严格控制室内的湿度及人数。

（2）单色器在样品室之后。由于红外光源的辐射强度低，即使靠近样品也不足以使其产生光分解，需要对辐射信号进行大幅度放大，而单色器在样品室之后可以消除大部分散射光而不至于到达检测器。

（3）斩光器转动频率低，响应速率慢，可以消除检测器周围物体的红外辐射。

二、基本结构

色散型红外光谱仪，也称经典红外吸收光谱仪，其结构与紫外-可见分光光度计的组成基本相同，由光源、样品室、单色器、检测器以及记录显示装置等部分组成。但红外光谱仪的单色器在样品室之后，以消除大部分散射光而不至于到达检测器。

（一）光　源

红外光谱仪的光源是应能发射高强度连续红外辐射，符合此要求的红外光源是稳定的惰性固体在加热时产生的辐射。常见的有如下几种。

1. 能斯特灯

能斯特灯的材料是稀土氧化物，主要由氧化锆（ZrO_2）、氧化钍（ThO_2）和氧化钇（Y_2O_3）烧制而成的圆筒状（长 5～20 mm，直径 2 mm），两端以铂丝作为导线。常温下它是非导体，其通电温度达到 2000 K 则会发射红外光。在短波范围辐射效率高于硅碳棒。此光源的优势是发射的光强度高，使用寿命可达 1 年，但它的机械强度差，并且具有很大的电阻负温度系数，使用时需预先加热至 700 °C 以上，灯发光后切断预热电流，并设计电源电路能控制电流强度，以免灯过热烧损。

2. 碳硅棒

碳硅棒是由碳化硅烧制而成的两端粗中间细的实心棒，长度约为 50 mm，直径 5 mm。碳化硅棒在常温下是导体，电阻随着温度的升高而增大，工作前不需要预热。与能斯特灯相反，碳化硅棒具有正的电阻温度系数，电触点需用水冷却以防放电。但其使用寿命长、坚固、发光面积大，其辐射能量与能斯特灯接近，但在长波范围（大于 2000 cm^{-1}）能量输出远大于能斯特灯。

3. 白炽线圈

用镍铬丝螺旋线圈或铑线做成。工作温度约 1100 K。其辐射能量略低于前两种，但其使用寿命长。一般近红外区的光源用钨灯即可，远红外区用水银放电灯做光源。

（二）吸收池

因石英、玻璃等材料不能透过红外光，使用时应注意根据不同的工作波长范围选用不同的透光材料来制作吸收池，红外吸收池的透光窗片常用 KBr、NaCl、CsI、KRS-5（TlI 58%、TlBr 42%）等透光材料制成。使用时需注意防潮。固体样品常与纯 KBr 混匀压片，直接测定。常见吸收池池窗材料的特性见表 5-5。

表 5-5　常用吸收池池窗材料的特性

材料	透光波长范围 λ/μm	注意事项
氯化钠	0.2～25	易潮解，低于 40% 湿度下使用
溴化钾	0.25～40	易潮解，低于 35% 湿度下使用
氟化钙	0.13～12	不溶于水，可测水溶液谱
氯化银	0.2～25	不溶于水，可测水溶液红外光谱
KRS-5（TlI 58%，TlBr 42%）	0.5～40	微溶于水，可测水溶液红外吸收谱

（三）单色器

单色器是色散型红外分光谱仪的核心部件，主要由色散元件、准直镜和狭缝构成。为避免产生色差，红外光谱仪一般不使用透镜。色散元件有光栅和棱镜，光栅的光学性能更优，所以光栅常作为首选元件。单色器的性能由色散率、分辨率和集光本领决定。目前常用的色散元件是复制闪耀光栅，其特点是具有线性色散，分辨率高，易于维护，对环境条件要求不高。

（四）检测器

红外光本身是一种热辐射，因此不能使用光电管、光电池等作为红外光检测器。目前红外光谱仪检测器常用的有高真空热电偶、气体检测器、测辐射热计以及光电导检测器。

1. 高真空热电偶

高真空热电偶是红外光谱仪最常用的一种检测器，其原理是运用两端点（冷接点端和热接点端）因温度不同产生温差热电位，红外光照射热电偶热接点端使其温度升高，致两个端点间产生温差，从而转换成电位差，在回路中就形成电流，电流的大小因照射的红外光强弱而发生变化。所以，测得电流的大小就可以确定红外光的吸收强弱。为了提高检测器的灵敏度，通常将热电偶密封在高真空腔中，以减小热损失，从而增强其灵敏度。

2. 气体检测器

常用的气体检测器是高莱池，是一种气胀式检测器，其灵敏度较高，结构如图 5-5 所示。

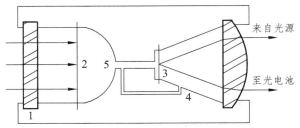

图 5-5　高莱池检测器示意图

1—盐窗；2—涂黑金属膜；3—软镜膜；4—泄气支路；5—氮气盒

当红外光透过盐窗辐射到黑色的金属薄膜上时，薄膜吸收热能致气胀压力并使封闭气室另一端的软镜膜凸起。当软薄膜受到红外光照射的同时，将光反射到光电池上，从而形成了与软薄膜的凸出度成正比的光电流，即与最初进入气室的红外辐射成正比的光电流。

高莱池检测器可检测全部红外光波谱，不过，因为软薄膜是由有机材料制成的，易老化，时间常数较长，不宜用作快速扫描检测器。

3. 测辐射热计

测辐射热计是以极薄的热感元件做受光面，并被装置在惠斯登电桥的一个臂上，当受光面被很弱的红外辐射所照射时，热感元件电阻会随着温度的变化发生微小的变化，则可通过测量电阻的变化来测定红外光辐射能。

另一种测辐射热计是由一片粘在石英板上的半导体膜构成的光敏元件来代替桥臂上的铂条。此外，还有一种超导测辐射热计，它利用了某种薄膜（如硝酸铌）在温度 4 K 左右时，在电导率由正常态向超导态过渡的过渡点附近其电阻随温度急剧变化的性能。这种测辐射热计灵敏度很高，可用以精密测量很弱的辐射如红外辐射和激光的功率。

4. 光电导检测器

光电导检测器采用半导体材料薄膜，如 Hg 或 Cd-Te，将其置于非导电的玻璃表面，密闭于真空舱内。吸收辐射后非导电性的价电子跃迁至高能量的导电带，从而降低半导体电阻，产生信号。

（五）显示器

必须用记录器记录红外光吸收管谱图。红外光谱都由记录仪自动记录谱图。仪器都配有计算机，以控制仪器操作、优化谱图中的各种参数、进行谱图的检索。

任务二　傅里叶变换红外光谱仪

色散型红外光谱仪（FTIR）是以棱镜或光栅作为色散原件的红外光谱仪。因用了狭缝，这类色散型仪器的能量受到了限制，灵敏度、准确度和分辨率都较低，并且扫描时间长。随着计算方法和技术的进步，20 世纪 70 年代出现了新一代的傅里叶变换红外光谱仪，它无色散元件，由光源、迈克尔逊干涉仪、检测器以及计算机记录仪等构成。相较于色散型红外光谱仪，其扫描速度快、波数精度高、分辨率高、光谱范围宽、灵敏，广泛应用于弱红外光谱的测定、红外光谱的快速测定以及与色谱联用。

一、工作原理

FTIR 与色散型红外光谱仪的工作原理有很大的区别，光源发出的红外光经过干涉仪转变成干涉图，通过样品池后得到含样品信息的干涉图，再经过快速傅里叶变换，并测得吸收强度或透光度随频率或波数变化的红外光谱图。工作原理如图 5-6 所示。

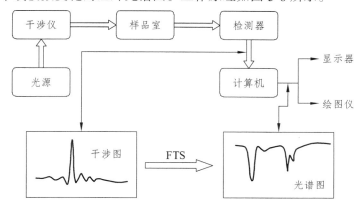

图 5-6　傅里叶变换红外光谱仪结构示意图

二、结　构

1. 光　源

与色散型红外光谱仪一样，其光源也是能斯特灯和碳化硅。

2. 迈克尔逊干涉仪

迈克尔逊干涉仪是傅里叶变换红外光谱仪的核心部件。干涉仪由动镜、定镜、分光板和检测器构成（图 5-7）。定镜和动镜相互垂直，定镜固定，动镜能平行移动。半透膜分光板呈 45°角，分光板由单晶体 KBr 和半导体制成，能让入射的红外光一半透过，另一半被反射。

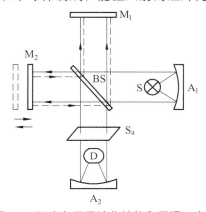

图 5-7　迈克尔逊干涉仪结构和原理示意图

3. 检测器

傅立叶变换型红外光谱仪常用的是热释点检测器，如光电导型汞镉碲（MCT）检测器和热电型氘化硫酸三苷单晶（DTGS）等。MCT 采用 Hg-Cd-Te 半导体材料薄膜，吸收辐射后非导电性的价电子跃迁至高能量的导电带，从而降低了半导体的电阻，产生信号。该检测器用于中红外及远红外区，这种检测器比热电检测器灵敏。

三、傅里叶变换红外光谱法的优点

（1）光谱范围宽（$10^4 \sim 10^{-1}$ cm），检测灵敏度高。

（2）扫描速度极快，通常在 1 s 内完成扫描，扫描速度最快能达到 60 次/s。

（3）扫描过程的每一瞬间测量都包含了分子振动的全部信息，有利于瞬间变化和动态过程的研究。

（4）利用计算机多次累加，信噪比更高。

项目四　红外光谱分析的实验技术

任务一　试样制备技术

红外光谱图的精确度除了仪器自身因素影响外，试样的制备技术也起着至关重要的作用。

一、红外光谱法对试样的要求

红外光谱的试样可以是固体、液体或气体，通常要符合以下条件：

（1）试样应该是单一组分的纯物质，至少纯度应高于 98%或符合商业规格，才便于与纯物质的标准光谱进行对照。多组分试样在测定前应预先用萃取、分馏、离子交换、重结晶或色谱法等方法进行分离提纯，否则各组分光谱相互重叠，难以解析。

（2）试样中不能含有游离水。因为水本身有红外吸收，与羟基峰干扰，严重干扰试样吸收频率，并且还会侵蚀吸收池的盐窗，所以试样应先进行干燥处理。

（3）试样的测试厚度以及浓度选择应适当，以使光谱图中的大多数吸收峰的透射比在 15% ~ 80%内。

二、试样制备方法

（一）固体试样的制备

1. 压片法

将研细的试样粉末分散在研细的固体分散介质中，并用压片装置压成透明薄片后再进行测定的方法叫作压片法。固体的分散介质是在红外区极为透明的物质，通常是溴化钾（KBr）、氯化钠（NaCl）（KBr 用得更多些）等。由于 KBr 具有吸湿性，使用前应将其放在干燥箱或红外灯烘烤干燥，使用时研磨应快速操作，并在干燥箱中进行或红外灯下进行，研磨要充分，颗粒直径应小于红外辐射的波长，否则会产生强烈散射，导致谱图的背景"吸收"增强，分辨率降低。试样与介质的用量和比例通常是：固体样品 1.0 mg 左右与约 150 mg KBr 在玛瑙研钵中研细，混均匀（取用量不需称量，凭经验预估即可），放在压模内，在压片机上边抽真空边加压（注意压片机压力的大小，压力太大或太小，制成的薄片易粉碎），制成厚度约 1 mm、直径约 10 mm 的透明薄片，然后直接进行测定。

需要注意的是：①为减少光的散射，除了介质，试样也需要尽量研细（小于 2 μm），因为粒度大小会影响样品的吸光度。每次研磨时无法准确控制样品的粒度，因而准确度和精确度不如溶液法。②对于不稳定的化合物不宜采用压片法；③压片法测试后的样品可以回收。

2. 薄膜法

将固体样品制成薄膜后再来测定的方法叫作薄膜法。薄膜法常适用于高分子化合物的测定，一些高分子化合物薄膜可直接用来测定，但大多数需要将样品制成薄膜。制样方法通常有三种：熔融法、溶液成膜法和切片法。熔融法适用于熔点低、热稳定性好，熔融时不发生分解、升华和其他化学变化的样品。具体方法是：将样品放在窗片上用红外灯烤，使其加热熔融成流动性液体后压制成薄膜，或者直接涂在盐片上。溶液成膜法：对于大多数聚合物，将试样溶于挥发性溶剂中，倒在洁净的玻璃板上，在减压干燥器中使溶剂挥发后形成薄膜，再用组合窗板固定后测定；也可将其滴在具有抛光表面的金属或平滑的玻璃上，待溶剂挥发后即可揭下使用。切片法是一种用切片机把试样切成适当厚度的薄片测定的方法。

3. 糊状法

将干燥试样研磨后的粉末分散或悬浮在液体介质中的制样方法称为糊状法。通常是先取约 5 mg 粉末样品用玛瑙研钵充分研细，然后滴 1～2 滴液体介质（白油、氯丁二烯、氟化煤油），再继续研磨至非常细的糊状。用不锈钢刮刀取适量至窗片上，再压上另一窗片，放在可拆液体槽架上，固定后即可进行测定。试样的厚度可根据固定螺丝帽的松紧程度加以微调。为了减少试样的散射，研磨后的试样颗粒大小必须小于红外辐射的波长，所使用的液体介质，其折射率也须与试样的折射率相近。

实验过程中需要注意的是：此法不适用于难以粉碎的试样，并且试样的厚度难以控制，因此不适合做定量分析。① 由于各种液体介质均有一定的红外特征吸收，用量过多，红外光谱上出现自吸现象明显，过少又难以制成糊状，因此应选择合适的研糊剂并准确掌握其用量，以避免样品的特征红外吸收受到干扰。② 用白油做糊剂不能用来测定饱和碳氢键的吸收情况，可改用氯丁二烯做糊剂。③ 此法适用于样品中含有羟基的测定。

（二）液体试样制备法

1. 液膜法

也可称为夹片法，即在可拆池两侧之间，滴液体样 1～2 滴，使之形成一层薄的液膜。液膜厚度可借助于池架上的紧固螺旋帽做细微调节。该法操作简单，适用于对高沸点及浓溶液样品进行定性分析。

具体操作方法：制备仪器常采用光程为 0.01～1 mm 的液体槽。可拆式液体槽的结构如图 5-8 所示：用两片溴化钾单晶片（可透过红外光）夹住一片间隔片，间隔片的作用是限制试样的体积和光程的大小，其中一片单晶片上钻有小孔，可用注射器将待测液体注射入间隔片的空间。对可拆式的液体槽，还可直接将液体滴在两单晶片之间，依靠毛细作用保持待测的液体层。在安装液体槽时，需注意按对角线方向，慢慢拧紧固定螺旋帽，不要用力过猛或拧得过紧以避免单晶片破裂。

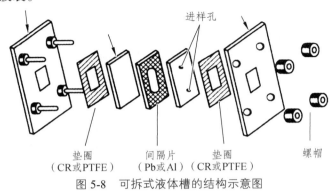

进样孔

垫圈（CR或PTFE）　间隔片（Pb或Al）　垫圈（CR或PTFE）　螺帽

图 5-8　可拆式液体槽的结构示意图

对于易流动液体，最好不使用可拆式液体槽，因为这种密封不能保证永远不渗透，若少量样品陷入间隔片与单晶片之间，需要把样品池拆开才可以对其进行有效的清洗。

2. 溶液法

适用于固体样品溶液及液体样品（挥发性液体）的测定，通常应使用固定式液体槽，液体槽上有带聚四氟乙烯塞子的小孔，将试样溶于适当溶剂（如 CS_2、CCl_4、$CHCl_3$ 等）配成一定浓度的溶液，用注射器将样品从小孔中注入直到溢出后，立即盖上盖子，进行测定。

在操作时应戴橡皮手套，以防液体槽的单晶片受到手汗的侵蚀；测定完毕后应立即倒出试样并用溶剂清洗液体槽。

（三）气体试样的制备

气体（气体混合物）试样可直接在气体吸收池中测试，先将气槽抽真空，再将试样注入，密闭后测试。吸收池两端粘有红外透光的 NaCl 或 KBr 窗片，如图 5-9 所示。

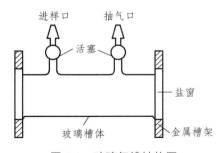

进样口　抽气口

活塞

盐窗

玻璃槽体　金属槽架

图 5-9　玻璃气槽结构图

体积一定时，由于气体分子彼此间隔较远，气体具有的红外吸收分子比固体或液体小得多，因此需要较大的试样厚度（较长的光程）。

为便于更换盐窗，气体槽通常做成可拆卸式，其容积在 50～150 mL，常用光程为 5 cm 和 10 cm，因为对于大多数气体和蒸气，这一厚度都可产生适当的吸收强度。挥发性很强的液体样品的测定也可以用这种玻璃气槽。

长光程气体槽对于吸收较弱的气体试样、痕量组分的气体试样（如污染空气）及低蒸气压试样的测定，应采用长光程的气体槽。为了减小吸收池的体积，通常采用的吸收池内表面具反射功能，使光束在吸收池内反复多次反射样品，以增加光程长度。

红外吸收池的窗片都是由 NaCl 或 KBr 制成的，容易受到潮气的侵蚀，在使用过程中避免使用吸水液体或溶剂，不要触摸池窗表面；若采用糊状法必须处理窗片时，应戴手套，并且不能对着池窗呼吸。

知识链接：红外线是太阳光线中众多不可见光线中的一种，又称为红外光或红外热辐射。1800 年，德国科学家赫谢尔（F. W. Herschel，1739—1822 年）用三棱镜将太阳光分解开，在各种不同颜色的色带放置温度计，以测量其加热效应。结果发现，升温最快的是红光外侧的温度计。因此他推测：在太阳光谱中，红光的外侧必定存在看不见的光线，称之为红外光，对应的光区称为红外光区（波长为 0.75～1000 μm）。红外线有热效应和穿透云雾的能力，在卫生、科研、军事、人造卫星以及工业等方面的应用日益广泛，生活中汽车、电视机的遥控器、洗手池的红外感应、饭店门前的感应门、高温杀菌、红外线夜视仪、宾馆的房门卡等都运用了红外线的功能。

任务二　定性鉴别

红外光谱具有鲜明的特征性，其谱带的数目、位置、形状和强度都随化合物不同而各不相同。因此，红外光谱法是已知化合物的结构分析和未知化合物的官能团定性鉴定的有力工具。结构分析是将已知化合物的红外吸收光谱与标准谱图相对照，如果两张谱图各吸收峰的位置和形状完全相同，峰的相对吸收强度也一致，就可将该试样初步定性为该纯物质；如果两谱图各吸收峰的位置和形状不一致，或峰的相对强度不一致，则说明试样与标准物质不是同一物质或样品中含有杂质。官能团定性是根据未知试样的光谱图上的特征基团频率来推测待测物质中含有哪类基团，然后由化学分类索引查找标准光谱对照核实；或者利用标准光谱的谱带索引，寻找标准光谱中与试样光谱吸收带相同的谱图从而判定有关化合物的类别。

一、定性鉴别的步骤

1. 解析光谱图前的准备工作

（1）了解试样的来源以估计其可能的范围。

（2）测定试样的物理常数如熔沸点、溶解度、折光率、旋光率等性质作为定性的旁证，收集相关资料（如紫外吸收光谱、核磁共振波谱、质谱等），这些资料可以协助解析红外光谱图。

（3）试样的分离与纯化。用合适的分离纯化方法（如分馏、萃取、重结晶、层析等）纯化未知样品，以得到单一的纯物质。否则，试样不纯，难以解析光谱，还可能会引起"误判"。

（4）根据元素分析及相对分子质量的测定，求出分子式。

（5）确定未知物的不饱和度 Ω，以推测分子式可能具有的结构，并验证光谱解析结果的合理性。

不饱和度（Ω）表示有机分子中碳原子的不饱和程度。其计算公式为：

$$\Omega=1+n_4+1/2(n_3-n_1) \tag{5-5}$$

式中　n_4、n_3、n_1——分子中所含的四价、三价和一价元素原子的数目（二价原子如 O、S 等不参加计算）。

若 $\Omega=0$，说明有机分子呈饱和链状，应为链状烃及其不含双键的衍生物。

若 $\Omega=1$，说明有机分子中可能含有一个双键或一个环。

若 $\Omega=2$，说明有机分子中可能含有两个双键或一个三键或一个双键一个环或两个脂环。

若 $\Omega\geqslant4$，说明有机分子中可能含有苯环（C_6H_6）。

【例 5-1】$C_6H_5NO_2$ 的不饱和度 $\Omega=1+6+1/2\times$（$1-5$）$=5$，即可推断含有一个苯环和一个 NO 键。

【例 5-2】某烃分子结构中含有一个苯环、两个碳碳双键和一个碳碳三键，它的分子式可能是下列的哪种？

A. C_9H_{12}　　　　　　B. $C_{17}H_{20}$　　　　　　C. $C_{20}H_{30}$　　　　　　D. $C_{12}H_{20}$

解析：该烃的不饱和度为 4+2+2=8，而 A、B、C、D 选项的不饱和度分别是 4、8、6、3，由此只有 B 选项为正确答案。

2. 解析光谱的程序

（1）先从特征区的最强谱带入手，推测未知物可能含有的基团，判断不可能含有的基团。

（2）用指纹区的谱带验证，找出可能含有基团的相关峰，用一组相关峰来确认一个基团的存在。

（3）查对标准光谱核实。对于简单化合物，确认几个基团之后，便可初步确定分子结构。

已知化合物的鉴定：与文献上的标准谱图（如《药品红外光谱图集》、Sadtler 标准光谱、Sadtler 商业光谱等）相对照，或者与标准品测得的谱图相对照。在测试时，使用文献上的谱图需注意：试样的物态、结晶形状、溶剂、测定条件以及所用仪器类型均应与标准谱图相同，否则会影响鉴定的准确性。

未知物的鉴定：未知物是标准光谱已有收载的，可利用标准光谱的谱带索引，寻找标准光谱与试样光谱吸收带相同的谱图；或者进行光谱解析，判断试样可能的结构，再根据化学分类索引查找标准光谱对照核实。

如果未知物是新化合物，标准图谱中没有收载，而红外光谱主要提供官能团的结构信息，对于新化合物或其他复杂化合物，只依靠红外光谱不能定性，需要与紫外光谱、质谱和核磁共振等分析手段互相配合，进行综合光谱解析，才能确定分子结构。

【例 5-3】未知物分子式为 C_4H_8O，其红外光谱如图 5-10 所示，试推测其结构并说明依据。

解：由其分子式可计算出该化合物的不饱和度为 1，判断为脂肪族的酮或醛。

以 2990、2981、2883、1716、1365、1170 cm^{-1} 等处的吸收峰（见表 5-6），可判断出化合物是

$$H_3C-CH_2-\overset{\overset{\textstyle O}{\|}}{C}-CH_3$$
。

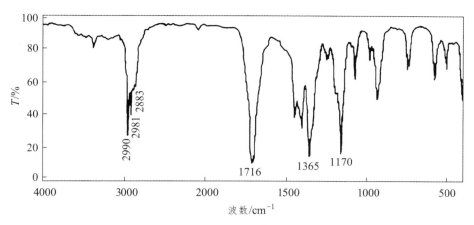

图 5-10 C_4H_8O 的红外光谱

表 5-6 C_4H_8O 的红外光谱解析

波数/cm^{-1}	归 属	官能团
2990，2981	饱和碳氢（C—H）伸缩振动，$\nu_{C—H}$	CH_2，CH_3
1716	C=O 伸缩振动峰，$\nu_{C=O}$	C=O
1365	甲基对称变形振动峰	O=C—CH_3
1170	C—C 伸缩振动峰，$\nu_{C—C}$	

【例 5-4】某化合物化学式为 $C_6H_8N_2$，其红外光谱图如图 5-11 所示，试推测其结构。

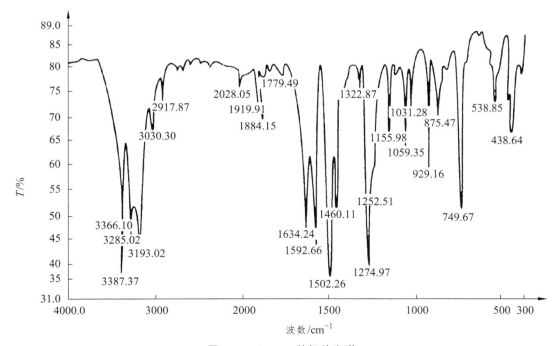

图 5-11 C_6H_8N_2 的红外光谱

解：（1）由化学式可计算出该化合物的不饱和度为 4，推测其可能含有苯环。

（2）由 3030、1593、1502 cm^{-1} 处的吸收峰可确认该化合物含有苯环，由 750 cm^{-1} 的吸收

可知含邻位二取代苯环。

（3）3285、3193 cm^{-1}是伯胺的特征吸收峰（对称伸缩振动和反对称伸缩振动）。

（4）综合图谱解析及分子式，可知该化合物是 。

任务三　定量分析

由于红外光谱的谱带较宽，选择的余地大，对单一组分和多组分进行定量分析比较便捷。理论上该方法不受样品状态的限制，能对气体、液体和固体样品进行定量测定。因此，红外光谱定量分析应用广泛。但红外定量灵敏度较低，尚不适用于微量组分的测定。

红外光谱的定量分析是通过特征吸收谱带强度来计算组分的含量。只要混合物中的各组分能有一个特征峰、不受其他组分干扰的吸收峰存在即可。由于混合物的吸收光谱是每个纯组分的加和，因此可以根据红外吸收光谱各化合物基团的特征吸收峰强度测定，计算出每个组分的含量。其理论依据也是朗伯-比尔定律。

红外光谱定量方法包括直接计算法、标准曲线法（与紫外-可见分光光度法相同）、比例法、内标法和差谱法等。

一、直接计算法

此法适用于组分简单、特征吸收带不重叠，且浓度与吸光度呈线性关系的样品，即在单一波长下，吸光度与物质的浓度成正比。

由朗伯-比尔定律可知，$A=\varepsilon bc$，由于红外光谱直接测量得到的是入射光强度 I_0 和透射光强度 I，根据 $A=\ln\dfrac{I_0}{I}$，计算出 A 值，再算出组分含量 c。这一方法的前提是需用标准样品测得 ε 值。分析精度要求不高时，可参考文献报道的 ε 值。测量吸光度的方法有峰高法和基线法两种。

1. 峰高法

将测量波长设置在被测组分有明显的最大吸收，而溶剂有很小或没有吸收的频率处，使用同一吸收池，分别测定样品及溶剂的透光率，则待测组分的透光率等于两者之差，由此求出待测组分的吸光度。

2. 基线法

若背景吸收较大不可忽略，并且有其他峰的影响使吸收峰不对称时，可用基线法测量吸光度。在吸收峰两边的峰谷作一切线，从两切点连线的中点可得 I_0，从峰的最大吸收处可得 I，从而计算吸光度（图 5-12）。

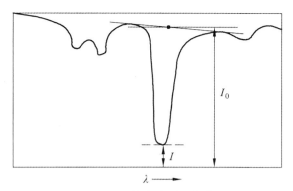

图 5-12 基线法测吸光度

二、比例法

比例法主要用于分析二元混合物中两个组分的相对含量。在两纯组分的红外光谱中各选择一个互不干扰的吸收峰作为测量峰。设两组分的浓度分别为 c_1、c_2，$c_1+c_2=1$。根据吸收定律，由 $A = \varepsilon bc$ 可知：

$$A_1 = \varepsilon bc_1 , \quad A_2 = \varepsilon bc_2$$

$$R = \frac{A_1}{A_2} = \frac{\varepsilon_1 bc_1}{\varepsilon_2 bc_2} = K \frac{c_1}{c_2} \tag{5-6}$$

K 是两组分摩尔吸光系数的比值，为常数，可通过两组分的纯物质测得。把 R 代入 $c_1+c_2=1$，得

$$c_1 = \frac{R}{R + K} \tag{5-7}$$

$$c_2 = \frac{K}{R + K} \tag{5-8}$$

可计算出两组分浓度。

三、内标法

选择一个特征吸收峰与待测样品的定量峰互不干扰的、试样中不含有的内标物。将一定量的内标物分别与待测样品的标准品和未知样品混合，与固体介质 **KBr** 制成压片或油糊状，测定红外吸收频率，则有

$$A_r = \varepsilon_r bc_r \tag{5-9}$$

$$A_s = \varepsilon_s bc_s \tag{5-10}$$

式中 A_r、A_s——内标物和待测样品标准品的吸光度；

ε_r、ε_s——内标物和待测样品标准品的摩尔吸光系数；

c_r、c_s——内标物和待测样品标准品的浓度（c_r 在各试样中的浓度相同）。

两式相除，因 $\dfrac{\varepsilon_s b}{\varepsilon_r bc_r}$ 是常数，得

$$\frac{A_s}{A_r} = \frac{\varepsilon_s b c_s}{\varepsilon_r b c_r} = k c_s \qquad\qquad （5\text{-}11）$$

以吸光度比 $\frac{A_s}{A_r}$ 为纵坐标，以 c_s 为横坐标，绘制工作曲线。在相同的条件下测得样品的吸光度，在工作曲线上可查出试样的浓度。

四、差谱法

此法可用于测定样品中的微量杂质。假设有两组分 A 和 B 的混合物，微量组分 A 的谱带被主要组分 B 的谱带严重干扰或遮蔽，可用差谱法测量微量组分 A。大多数红外光谱仪中都配有可进行差谱计算的计算机软件，可以得到良好的差谱图，以进行准确定量。

项目实战　苯甲酸的红外光谱定性鉴别

一、实战目的

（1）了解红外光谱仪的基本结构、工作原理及操作技术。
（2）熟悉有机化合物特征基团的红外吸收频率，知道与标准图谱的对照。
（3）掌握常规固体试样的制备方法，初步掌握红外定性分析方法。

二、实战内容

1. 实验原理

在化合物分子中，具有相同化学键的基团，其基本振动频率吸收峰基本上出现在同一频率区域。利用这一原理，用红外光谱法测定试样的吸收图谱，与标准图谱进行对照，若各吸收峰的位置和形状完全相同，峰的相对吸收强度也一致，就可将该试样初步定性为该纯物质；如果两谱图各吸收峰的位置和形状不一致，或峰的相对强度不一致，则说明试样与标准物质不是同一物质或样品中含有杂质。

苯甲酸的分子式为 C_6H_5COOH，结构是 ，根据苯甲酸自身的化学结构，其红外光谱图应主要有以下吸收带：

（1）在基团频率区，酸的 O—H 伸缩振动峰在 $3400 \sim 2400\ cm^{-1}$，芳烃的 C—H 的伸缩振动峰在 $3020 \sim 3000\ cm^{-1}$，C═O 的伸缩振动峰在 $1692\ cm^{-1}$，C═C 骨架伸缩振动峰在 $1600\ cm^{-1}$、$1582\ cm^{-1}$、$1495\ cm^{-1}$、$1450\ cm^{-1}$。

（2）在指纹区，$715\ cm^{-1}$、$690\ cm^{-1}$ 应该有特征吸收，为单取代苯 C—H 弯曲振动的特征吸收峰。

2. 仪器和试剂

仪器：傅里叶变换红外光谱仪、烘箱、红外灯、压片、压膜器等。

试剂：KBr（光谱纯）、苯甲酸。

3. 实战步骤

（1）事先将 KBr 放在干燥箱中烘干，在玛瑙研钵中分别充分研细 KBr 和苯甲酸（约 2 μm），置于干燥器中待用。

（2）取 1～2 mg 干燥苯甲酸和 150 mg 左右干燥 KBr，在玛瑙研钵中充分混匀。

（3）取适量上述混合物粉末至压片器中，压制成透明薄片，用镊子将溴化钾样品片置于片架上，放于红外光谱仪的测定光路中。再在参比光路中置一同法制成的空白溴化钾片作为补偿。在波数 400～4000 cm^{-1} 内扫描绘制红外吸收光谱。

4. 图谱对比

在标准图谱库中查得苯甲酸的标准红外谱图，并将实验结果与标准图谱进行对照。

5. 谱图解析

在测定的谱图中根据吸收峰的位置、强度和形状，利用各种基团特征吸收峰，确定吸收峰的归属。红外光谱图上的吸收峰一般只需解释较强的峰，同时查看基团的相关峰是否也存在，作为佐证即可。

三、实战点拨

（1）KBr 的浓度和厚度要合适，试样在研磨和放置过程中要特别注意干燥。

（2）样品应不含水，若含水（结晶水、游离水）则对羟基峰有干扰。

（3）试样研磨应适度，常以粒度 2 μm 左右为宜。

（4）压片时，一定要用镊子从压片模具中取出压好的薄片，切忌用手直接触摸，以免污染薄片；压片模具用过后应及时擦拭干净，并保存在干燥器中。

（5）因不同型号仪器分辨率的差异，不同研磨条件、样品的纯度、吸水情况、晶型变化以及其他外界因素的干扰，会影响光谱。比较试样的光谱与对照品光谱，只要求基本相同，不要求完全一致。

模块六　气相色谱法

项目一　气相色谱的基础任务

任务一　色谱法概述

一、色谱法概述

色谱法是 1906 年俄国植物学家 Michail Tswett 将植物色素的石油醚浸提液加到装有细颗粒状碳酸钙的竖直玻璃柱内，然后用石油醚淋洗，结果使不同的色素在柱内得到分离，形成不同颜色的谱带，因而得名。

色谱法是一种重要的分离分析方法，它是利用物质在固定相和流动相中具有不同的分配系数（或吸附系数、渗透性）等，当两相做相对运动时，这些物质在两相中进行多次反复分配而实现分离。色谱法中，进行色谱分离用的玻璃管、不锈钢管称为色谱柱，管内起分离作用的填充物称为固定相，流经固定相的洗脱剂称为流动相。

二、色谱法的分类

色谱法的类型较多，关于色谱法的分类有好几种，而各种分类方法的依据或出发点是不一样的。根据流动相和固定相组合方式的不同，可分为液相色谱和气相色谱等；按照操作技术的不同，色谱法又可分为洗脱法、顶替法和迎头法等；按照色谱法的分离机理，则可分为吸附色谱法、离子交换色谱法、分配色谱法、沉淀色谱法和排阻色谱法等。

在实际工作中，色谱方法的分类，一部分是根据两相状态的不同，而另一部分是根据色谱的分离机理的不同。

（一）按两相的状态分类

在色谱分析中有流动相和固定相两相。流动相就是色谱分析过程中携带组分向前移动的物质。固定相就是色谱分析过程中不移动的具有吸附活性的固体或是涂渍在载体表面上的液体。用液体作为流动相的称为液相色谱法，用气体作为流动相的称为气相色谱法。又因固定相也有两种状态，按照使用流动相和固定相的不同，可将色谱法分为液-固色谱法，即流动相为液体，固定相为具有吸附活性的固体；液-液色谱法，即流动相为液体，固定相为液体；气-固色谱法，即流动相为气体，固定相为具有吸附活性的固体；气-液色谱法，即流动相为气体，固定相为液体。

（二）按色谱分离机理分类

1. 吸附色谱法

固定相为吸附剂，利用吸附剂对不同组分吸附性能的差别进行色谱分离和分析的方法。这种色谱法根据使用的流动相不同，又可分为气-固吸附色谱法和液-固吸附色谱法。

2. 分配色谱法

利用不同组分在流动相和固定相之间分配系数（或溶解度）的不同而进行分离和分析的方法。根据使用的流动相不同，又可分为液-液分配色谱法和气-液分配色谱法。

3. 离子交换色谱法

用一种能交换离子的材料为固定相来分离离子型化合物的色谱方法。这种色谱法广泛应用于无机离子、生物化学中各种核酸衍生物、氨基酸等的分离。

4. 凝胶色谱法

利用某些凝胶对不同组分分子的大小不同而产生不同的滞留作用，达到分离的色谱方法。这种色谱法主要用于较大分子的分离，也称为筛析色谱法和尺寸（空间）排阻色谱法。

（三）按固定相的性质分类

1. 柱色谱法

这种色谱法可分为两大类。一类是将固定相装入色谱柱内，称为填充柱色谱法。另一类是将固定相涂在一根毛细管内壁，而毛细管中心是空的，称为开管型毛细管柱色谱法。如果先将固定相填满一根管子，再将管子拉成毛细管或再将固定液涂于管内载体上，这称为填充型毛细管柱色谱法。

2. 纸色谱法

以纸为载体，以纸纤维吸附的水分（或吸附的其他物质）为固定相，样品点在纸条的一端，用流动相展开以进行分离和分析的色谱法。

3. 薄层色谱法

将吸附剂（或载体）均匀地铺在一块玻璃板或塑料板上形成薄层，在此薄层上进行色谱分离的方法。按分离机理可分为吸附法、分配法、离子交换法等。

（四）按色谱操作技术分类

1. 冲洗法

将试样加在色谱柱的一端，选用在固定相上被吸附或溶解能力比试样组分弱的气体或液体冲洗柱子，由于混合物中各组分在固定相上被吸附或溶解能力的差异，而使各组分被冲洗出来的顺序不同，从而达到分离的目的。这种方法的分离效能较高，适合于多组分混合物的分离，是一种使用最广泛的色谱方法。

2. 迎头法

使多组分的混合物连续地进入色谱柱，混合物中吸附或溶解能力最弱的组分最先流出色谱柱，其次是最弱的与吸附、溶解能力稍强的组分的混合物流出色谱柱，然后是最弱的、稍强的、较强的三个组分的混合物流出色谱柱，依此类推。利用这种色谱法分离多组分的混合物时，所得到的第一个组分为纯品，其余的均为非纯品。因此，它只适用于复杂组分中某一纯组分的分离与分析，也用于测定某些物理常数。

3. 顶替法

将混合物试样加入色谱柱，将选择的顶替剂加入惰性流动相中，这种顶替剂对固定相的吸附或溶解能力比试样中所有组分都强，当含顶替剂的惰性流动相通过柱子后，试样中各组分按照吸附或溶解能力的强弱顺序被顶替出色谱柱，最弱者最先流出，最强者最后流出。利用这种方法可从混合物中分离出几种纯品，有利于族分析。该法的分离效果优于迎头法。

三、色谱法的特点

色谱法与其他分析方法相比，其显著特点是能在分析过程中分离出纯物质，并测定该物质的含量。所以，对一种组分，用色谱法可以得到该组分的两种信息，即从注入到检出的保留值和质量。当然，色谱法也可用于定性分析。但一般而言，色谱法的定性能力较差，而作为定量方法却是非常重要的手段。色谱仪与质谱仪或傅里叶变换红外光谱仪联用，可以提高其定性能力。

任务二　气相色谱法

以气体为流动相的色谱法称为气相色谱法（Gas Chromatography，GC）。GC 的发展已有 50 多年的历史，它现在是一种相当成熟且应用极为广泛的复杂混合物的分离分析方法，主要用于石油、化工、医药等领域。在药物的原料、中间体、成品、制剂分析，中药成分的分离分析，药物代谢研究，毒物分析及环境监测等方面，气相色谱已成为必不可少的工具。气相色谱的典型用途包括测试某一特定化合物的纯度及混合物中各组分的分离（同时还可以测定各组分的相对含量）。在某些情况下，气相色谱能对化合物的表征有所帮助。在微型化学实验中，气相色谱还可以用于从混合物中制备纯品。

气相色谱法的使用可以追溯到 1903 年俄罗斯科学家 Mikhail Semenovich Tswett 的工作。德国研究者 Fritz Prior 在 1947 年发明了气-固色谱。英国研究者 Archer John Poder Martin 在研究分配色谱理论的过程中，证实了气体作为色谱流动相的可行性，并预言了 GC 的诞生，他与合作者奠定了气相色谱的发展基础，于 1950 年发明了气-液色谱，并因为 1941 年在液-液色谱与 1944 年在纸色谱发展方面的贡献而于 1952 年获得了诺贝尔化学奖。1956 年，荷兰学者范第姆特（Van Deemter）等总结了前人的研究成果，提出了气相色谱的速率理论，为气相色谱法奠定了理论基础。1955 年第一台商品 GC 仪器推出，1958 年毛细管 GC 柱问世。

一、气相色谱法的分类

1. 按固定相的聚集状态分类

分为气-固色谱法（GSC）与气-液色谱法（GLC）两类。

气-固色谱法的固定相是固体，即以固体吸附剂作为固定相；气-液色谱法的固定相是液体，即在担体表面上涂上固定相。

2. 按操作形式分类

气相色谱属于柱色谱范畴，根据柱的粗细，可分为填充柱色谱与毛细管柱色谱。

填充柱色谱的柱管的直径较粗（内径多为 4～6 mm）；毛细管柱色谱柱管的直径较细（内径多为 0.1～0.5 mm）。

3. 按分离原理分类

气-固色谱法属于吸附色谱法，气-液色谱法属于分配色谱法。

二、气相色谱法的特点

气相色谱法是以气体为流动相的色谱方法。气相色谱分离是基于样品在流动相和固定相之间的分配性能差异，其中固定相是由载体和涂渍在载体表面的高沸点液体组成，流动相则是通过固定相的一种惰性气体。气相色谱法是一种高效能、高选择性、高灵敏度、操作简单、应用广泛的分离分析方法。它具有以下几方面的特点：

1. 分离效率高

气相色谱法能够在较短的时间内同时对组成极为复杂、各组分性质极为相近的混合物进行分离和测定。例如，氢原子的三种同位素分离；有机化合物如顺式和反式异构体、旋光异构体的分离；芳香烃中的邻、间、对异构体的分离等。

2. 灵敏度高

色谱法的样品需要量极少，仅为 µg 至 ng 级；一般能检测出 µg/g 至 ng/g 级的待测组分，当使用高灵敏度的检测器时，气相色谱法可测定 $10^{-11} \sim 10^{-14}$ g 的物质，因此非常适用于微量和痕量分析。气相色谱的高灵敏度特性在检测中药、农副产品、食品中的农药残留量，药品中残留的有机溶剂等方面应用极为广泛。

3. 分析速度快

气体的黏度小，扩散速度快，在两相间的传质快，有利于高效快速的分离。气相色谱法的分析速度快，一般只需几分钟至几十分钟即可完成一个试样的分析，若采用自动化操作则更为快速。例如，用毛细管柱色谱数十分钟就能够确定轻油中的 150 余种组分。

4. 应用范围广

气相色谱法不仅可以测定气体，还可以测定液体、某些固体及包含在固体中的气体物质。能测定大量有机化合物和部分无机化合物，甚至能测定具有生物活性的物质。目前色谱法已广泛应用于石油、化工、医药、卫生、化学、生物、轻工、农业、环保、科研等领域，成为必需的分离分析工具。在操作温度下热稳定性能良好的气体、固体、液体物质，沸点在 500 ℃以下、相对分子质量在 400 以下的物质原则上均可用气相色谱法进行测定。

如果使用裂解气相色谱法，应用范围将更加广泛。反应气相色谱法可以利用适当的化学反应将难挥发的试样转化为易挥发的物质，扩大了气相色谱法的应用范围。

气相色谱法除具体以上优点外，也有其缺点，如其定性分析能力较差，必须有待测物纯品或相应色谱定性数据作为对照，才能得到定性结果。一般定性鉴定还需与质谱、红外等技术联用方可实现。

三、气相色谱仪

气相色谱仪的种类和型号虽然多，但都具有相同的基本结构。它们均由气路系统、进样系统、分离系统、检测系统、温度控制系统和数据处理系统等六大系统组成。气相色谱仪的基本设备部件和分析流程如图 6-1 所示。

1. 气路系统

气路系统是为获得纯净、流速稳定的载气。气路系统必须气密性好、气体纯净、气流稳定且能够准确测量。包括压力计、流量计及气体净化装置。

（1）载气　要求有化学惰性、不干扰样品分析的气体作为载气。载气的选择除了要求考虑对柱效的影响外，还要与分析物和所用的检测器相配。常用的载气有 H_2、N_2、He 和 Ar 等。载气可储存在高压钢瓶中，也可以由气体发生器提供。

（2）净化器　常用的净化剂有活性炭、硅胶和分子筛，可除去水、氧气及其他杂质。

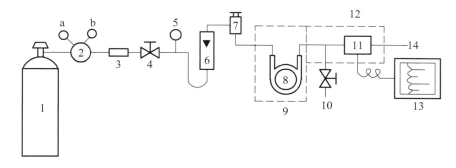

图 6-1 气相色谱仪示意图

1—载气瓶；2—压力调节器（a. 瓶压 b. 输出压力）；3—净化器；4—稳压阀；5—柱前压力表；
6—转子流量计；7—进样器和汽化室；8—色谱柱；9—色谱柱恒温箱；10—馏分收集口；
11—检测器；12—检测器恒温箱；13—记录器；14—尾气出口

2. 进样系统

进样系统包括汽化室、进样装置和加热系统，其作用是把待测样品快速而定量地加到色谱柱柱头上，使被流动相带入色谱柱中进行分离。

3. 分离系统

分离系统包括色谱柱与柱温箱，是色谱分析的核心部分，其作用是将待测样品分离为单个组分，从而依次流出色谱柱。

4. 检测系统

检测系统指从色谱柱流出的组分，经过检测器将浓度的变化转化为电信号，并经放大器放大后由记录仪显示和记录分析结果的装置。它由检测器、放大器和记录仪构成。

5. 温度控制系统

温度控制器用于控制汽化室、色谱柱、检测器的温度。温度控制是否准确和升、降温速度是否快速，是气相色谱仪器的重要指标之一。

6. 数据处理系统

数据处理系统最基本的功能是将检测器输出的信号随时间的变化曲线（即色谱图）绘制出来。

四、气相色谱仪的一般工作原理

由高压钢瓶供给的流动相载气，经减压阀，使高压气体降至低压，经净化器去除载气中的水、氧等有害气体，进入气体稳压阀，经转子流量计测定其流速后，以稳定的压力和流速连续经过汽化室、色谱柱、检测器，最后放空。待流量、温度及基线稳定后，用微量注射器吸取微量样品溶液，通过汽化室，与进样口相接，进样口注入的液体试样瞬间汽化为蒸气，被载气带入色谱柱，在往内各组分逐一被分离。由于各组分在两相中的分配系数不同，按分配系数大小依次被带出色谱柱。分配系数小的先流出。被分离后的各组分随载气依次进入检测器，检测器将组分的浓度（或质量）变化转变为电信号，电信号经放大后经由记录仪记录，即得到气相色谱图。色谱图是色谱定性、定量及研究色谱过程的依据。

任务三　气相色谱的基本理论

气相色谱法的基本理论主要有热力学理论和动力学理论。热力学理论以塔板理论为代表，主要是用相平衡观点来研究分离过程，动力学理论是用动力学观点来研究各种动力学因素对柱效的影响，以范第姆特速率理论为代表。

一、塔板理论

塔板理论是色谱学的基础理论，是 1941 年由马丁（Martin）等人提出的。该理论引用了蒸馏过程中的概念、理论和方法，把连续的色谱过程看作是在蒸馏塔塔板间平衡过程的重复。该理论把色谱柱比作一个蒸馏塔，可分成许多小段，每一小段相当于一层塔板，在每一块塔板内，一部分空间由固定相所占据，另一部分空间由流动相载气所占据。当被测组分随载气进入色谱柱后，各组分就在两相间进行分配，组分随着载气在向前流动，在到达下一块塔板时，瞬间达到新的气液平衡。就这样组分在塔板间隔的两相间不断地重复分配，经过多次这样的分配平衡后，分配系数小的组分最先流出色谱柱，分配系数大的组分后流出。由于色谱柱的塔板数量相当多。即使两组分的分配系数只有微小的差别，也可获得很好的分离效果。

塔板理论假设：

（1）气、液两相可以很快地达到分配平衡，这样达到分配平衡的一小段柱长称为理论塔板高度，用 H 表示。

（2）载气脉动式地进入色谱柱，每次进样量恰为一个板样体积。

（3）试样各组分开始都在 0 号塔板上，且试样沿色谱柱方向的扩散（纵向扩散）可忽略不计。

（4）分配系数在各个塔板上均为常数，即与组分的量无关。

塔板理论认为：一根柱子可以分成 n 段，在每段内组分可在两相间很快达到分配平衡，每一段为一块理论塔板。若设柱长为 L，理论塔板高度为 H，则

$$H = \frac{L}{n} \tag{6-1}$$

式中　n——理论塔板数。

当理论塔板数 n 足够大时，色谱柱流出曲线趋近于正态分布。理论塔板数可以根据色谱图上所得的保留时间 t_r 和峰宽 W 或半峰宽 $W_{h/2}$ 计算：

$$n = 16\left(\frac{t_r}{W}\right)^2 \tag{6-2}$$

$$n = 5.54\left(\frac{t_r}{W_{h/2}}\right)^2 \tag{6-3}$$

n 或 H 是描述色谱柱效能的指标。一般来说，色谱柱的理论塔板数 n 越大，理论塔板高 H

越小，则表示色谱柱的柱效越高。

塔板理论的不足之处在于，实际色谱分离过程与塔板理论的描述并不完全相符。事实上，色谱体系没有真正的平衡状态；分配系数也只有在有限的浓度范围内才与浓度无关；组分的纵向扩散并不能忽略不计。而且塔板理论不能解释影响塔板高度 H 的因素；也不能解释特定组分在不同的载气流速下可以测得不同的理论塔板数这一实验事实。

二、速率理论

1956 年，范第姆特（Van Deemter）吸收了塔板理论的概念，并把色谱过程与分子扩散和汽液两相中的传质过程联系起来，从动力学的角度较好地解释了影响色谱柱效能的因素，即速率理论。该理论认为单个组分粒子在色谱柱内的固定相和流动相间要发生上千万次转移，加上分子扩散和运动途径等因素，在柱内的运动是高速随机的，不规则的，在柱中随流动相前进的速率也不均一的。

范第姆特方程：

$$H = A + \frac{B}{u} + Cu \qquad (6\text{-}4)$$

式中 u——载气的平均线速度；

     A——涡流扩散项；

     B——分子扩散项；

     C——传质阻力系数。

A、B、C 均为常数。由公式可见，当 u 一定时，只有当 A、B、C 较小时，H 才能有较小值，才能获得较高的柱效能；反之，色谱峰扩张，柱效能相应降低，因此 A、B、C 为影响峰扩散的三项因素。

1. 涡流扩散项 A

在色谱柱中，流动相通过填充物的不规则空隙时，流动方向不断地改变，使试样组分在气相中形成类似"涡流"的流动，因而引起色谱峰的扩张。涡流扩散项 A，与填充物的平均颗粒直径及填充物的均匀性有关。

$$A = 2\lambda d_{\mathrm{p}} \qquad (6\text{-}5)$$

式中 λ——填充不规则因子；

     d_{p}——填充物颗粒的平均直径。

由上式可知，A 与载气性质、流速和组分无关。所以装柱时应尽量填充均匀，并使用粒度适当和颗粒大小均匀的载体，这是提高柱效能的有效途径。对于空心毛细管柱，由于无填充物，故 A 等于零。

2. 分子扩散项（B/u）

样品随载气进入色谱柱后，是以"塞子"的形式存在于柱的很小一段空间内，在"塞子"的前后，样品组分由于存在着浓度差而形成浓度梯度，因而使运动着的分子产生向前或向后的由高浓度向低浓度的纵向扩散，所以 B/u 也称为纵向扩散。

$$B = 2\gamma D_{\mathrm{g}} \qquad (6\text{-}6)$$

式中　　γ——与填充物有关的因数，称为弯曲因子；

　　　　D_g——组分在气相中的扩散系数，m^2/s。

D_g 与载气相对分子质量的平方根成反比，对于既定的组分采用相对分子质量较大的载气，可以减少小分子扩散；对于选定的载气，则相对分子质量较大的组分会有较小的分子扩散。弯曲因子是与填充物有关的因素。在填充柱内，由于填充物的阻碍，不能自由扩散。使得扩散途径弯曲，扩散程度降低，故 $\gamma < 1$。因此，在色谱操作时，应选用相对分子质量较大的载气、较高的载气流速、较低的柱温，这样才能减小 B/u 值，从而提高柱效率。

3. 传质阻力项（Cu）

在气-液填充色谱柱中，当试样被载气带入色谱柱后，组分首先通过气-液界面溶入固定液，进而扩散到固定液内部，直到气-液两相间达到平衡。由于载气的不断流动，使这种平衡遭到破坏，当纯载气或含有少量组分的载气与这一部分的固定液接触时，则固定液中组分的部分分子又扩散回到气液界面并逸出，被载气带走（相当于转移）。这种溶解、扩散、平衡及转移的整个过程称为传质过程。影响这个过程进行的阻力，称为传质阻力。传质阻力包括气相传质阻力（C_g）和液相传质阻力（C_L）。

气相传质阻力系数 C_g 是描述影响组分从气相移动到固相表面的过程。在这一过程中，试样组分将在两相间进行质量交换，即进行浓度分配。如果这种过程进行得缓慢，表示气相传质阻力大，就会引起色谱峰扩张。对于填充柱：

$$C_g = \frac{0.01 k^2 d_p^2}{(1+k) D_g} \tag{6-7}$$

式中　　k——容量因子。

由式（6-7）可见，气相传质阻力系数 C_g 与填充物粒度的平方成正比，所以采用粒度小的固定相，可降低气相传质阻力。另外，C_g 与组分在气相中的扩散系数 D_g 成反比，故可采用相对分子质量小的气体（如 H_2、He）做载气，有利于使气相传质阻力减小，提高柱效。

液相传质过程是指试样组分从固定相的气-液界面移动到液相内部，并发生质量交换达到分配平衡，然后又返回气-液界面的传质过程。液相传质阻力系数就是描述影响这一过程的传质速度的因素。C_L 与固定液的液膜厚度、组分在液相里的扩散系数及分配比等许多因素有关。

$$C_L = \frac{2 k d_f^2}{3(1+k)^2 D_L} \tag{6-8}$$

式中　　d_f——固定液的液膜厚度；

　　　　D_L——组分在液相的扩散系数。

由式（6-8）可见，降低固定液的液膜厚度，可减小液相传质阻力。另外，柱温对 D_L 的影响也较大，柱温增加，D_L 增大，则 C_L 减小；但分配比 k 减小，又使 C_L 增大，故为保持适当的 C_L 值，应控制合适的柱温。

当固定相含量较高，又在中等的线速度（u）以下时，塔板高度主要受液相传质阻力的影响，而气相传质阻力的影响可以忽略不计。但用低固定液含量的柱子，在高载气线速下进行快速分析时，气相传质阻力对 H 的影响不能忽略，而且成为影响塔板高度的重要因素。

从以上可以看出，范第姆特方程式是色谱工作者选择色谱分离条件的主要理论依据，它阐明了色谱柱填充的均匀程度、载体粒度的大小、载体种类和流速、柱温、固定相的液膜厚度等因素对柱效能以及色谱峰扩张的影响，对于气相色谱分离条件的选择具有指导意义。

任务四　色谱分离条件的选择

在气相色谱分析中，要想提高柱效能，增大分离度，除了要选择合适的色谱柱外，还要选择分离时的最佳操作条件，这涉及载体、柱长、柱径、载气、流速、柱压、柱温、固定液以及进样量等因素。

一、载气和流速的选择

载气的物理性质会直接影响柱效。常用的载气有 H_2、N_2、Ar 和 He。载气的选择应从检测器的要求、载气对柱效的影响和载气的性质等方面来考虑。

从检测器对载气的要求角度考虑，如热导池检测器宜使用 H_2 和 He 作为载气，氩离子化检测器用 Ar 作为载气，氢焰离子化检测器用 H_2 和 N_2 作为载气。

从载气对柱效能的影响角度考虑，根据范第姆特方程，当载气流速较小时，可采用相对分子质量大的 N_2 和 Ar 作为载气减小纵向扩散项，提高柱效能；当载气流速较大时，可采用相对分子质量小的 H_2 和 He 作为载气，减小传质阻力项，提高柱效。

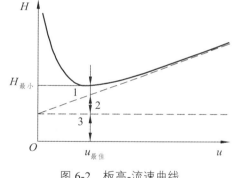

图 6-2　板高-流速曲线

1—B/u；2—Cu；3—A

载气的流速对色谱柱的分离效率有很大影响，并且决定了分析所需的时间。根据范氏方程（$H=A+B/u+Cu$），对于一定的色谱柱和试样，流速 u 对柱效能 H 的影响如图 6-2 所示。该曲线上的最低点所对应的流速为最佳流速，此最佳流速对应的塔板高度最小。

二、柱温的选择

柱温是重要的色谱操作参数，它直接影响分离效能和分析速度。柱温应控制在固定液的最高使用温度（超过该温度，固定液易流失）和最低使用温度（低于该温度，固定液以固体形式存在）范围之内。在通常情况下，温度每增加 30 ℃，分配系数减少一半，从而使组分移动的速度增加一倍，缩短了分析时间。但柱温增加，会使各组分的挥发集中，不利于分离。因此从分离的角度看，采用较低的柱温，有利于分离。较低的柱温可减少固定液的流失，延长色谱柱的寿命，但柱温太低，会使峰形变宽，柱效下降，延长分析时间。因而在选择柱温时，要综合考虑，选择的原则是在使最难分离的组分尽可能好的分离的前提下，尽可能采取较低的柱温，并考虑试样的沸点。

三、柱长和柱内径的选择

由于分离度正比于柱长的平方根，所以增加柱长有利于分离。但增加柱长会使各组分的保留时间增加，延长分析时间。因此，在满足一定分离度的条件下，应尽可能地使用短柱子。一般填充柱的柱长以 2～6 m 为宜，毛细管柱的柱长以 10～50 m 为宜。增加色谱柱内径，可以增加分离的样品量，但由于纵向扩散路径的增加，会使柱效降低。在一般分析工作中，填充柱内径常为 3～6 mm，毛细管柱内径常为 0.25～0.53 mm。

四、进样量和进样时间的选择

色谱柱的有效分离试样量，随柱内径、柱长及固定液用量的不同而异，柱内径大，固定液用量高，可适当增加进样量。进料量太多，柱效能会下降而使分离不好；进料量太少，检测器又不易检测而使分析误差增大。总之，最大允许的进样量，应控制在使峰面积或峰高与进样量呈线性关系的范围内。

进样必须迅速，进样时间应在 1 s 以内。如果进样时间太长时，试样原始宽度将变大，色谱峰半峰宽随之变宽，有时甚至使峰变形。

五、汽化温度的选择

汽化温度是对液体样品而言的，液体试样进样后，要求能迅速汽化，并被载气带入色谱柱中，因此要求汽化室具有足够的汽化温度。在保证试样不被分解的前提下，适当提高汽化温度，有利于分离和定量测定。一般选择汽化温度比柱温高 30～70 ℃，而与试样的平均沸点相近，但热稳定性较差的试样，汽化温度不宜过高，以防试样分解。

项目二　气相色谱检测器的分类及原理

任务一　检测器的分类

气相色谱检测器是将经色谱柱分离后的各组分浓度（或质量）的变化转换成易于测量的电信号的装置，是气相色谱仪的主要部件。

一、检测器的要求

一般要求检测器对不同的分析对象、不同的样品浓度以及在不同的色谱操作条件下都能够准确、及时、连续地反映馏出组分的浓度变化。具体要求有以下几点。

（1）稳定性好，敏感度高，便于进行痕量分析。

（2）响应快，可用于快速分析和接毛细管柱。

（3）应用范围广，要求一个检测器能对多种物质产生响应信号，又能适应同一物质的不同浓度，线性范围宽，定量准确方便。

（4）结构简单、安全、价廉等。

二、检测器的分类

根据检测器原理的不同，可分为浓度型检测器和质量型检测器两种。浓度型检测器即检测器给出的信号强度与载气中组分的浓度成正比，它测量的是载气中某组分浓度的瞬间变化。当进样量一定时，峰面积与流速成反比。这类检测器有热导池检测器、电子捕获检测器等。质量型检测器给出的信号强度与单位时间内由载气引入检测器中组分的质量成正比，与组分在载气中的浓度无关。质量型检测器有氢焰离子化检测器、氨离子化检测器及火焰光度检测器等。

任务二 几种常用的气相色谱检测器

一、热导池检测器

热导池检测器（TCD），是根据不同的物质具有不同的导热系数来检测组分的浓度变化的检测器。此种检测器应用非常普遍，可分析许多有机物和无机气体。它具有结构简单、稳定性好、线性范围广、不破坏样品，并能与其他仪器联用等优点。缺点是灵敏度低，适用于常量分析以及含量在 1×10^{-5} 以上的组分的分析。

热导池检测的结构如图 6-3 所示，在金属池体上钻有两个大小相同、形状完全对称的孔道，每个孔道里各固定一根长短、粗细和电阻值都相等的金属丝（钨丝或铂丝），此金属丝称为热敏元件或热丝。为了提高检测器的灵敏度，一般选用电阻率高、电阻温度系数大的金属丝或半导体热敏电阻作为热导的热敏元件。钨丝具有这些优点，而且价廉，容易加工，所以是目前广泛使用的热敏元件。

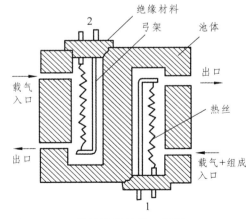

图 6-3 双臂热导池结构示意图

1—测量臂；2—参考臂

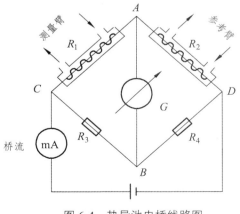

图 6-4 热导池电桥线路图

热导池检测器的工作原理主要是根据不同的物质具有不同的导热系数来检测组分的浓度

变化。测量时，双臂热导池的一臂连接在色谱柱之前，只通过载气，称为参考臂；一臂接在色谱柱之后，通过载气和样品，称为测量臂。两臂钨丝的电阻分别为 R_1 和 R_2。将热导池的两臂 R_1 和 R_2 与惠斯通电桥的两个臂 R_3 和 R_4 组成桥式电路，如图 6-4 所示。

在安装仪器时，挑选配对钨丝，使 $R_3=R_4$。当电桥平衡时，有

$$R_1 \cdot R_4 = R_2 \cdot R_3 \tag{6-9}$$

由电源给电桥提供 9～24 V 的直流稳定电压来加热钨丝。不同的气体具有不同的导热系数，当电流通过钨丝时，钨丝被加热到一定的温度，钨丝的电阻值也增加到一定值（其阻值的变化与钨丝本身的温度变化成比例，即 $\Delta t \propto \Delta R$），当只有载气通过热导的两个池孔时，由于载气的热传导作用，使钨丝温度下降，电阻减小，此时热导池的两个池孔中钨丝温度下降和电阻减小的数值是相同的。设载气对 R_1 的影响为 ΔR_1，对 R_2 的影响为 ΔR_2，则 $\Delta R_1 = \Delta R_2$，电桥仍处于平衡状态，即

$$(R_1+\Delta R_2) \cdot R_4 = (R_2+\Delta R_2) \cdot R_3 \tag{6-10}$$

此时 A、B 两点间的电位差为零，没有信号输出，记录的是一条零位直线，即基线。

在进试样以后，载气流经参比池，而在色谱柱中依次被分离的各组分先后被载气带入测量池。由于纯载气的导热系数与样品蒸气及载气组成的混合气体的导热系数不同，因而使两根钨丝温度不同，即 $\Delta R_1 \neq \Delta R_2$。

$$(R_1+\Delta R_1) \cdot R_4 \neq (R_2+\Delta R_2) \cdot R_3 \tag{6-11}$$

这时 A、B 之间产生一不平衡的电位差，记录仪有信号输出。当被测组分完全通过测量臂后，电桥又恢复平衡，A、B 间电位差又降至零，记录仪将记录下各组分先后通过测量臂时，A、B 间电位差的变化，即流出曲线。

由上述可知，测量池中阻值 R_1 的变化是与参比池中纯载气的阻值 R_2 比较而测出来的。因此载气中被测组分的浓度越大，测量池钨丝的电阻值改变就越明显。可见，在一定条件下，检测器产生的响应信号与载气中组分的浓度有定量关系。

在使用热导检测器时要注意几方面的问题。热导检测器为浓度型检测器，当进样量一定时，峰面积与载气流速成反比，而峰高受流速的影响较小。所以用峰面积定量时，要严格保持流速恒定，为避免热丝被烧断，在没有通载气时不能加桥电流，而在关机器时应该先切断桥电流再关载气。在其他条件一定时，热导检测器的灵敏度跟载气和组分之间热导率的差值有关，差值越大灵敏度越高。热导检测器响应值与桥流的三次方成正比，增加桥流可以提高灵敏度；但另一方面，随着桥流增加，热丝易于被氧化，相应噪声也会变大，还易将热敏元件烧坏。所以在灵敏度足够的情况下，应尽量采取低桥流以保护热敏元件。检测器的温度不应低于柱温，以防样品组分在检测室中冷凝引起基线不稳，通常检测室温度应高于柱温；但检测室温度也不宜过高，否则会降低灵敏度。

二、氢火焰离子化检测器

氢火焰离子化检测器（FID）简称氢焰检测器。具有结构简单、灵敏度高、死体积小、响应快、线性范围宽、稳定性好等优点，是目前常用的检测器之一。它对有机物有很高的检测灵敏度，适宜于痕量有机物的分析。

氢火焰离子化检测器的主要部件是由不锈钢制成的离子室，包括气体入口、气体出口、火焰喷嘴、发射极和收集极以及点火线圈等部件，如图 6-5 所示。在离子室下部，经分离后的被测组分被载气携带，从色谱柱流出，与氢气（燃气）混合后通过喷嘴，再与空气混合后点火燃烧，形成氢火焰。燃烧所产生的高温（约 2100 °C）使被测有机物组分电离成正、负离子。在火焰上方的收集极（正极）和发射极（负极）所形成的静电场作用下，离子流定向运动形成电流，经放大在记录仪上得到色谱峰。

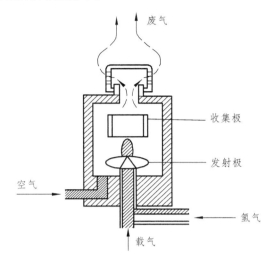

废气

收集极

发射极

空气

氢气

载气

图 6-5　氢火焰离子化检测器示意图

在氢焰离子化检测器的应用过程中应注意几点问题。氢焰离子化检测器使用过程中，载气常用氮气，燃气用氢气，空气作为助燃气。三者流量的关系一般为氮气、氢气、空气之比 1∶（1~1.5）∶10。氢焰离子化检测器为质量型检测器，峰高取决于单位时间引入检测器的组分质量，在进样量一定时，峰高与载气流速成正比，而对峰面积则影响较小。因此一般采用峰面积定量，而用峰高定量时，需要保持载气流速恒定。

三、其他检测器

1. 火焰光度检测器（FPD）

又称硫磷检测器。检测在氢火焰发光的元素特有的光。火焰光度检测器是一种对含磷、含硫化合物具有高选择性、高灵敏度的检测器。可用于 SO_2、H_2O、石油精馏物的含硫量及有机磷、有机硫农药痕量残留物的分析，并广泛用于环境监测分析。在检测三丁基锡、三苯基锡的有机金属化合物时也使用。

2. 电子俘获检测器（ECD）

电子俘获检测器是一种高灵敏度、高选择性的浓度型检测器。它对具有电负性（如含卤素、硫、磷、氮等）的物质有很高的检测灵敏度，且电负性越强，灵敏度越高。在医学、农药、大气及水质污染等领域得到广泛的应用。

在电子俘获检测器池体内有一个筒状 β 放射源作为阴极，一个不锈钢棒作为阳极。在两极施加直流或脉冲电压，当载气（一般为 N_2 或 Ar）进入检测器时，在放射源发射的 β 射线作用下发生电离，产生游离基和低能电子：

$$N_2 \xrightarrow{\beta线} N_2^+ + e^-$$ （6-12）

这些电子在电场作用下，向正极运动，形成恒定的电流即基流。当电负性物质进入检测器后，它捕获了这些低能电子而产生带负电荷的分子或离子并放出能量：

$$AB + e^- \rightarrow AB^- + E$$ （6-13）

带负电荷的分子、离子和载气电离产生的正离子复合生成中性化合物。由于被测组分俘获电子，其结果使基线降低，产生负信号而形成倒峰。组分浓度越大，倒峰越大。

项目三 毛细管柱气相色谱法

任务一 毛细管柱概述

1957 年戈雷（M. J. E. Golay）在细而长的空柱内壁涂固定液的试验，标志着毛细管气相色谱的问世。1958 年戈雷提出的毛细管柱速率理论，导出类似填充柱速率方程的 H-u 方程，为毛细管气相色谱奠定了理论基础。氢火焰检测器的发明促成了第一台毛细管气相色谱仪的出现。玻璃毛细管内壁的减活处理，内壁表面湿润性的增加，使得极性固定相能均匀地涂在玻璃的表面，结果使玻璃毛细管柱较其他材质的毛细管柱多而越居首位。1979 年提出的熔融石英毛细管柱，克服了玻璃毛细管柱易破碎、更换不方便的缺点，有力地促进了毛细管气相色谱的发展。目前，毛细管色谱技术发展十分迅速，现涉及毛细管柱的检测方法有毛细管电泳、毛细管电动色谱、高效毛细管液相色谱以及毛细管气相色谱。

采用毛细管柱作为气相色谱柱的毛细管气相色谱（CGC）已成为 GC 中的主流，具有高效、快速、高灵敏度等优点。其柱效可高达 100 万理论塔板数，可分离复塔板数，可分离复杂混合物。由于柱效高，即使对复杂混合物，只要 2～3 根非极性、弱极性、极性的毛细管柱（如 OV-101，OV-17，PEG-20M）即可解决分离问题，克服了 GC 中众多固定液的选择难题。采用毛细管柱后，渗透性好，分析速度快。如环境污染物检测用 100 m 长毛细管柱，2 h 内分离出近 300 个组分，1 m 长的柱在几秒内可分离十几个组分，故 CGC 应用范围日益扩大。

毛细管气相色谱法的特点：① 由于渗透性好，可使用长的色谱柱；② 相比（β）大，有利于实现快速分离；③ 应用范围广；④ 柱容量小，允许进样量小；⑤ 操作条件严格；⑥ 总柱效高，分离复杂混合物的能力大为提高。其缺点在于对仪器和操作条件要求严格，如连接不当就会影响柱效。

目前毛细管气相色谱仪已实现高度自动化，如压力、流量均由仪器自动控制，可实现恒压、恒流等模式。

任务二　毛细管柱的色谱系统

一、毛细管气相色谱系统

毛细管气相色谱的流路系统与填充柱气相色谱系统没有本质的差别，主要区别是在进样系统增加分流装置和在柱后增加了尾吹气供气装置。

（一）毛细管柱的制备

毛细管柱的制备包括拉制、柱表面处理、固定液的涂渍等步骤。目前用得最多的是石英毛细管，其吸附活性低，在控制过程中管外面被涂上聚酰胺保护层，有一定的柔性，使用方便。固定液液膜必须涂渍很均匀，而且很稳定，且不随柱温和其他操作条件变化而破坏。控制的毛细管内壁是光滑的，固定液不容易涂渍均匀，可用化学反应法和沉淀细颗粒法使内壁粗糙化。沉淀细颗粒法是用有机胶做黏合剂，将细颗粒（如载体）沉积在毛细管内壁上，然后加热除去黏合剂。在涂渍固定液前还需对管壁进行钝化，可用硅烷化处理等方法。经表面处理后的毛细管可以用动态法或静态法进行固定液的涂渍，一般液膜厚度为 $0.1 \sim 1.5~\mu m$。涂渍方法制备的毛细管柱，往往会产生柱流失，同时液膜容易破裂形成液滴而使柱性能恶化。使固定液分子间以及固定液与柱内表面进行共价键合制备的交联柱可以很好地改善这种状况。交联毛细管柱具有以下几个方面的优点：液膜稳定，形成的固定相膜不易脱落，并可以制备大口径、厚液膜柱；由于交联键合作用，固定液的挥发性很低，故热稳定性好，使用温度高，柱流失小，使用寿命长；耐溶剂洗涤。由于交联毛细管稳定性好，适用于毛细管色谱与质谱、红外等联用。

（二）进样系统

对毛细管柱来说，由于柱容积小，流速可能降至 1 mL/min 或更低，色谱峰宽度小，柱外效应对分离效率和定量结果的准确度影响较大。因此，在进样部分要有特殊装置，目前常用的有分流进样器、无分流进样器、柱上进样器和程序升温进样器等，相应的有多种进样方式。

1. 分流进样

分流进样是使用最早、最广泛的进样方式。分流进样器结构简单、操作方便，而且只要改变操作条件、衬管类型就可成为无分流进样器，所以统称为分流/无分流进样器。进入进样器的载气分成两路，一路作为隔垫吹扫气；另一路通过衬管，一部分进入毛细管柱，另一部分进行分流放空。

分流进样的作用：一方面是控制样品进入色谱柱的量，保证毛细管柱不会超载，另一方面是保证起始谱带较窄。

分流进样的主要参数是分流比，指进入毛细管柱试样与放空的试样量的比值。一般毛细管柱分流比为 1：50 ~ 1：500；对稀释样品、气体样品和大口径柱，分流比为 1：5 ~ 1：15；对小口径柱、低容量柱和十分浓的样品，分流比可高达 1：1000。高分流比可减小样品分解，但会引起歧视增大，故需考虑样品量和分流比及检测灵敏度的匹配。

2. 无分流进样

无分流进样是指试样注入进样器后全部迁移进入毛细管柱进行分析，该方法特别适用于痕量成分的分析。其优点是把全部样品注入色谱柱中，灵敏度大大提高，特别适用于痕量分析。但容易产生因进样引起的峰展宽，包括时间性谱带展宽（由进样时间拖长引起）和空间性谱带展宽（由样品占据色谱柱较大长度引起），需要采用优化仪器操作参数加以克服。

无分流进样可在分流进样器上实现，进样时关闭放空阀，此时载气将试样组分带入色谱柱，经过 30～80 s，打开放空阀，将残余试样组分放空，同时，色谱柱开始程序升温进行分析。无分流进样时应该注意以下的操作，一方面无分流进样多用于稀释样品，预处理或稀释时的溶剂应该与试样的极性相匹配，否则会使谱带展宽；另一方面在程序升温时，起始温度要低于溶剂沸点，使试样在柱头冷聚焦，使进样峰变窄，如试样组分沸点高，则起始温度可高于溶剂沸点。最后，由于使用的溶剂量大，应尽量用耐溶剂冲洗的交联毛细管柱。

3. 柱头进样

柱头进样是指液体样品由注射器针头直接迁移进毛细管柱，样品不需蒸发，可消除样品歧视问题，也称为冷柱头进样，其进样装置较复杂，但定量分析准确。

4. 直接进样

和冷柱头进样不同，直接进样是指样品在进样器中快速蒸发进样的方法。进样器单独加热不受柱温的影响，此法只能用于大口径毛细管柱。

5. 程序升温蒸发进样

程序升温蒸发综合了分流、无分流和柱头进样的优点，结构与分流进样器相似，关键是进样器可以快速程序升温和冷却，已作为商品仪器的通用进样方式。

此外，新近出现的适用于快速气相色谱的冷阱聚焦进样系统等均有特色。

二、毛细管气相色谱操作条件的选择

1. 毛细管内径

内径越细柱效越高，故目前多采用细内径、短毛细管柱进行快速分析。但内径变细在实际应用时要受仪器、操作等许多条件限制，目前以内径 0.1～0.35 mm 为宜。

2. 载 气

在毛细管气相色谱中常用的载气有氮气、氢气和氦气，当选用氦气和氢气作为载气时，最佳柱效和氮气差不多，可是最佳线速度比氮气大，有利于缩短分析时间。考虑到操作和安全性，在毛细管气相色谱中多使用氮气和氦气作为载气。

3. 液膜厚度

液膜厚度增加使柱效下降。但液膜厚度需按分析要求确定，分离挥发性低、热稳定性差的物质时需要用薄液膜柱，这样可以降低柱温和减少柱流失。对快速分析液膜厚度可低至 0.05 μm。分析高挥发性、保留值小的物质时，要求液膜厚度大于 1 μm。

柱直径和液膜厚度需要与柱容量和柱效一起综合考虑，快速分析时往往用小内径和薄液膜柱。若为了增大柱容量，则采用大口径和厚液膜柱。

三、毛细管气相色谱的一些特殊检测器

CGC 系统需特别注意解决柱的两端连接管路的接头部件、进样器、检测器等处的死体积。死体积过大会引起色谱峰的柱外展宽效应。为了减少组分的柱后扩散，在毛细管柱出口到检测器流路中增加一股叫尾气的辅助气路，以增加柱出口到检测器的载气流速，减少这段死体积的影响而导致的色谱峰展宽。尾吹气的另一个作用是补充各种检测器所需的适当的气体种类及流速。如对氢焰检测器而言，因 CGC 系统的载气 N_2 流速低，尾吹 H_2 能增加氢氮比从而提高检测器灵敏度。由于使用尾吹气后，使色谱柱分离条件的优化与检测器响应的优化各自独立，能使检测器在最佳状态下工作，即使载气流速发生变化（如程序升温），检测器响应也不致变化。

CGC 检测器除了 GC 中常用的 FID、ECD 和 FPD 外，还有两种检测器也较常用，即热离子检测器（TID）和光离子化检测器（PID）。

1. 热离子检测器

热离子检测器（thermionic detector，TID），也称为氮磷检测器（NPD），可选择检测含氮、磷有机化合物。其结构与 FID 相似，主要差别是在火焰喷嘴上方有一个含有碱金属（如 Rb，Na，Cs）盐的陶瓷珠，碱金属盐受热后离解成离子和电子，在电场中形成电流。当含氮、磷的组分通过时，受热分解并离子化，使电流强度增加从而得以检出。TID 已成为测定含氮含磷化合物的常用检测器。

2. 光离子化检测器

光离子化检测器（photoionization detector，PID）由激发源和离子化室两部分组成。激发源常用紫外灯，发射出光子进入离子化室，当光子的能量大于样品组分的电离势时，样品分子吸收光子发生离子化，产生检测信号。高能量（如 11.7 eV 和 10.2 eV）紫外灯对多数化合物都有信号，类似通用型检测器。9.5 eV 灯对芳烃选择性最高，特别是多核芳烃；而 8.3 eV 灯对多核芳烃和多氯联苯选择性高。

项目四　气相色谱法定性及定量

任务一　气相色谱法的应用范围及局限性

一、气相色谱法的应用

气相色谱分析可以应用于分析气体试样，也可分析易挥发或可转化为易挥发物质的液体和固体，不仅可分析有机物，也可分析部分无机物。一般地说，只要沸点在 500 ℃ 以下，热

稳定良好，相对分子质量在 400 以下的物质，原则上都可采用气相色谱法。目前气相色谱法所能分析的有机物，占全部有机物的 15%～20%，而这些有机物恰是目前应用很广的那一部分，因而气相色谱法的应用是十分广泛的。对于难挥发和热不稳定的物质，气相色谱法是不适用的。

下面简要介绍几个领域气相色谱的应用。

（1）石油和石油化工分析：油气田勘探中的化学分析、原油分析、炼厂气分析、模拟蒸馏、油料分析、单质烃分析、含硫/含氮/含氧化合物分析、汽油添加剂分析、脂肪烃分析、芳烃分析。

（2）环境分析：大气中的微量污染成分，如卤化物、氮化物、硫化物和芳香族等有机合物等。另外还用于环境水源、土壤、固体废物等痕量毒物的分析。

（3）食品分析：农药残留分析、香精香料分析、添加剂分析、脂肪酸甲酯分析、食品包装材料分析。

（4）药物和临床分析：雌三醇分析、儿茶酚胺代谢产物分析、尿中孕二醇和孕三醇分析、血浆中睾丸激素分析、血液中乙醇和麻醉剂及氨基酸衍生物分析。

（5）农药残留物分析：有机氯农药残留分析、有机磷农药残留分析、杀虫剂残留分析、除草剂残留分析等。

（6）精细化工分析：添加剂分析、催化剂分析、原材料分析、产品质量控制。

（7）聚合物分析：单体分析、添加剂分析、共聚物组成分析、聚合物结构表征、聚合物中的杂质分析、热稳定性研究。

（8）合成工业：方法研究、质量监控、过程分析等。

二、气相色谱法的局限性

气相色谱法在缺乏标准样品的情况下定性较困难。如果没有已知纯物质的色谱图对照，或者没有相关的色谱数据，很难判断某一色谱峰代表什么物质。色谱联用仪器将色谱的高分离效能与其他定性、定结构性能强的仪器相结合，能有效地克服这一缺点。

沸点太高、相对分子质量太大或热不稳定的物质都难以应用气相色谱法进行分析。气相色谱法可以分析的有机化合物仅占全部有机化合物的 15%～20%。但这些有机化合物是应用很广的一部分。因此，必须全面地认识气相色谱法，掌握它的特点，充分发挥它的长处，正视它的局限性，这样才能使它发挥更大的作用。

1. 气相色谱法与化学分析法的比较

化学分析法是按照物质的特殊化学反应性进行分析的。化学分析法仪器简单、价廉、操作简单，且可进行同族、同系物的总含量测定，如滴定、氧化、沉淀、配合分析。但不能测定化学性质不活发或化学性质相近的复杂物质，有时费时过长。

气相色谱法具有高选择性、高性能、分析速度快等优点，可以分析化学性质不活波、性质极为相近的混合物，但仪器比化学分析法昂贵。

2. 气相色谱法与光谱法、质谱法的比较

气相色谱法可以分离和分析多组分混合物，这是光谱法、质谱法所不及的。而且一般来说，气相色谱法的灵敏度与质谱法接近，比光谱法要高。气相色谱法的造价比光谱法、质谱法低。但是气相色谱法难以分析未知物，如果没有已知的纯样品图和它对照，就很难判断某一色谱峰究竟代表何物。

光谱法可推测出分子中含有哪些官能团，质谱法能测定出未知物的相对分子质量，这些是气相色谱法所不及的。

把色谱与质谱、光谱结合起来就可以解决未知物的分析问题，将色谱的高分离能力与红外或质谱的快速定性、微机数据处理能力相结合，成为目前解决复杂混合物强有力的先进手段之一。

三、气相色谱-质谱联用技术

气相色谱-质谱联用技术（GC-MS），简称质谱联用，即将气相色谱仪与质谱仪通过接口组件进行连接，以气相色谱作为试样分离、制备的手段，将质谱作为气相色谱的在线检测手段进行定性、定量分析，辅以相应的数据收集与控制系统构建而成的一种色谱-质谱联用技术，在化工、石油、环境、农业、法医、生物医药等方面，已经成为一种获得广泛应用的成熟的常规分析技术。

气相色谱-质谱联用技术（GC-MS）是基于色谱和质谱技术的基础上，取长补短，充分利用气相色谱对复杂有机化合物的高效分离能力和质谱对化合物的准确鉴定能力进行定性和定量分析的一门技术。在 GC-MS 中气相色谱是质谱的预处理器，而质谱是气相色谱的检测器。两者的联用不仅仅获得了气相色谱中保留时间、强度信息，还有质谱中质荷比和强度信息。同时，计算机的发展提高了仪器的各种性能，如运行时间、数据收集处理、定性定量、谱库检索及故障诊断等。因此，GC-MS 联用技术的分析方法不但能使样品的分离、鉴定和定量一次快速地完成，还对于批量物质的整体和动态分析起到了很大的促进作用。

四、气相色谱-红外光谱联用技术

气相色谱-傅里叶变换红外光谱联用技术（GC-FTIR）由红外光谱提供的分子结构信息弥补了气相色谱难以对复杂未知混合物定性的不足，由气相色谱提供的分离能力弥补了红外光谱只能定性纯化合物的局限。GC-FTIR 联用技术结合两者长处，是分析复杂混合物的有效技术。

GC-FTIR 联用系统主要由气相色谱、接口、红外光谱、计算机数据系统四个单元组成。试样经气相色谱分离后各馏分按保留时间顺序进入接口，与此同时，经干涉仪调制的干涉光汇聚到接口，与各组分作用后干涉信号被液氮冷却的碲镉汞（MCT）低温光电检测器检测。计算机数据系统存储采集到的干涉图信息，经快速傅立叶变换得到组分的气态红外谱图，进而可通过谱库检索得到各组分的分子结构信息。

任务二　气相色谱法定性及定量基本任务

气相色谱主要功能不仅是将混合有机物中的各种成分分离开来，而且还要对结果进行定性定量分析。定性分析就是确定分离出的各组分是什么有机物质，而定量分析就是确定分离组分的量有多少。

气相色谱分析具有强大的组分分离、定性分析和定量分析的功能。通过在一定色谱条件下对样品组分进行分离后，选用一定的方法对各组分进行定性和定量分析。对于已知样品，通常根据分析目的，采用合适的方法对目标组分进行定性、定量分析测定。对于未知样品，需先了解样品的性质（包括样品来源、可能的组分种类及其理化性质等），再结合分析目的，选择合适的方法对样品中单一组分或多组分进行定性鉴定和定量测定。

色谱在定性分析方面远不如其他的有机物结构鉴定技术，但在定量分析方面则远远优于其他的仪器方法。有机物进入气相色谱后得到两个重要的测试数据：色谱峰保留值和面积，这样气相色谱可根据这两个数据进行定性定量分析。色谱峰保留值是定性分析的依据，而色谱峰面积则是定量分析的依据。

任务三　定性分析

气相色谱定性分析就是确定各个色谱峰所代表的组分，即每个色谱峰代表的是何种化合物。气相色谱法通常只能鉴别范围已知的未知物，对未知混合物的定性分析常需要结合其他方法来进行。下面介绍几种常用的色谱定性分析方法。

一、标准样品对照法

标准样品对照法就是用已知成分的纯物质与未知样品对照，从而进行定性分析的方法。这种方法比较简单、可靠，不需其他仪器设备。大量的实验结果表明，在一定的固定相和一定操作条件（如柱温、柱长、柱内径、载气流速等）下，各种物质都有一定的保留值，如保留时间、保留体积、相对保留值等，这个保留值可作为一种定性指标，即比较标准物与未知物的保留值是否相同来进行定性分析。

1. 利用保留值进行定性分析

将标准样品与待分析试样在相同固定相和同一操作条件（柱温、载气流速、校长、柱径等）下进行色谱分析，将试样的保留时间与标准样品的保留时间进行对比，其定性分析的依据是相同组分的保留时间相同，即在未知样品的色谱图上对应某已知物保留时间的位置上，若有峰出现，则样品中可能有某组分，否则无此组分。图6-6为一种未知醇试样和醇的标准溶液在同一分析条件下的色谱图。比较两色谱图可鉴定出图中2、3、4、7和9峰分别是甲醇、乙醇、正丙醇、正丁醇和正戊醇。

由于不同的化合物在相同的色谱条件下往往具有非常接近或完全相同的保留时间。因此，在未知试样的来源、性质不清，属于完全未知的试样时，应使用其他仪器，如用红外光谱、质谱或核磁共振再进行确切鉴定。

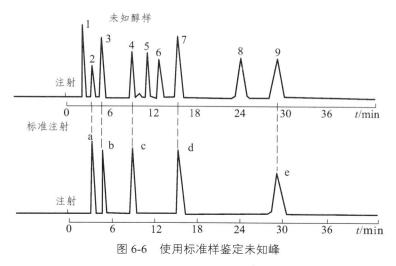

图 6-6　使用标准样鉴定未知峰

标准醇样：a—甲醇；b—乙醇；c—正丁醇；d—正戊醇

2. 利用相对保留值进行定性分析

在用保留值进行定性分析时，由于保留值 t_R、t'_R、V_R、V'_R 等受柱温、柱长、固定液含量等因素的影响，所以必须严格控制实验条件，否则重现性较差。如果采用相对保留值进行定性分析，则可以消除某些操作条件的差异所带来的影响。对于一些组分比较简单的已知范围的混合物，或者无已知物的情况下，可用此法进行定性分析。

相对保留值是任一组分 i 与基准物质 s 校正保留值之比：

$$r_{is} = \frac{t'_{Ri}}{t'_{Rs}} = \frac{V_{Ri}}{V_{Rs}} \tag{6-14}$$

相对保留值 r_{is} 只是柱温、固定液性质的函数。只要控制柱温、固定液性质不变，即使柱长、柱内径、载气流速及填充情况有所变化均不会影响 r_{is} 值。因此，只要实验测出 t'_{Ri}、t'_{Rs}。就可以根据上式计算出已知纯物质和未知样品的 r_{is} 值，从而进行比较定性，但应注意应选一个合适的基准物。对基准物的要求是，它应是一个容易获得的纯品，其保留值在各待测组分的保留值之间，通常在苯、正丁烷、对二甲苯、甲乙酮、环己烷、2,2,4-三甲基戊烷等物质中选择。

当在实际分析中遇到了未知样品，而没有相应的纯物质进行比较时，就需要用文献上报导的 r_{is} 值进行定性分析。即根据文献上所规定的实验条件及所用标准物进行实验，取所规定的标准物加入被测样品中，混匀、进样，求出 r_{is}，再与手册数据对比，即可进行定性分析。

二、加入已知物增加峰高法

如果未知样品中组分较多，而且峰间距离又太近，要准确测定保留值有一定困难时，可采用增加峰高的办法定性。首先作出未知样品的色谱图，然后在未知样品中加入一种已知的纯物质（与试样中估计的某一组分为同一化合物），在相同的条件下作出色谱图。对比这两个色谱图，如果后一色谱图中色谱峰相对增高时，则可确认该色谱峰所对应的组分与加入的已知纯物质是同一化合物。但如果峰虽然有所增高，而峰不重合或峰中出现转折，则试样中不含所加入的纯物质这种组分。

三、结合其他方法进行定性分析

1. 化学方法配合进行定性分析

带某些官能团的化合物，可用特殊试剂处理，根据所发生物理变化或化学变化的色谱图的差异来辨认试样所含官能团。或用衍生化试剂来专属性地鉴别某类化合物。但现在大多采用与其他仪器联用的方式。

2. 质谱、红外光谱等仪器联用

GC-IR 和 GC-MS 现已有商品化仪器。复杂混合物经 GC 分离为单组分，再利用 IR 或 MS 进行定性鉴别，特别是和 MS 联用，是最有效的定性鉴别方法。目前已积累大量数据，可推测鉴定未知组分。

任务四 定量分析

一、定量分析的依据

气相色谱定量分析的依据是在规定的操作条件下，被测组分的质量（m_i）与它在检测器上产生的响应信号（在色谱图上表现为峰面积 A_i 或峰高 H_i）成正比。即

$$m_i = f_i A_i \tag{6-15}$$

式中　f_i——峰面积换算为被测物质量的比例常数，称为定量校正因子。

显然要准确地进行定量分析就必须准确地测量出峰面积 A_i 或峰高 H_i 和比例常数 f_i，并根据上式选择适当的定量计算方法，将测得组分的峰面积换算为含量。

二、峰面积的测量

峰面积测量的准确度直接影响定量结果，对于不同组分有各种不同的峰形，因此在测量峰面积时，必须针对色谱峰的形状，采用不同测量方法，才能得到较准确的分析结果。常用峰面积测量方法主要有如下几种。

1. 峰高乘半峰宽法

当色谱峰为对称峰时，可采用此法。这时可把色谱峰看作一个等腰三角形，可近似地认为峰面积等于峰高乘以半峰宽。

$$A = h \cdot W_{1/2} \tag{6-16}$$

式中　h——峰高；

$W_{1/2}$——半峰宽。

这样近似测得的峰面积为实际面积的 94%，因此面积应该为

$$A = 1.065 h \cdot W_{1/2} \tag{6-17}$$

此方法是最常用的近似测量方法，简单快速，但只适用于对称峰，对不对称峰、很窄或很小的峰，由于半峰宽测量误差太大，不能应用此法。

2. 峰高乘平均峰宽法

当色谱峰的峰形不对称时，可采用此法测量面积，即在峰高 0.15 和 0.85 处分别测出峰宽，然后取其平均值，即为平均峰宽，则峰面积 A 为

$$A = h \times \frac{1}{2}\left(W_{0.15} + W_{0.85}\right) \tag{6-18}$$

这种方法测量虽然有些麻烦，但对于不对称峰的测量可得较准确的结果。

3. 峰高乘保留时间法

测量色谱峰的保留时间比测量半峰宽容易而且准确，在一定操作条件下，同系物的半峰宽与保留时间成正比，即

$$W_{1/2} = bt_{R} \tag{6-19}$$
$$A = h \cdot W_{1/2} = h \cdot bt_{R} \tag{6-20}$$

式中　b——比例常数。

这种方法只需用尺子测量峰高，用秒表测量保留时间或用尺子测量保留间距，操作方便，准确度比较高，常用于工厂控制分析，但只适用于狭窄的峰。

4. 剪纸称重法

把色谱峰沿峰曲线剪下来称重，每个峰的质量代表峰的面积。这种方法的准确度决定于剪纸技术、纸质的均匀和湿度。这种方法可用于不对称峰或分离不完全的峰，但操作费时麻烦。

5. 自动积分仪法

自动积分仪可自动测出某一曲线所围成的面积，有机械积分、电子模拟和数字积分等类型，是最方便的测量工具，精密度可达 0.2% ~ 2%，对小峰或不对称峰也能给出较准确的数据。在使用积分仪时，要求每个色谱峰都有彻底的分离，同时要注意仪器的线性范围，避免测峰时引入较大的误差。

三、定量校正因子

同一检测器对不同的物质具有不同的敏感度，即使两种物质含量相同，得到的色谱峰面积也往往不同。为使峰面积能够准确地反映物质的量，在定量分析时需要对峰面积进行校正，即要引入定量校正因子。

1. 校正因子的定义

校正因子分为绝对校正因子和相对校正因子。绝对校正因子是指单位峰面积所代表的物质的量。由于绝对校正因子不易测定，故实际工作中常用相对校正因子。相对校正因子是待测物 i 与标准物质 s 的绝对校正因子之比。相对校正因子通常又可分为相对质量校正因子(f_g)、相对摩尔校正因子（f_M）以及相对体积校正因子（f_v）。其中以相对质量校正因子 f_g（通常称为校正因子）最为常用，它是指被测物质 i 单位峰面积所相当物质的量，是标准物质 s 单位峰面积所相当物质的量的倍数。可表示为

$$f_g = \frac{m_i / A_i}{m_s / A_s} = \frac{A_s m_i}{A_i m_s} \tag{6-21}$$

例如用氢焰检测器，以正庚烷为标准物，它的 f_g 定为 1.00，戊烷的 $f_g = 0.96$，说明戊烷单位峰面积代表的戊烷量是正庚烷单位峰面积代表正庚烷量的 0.96 倍。f_g 越小，说明检测器对它的灵敏度越大。

2. 校正因子测定

组分的校正因子可以从手册或文献上查到，也可以自己测定。其测定方法是：准确称取一定量的被测组分和标准物质，配成混合溶液，测得被测组分和标准物质的峰面积 A_i 和 A_s，用式（6-21）求得相对质量校正因子。校正因子的数值原则上是一个通用的常数，其值只与试样、标准物质和检测器的类型有关。热导检测器常用苯作为标准物，氢焰检测器常用正庚烷作为标准物。

四、定量计算方法

1. 归一化法

当样品中所有组分都能流出色谱柱，并在色谱图上产生相应的色谱峰时，可用此法进行定量计算。

归一化法就是把所有组分的含量之和按 100% 计。假设试样中有 n 个组分，每个组分的量为 m_1，m_2，…，各组分含量的总和为 100%，其中组分 i 的含量可按下式计算

$$c_i / \% = \frac{A_i f_i}{A_1 f_1 + A_2 f_2 + A_3 f_3 + \cdots + A_n f_n} \times 100 \qquad (6\text{-}22)$$

式中　f_i——试样中任一组分的质量校正因子；

　　　c_i——组分 i 的质量分数。

归一化法的优点是简便，结果比较准确，定量结果与进样量无关，操作条件稍有变化对结果影响较小。缺点是样品中的所有组分都必须有相应的色谱峰。对微量杂质的定量不宜采用此法。

2. 内标法

当样品中所有组分不能全部流出色谱柱，或检测器不能对每个组分都产生响应，或只需测定样品中某几个组分的含量时，可采用此法。内标法就是将一定量的纯物质作为内标物加入准确称取的试样中，根据被测样品和内标物的质量比及其相应的色谱峰面积之比来计算被测组分的含量。例如，要测定试样中组分 i 的含量（%），首先准确称取一定量的样品（m），再加入一定质量 m_s 的内标物，并混合均匀。然后将其在色谱柱中分离，分别测量被测组分和内标物的峰面积 A_i 和 A_s。则

$$m_i = f_i A_i$$
$$m_s = f_s A_s$$

两式相除并整理得

$$m_i = \frac{f_i A_i}{f_s A_s} \cdot m_s \qquad (6\text{-}23)$$

样品中组分 i 的含量为

$$c_i / \% = \frac{m_i}{m} \times 100\% = \frac{f_i A_i}{f_s A_s} \cdot \frac{m_s}{m} \times 100\% \qquad (6\text{-}24)$$

内标法可消除操作条件变化所引起的误差，故定量较准确，使内标法在很多仪器分析方法上得以广泛应用。但内标物选择至关重要，需要满足以下条件：应是试样中不存在的纯物质，能溶于样品且与样品中各组分能分离开，加入的量与待测组分相近，而且内标物与待测组分色谱峰位置相近。缺点是每次分析都要准确称取试样和内标物的质量，不宜用于快速控制分析。

3. 外标法

用待测组分的纯品作为对照物，以对照物和试样中待测组分的响应信号相比较进行定量的方法，称为外标法。此法分为标准曲线法及外标一点法。

标准曲线法是取对照品配制一系列浓度不同的标准溶液，以峰面积或峰高对浓度绘制标准曲线。再按相同的操作条件进行样品测定，根据待测组分的峰面积或峰高，从标准曲线上查出其浓度。

外标一点法是用一种浓度的 i 组分的标准溶液，与样品溶液在相同条件下多次进样，测得峰面积的平均值，用下式计算样品溶液中 i 组分含量：

$$c_i = \frac{A_i \cdot (c_i)_s}{(A_i)_s} \qquad (6\text{-}25)$$

式中　c_i，A_i——样品溶液中 i 组分的浓度及峰面积的平均值；

　　$(c_i)_s$ 与 $(A_i)_s$——标准液的浓度及峰面积的平均值。

外标法的优点是：操作简单，计算简便，不必用校正因子，不必加内标物，但也因此不能抵消操作条件的影响，因而需要及时用标准样校验，以减少误差。本法分析结果的准确性主要取决于进样量的重复性和操作条件的稳定性程度。

项目实战一　气相色谱定性分析酚类化合物

一、实战目的

（1）了解气相色谱仪的仪器组成、工作原理。

（2）熟悉气相色谱仪的基本操作步骤。

（3）掌握保留时间、峰宽、理论塔板数、分离度等的基本概念和实际意义。

（4）掌握气相色谱定性分析的方法。

二、基本原理

气相色谱法是基于混合物中各组分在两相中的保留行为存在差异的原理来进行分离和测定的。其中一相是不动的，叫作固定相；另一相则是推动混合物流过固定相的气体，叫作流动相。当流动相携带混合物经过固定相时，就会与固定相发生相互作用。由于各组分的结构性质（如溶解度、极性、蒸汽压、吸附能力）不同，这种相互作用便有强弱差异（组分不同，分配系数不同）。因此，在同一推动力作用下，不同组分在固定相中的滞留时间有长有短，从而使混合物中各组分按先后顺序从装有固定相的色谱柱中流出并检出。气相色谱定性分析就是在相同的色谱操作条件下，比较已知标准物和样品中的保留参数。

环境中酚类化合物的来源十分广泛，包括化工及制药行业废水、有机农药的降解、汽车尾气等。酚类化合物通过空气及水传播，可长期残留于土壤中，在生活污水、天然水和饮用水中普遍存在，对动植物和人体的健康都带来很大危害，是环境中重要的一类有机污染物。气相色谱法主要适用于低沸点、热稳定性好的化合物的分析，挥发酚（属一元酚）的沸点通常在 230 ℃ 以下。因此适合于气相色谱法的分析测定，且气相色谱法具有灵敏度高、操作简单、干扰小等特点。本实验就是采用气相色谱法定性分析两种有害的挥发酚类化合物。

三、仪器与试剂

仪器：气相色谱仪，检测器，FID，色谱柱：HP-5 毛细管柱（30 m×320 μm×0.25 μm）、5 μL 微量注射器，空气泵，容量瓶，气体：高纯 H_2（99.999%）、高纯 N_2（99.999%）。

酚类标准化合物：苯酚、邻氯苯酚均为优级纯；稀释溶剂甲醇为优级纯。

四、实战步骤

（1）标准储备溶液的制备：分别称取标准品苯酚、邻氯苯酚各 100 mg，置于 10 mL 刻度管中，然后分别加甲醇稀释至 10 mL，分别得到浓度为 10 mg/mL 两种物质的储备标准溶液。

（2）样品溶液的配制：分别量取两种酚标准储备溶液 0.5 mL，置于 5 mL 比色管中，用甲醇定容至 5 mL，配成 1 mg/mL 两种物质的标准混合溶液，摇匀后备用。

（3）开机：打开氮气、氢气和空气气源，待压力达到设定值后，打开气相色谱仪电源开关。

（4）气相色谱条件参数如下：

载气：高纯 N_2；进样口温度（不分流进样）：240 ℃；检测器温度：300 ℃；柱压：100 kPa（恒压）；氢气流量：35 mL/min；空气流速：350 mL/min；尾吹气流速（N_2）：25 mL/min；升温程序：初温 70 ℃，保持 1 min，再以 150 ℃/min 升至 108 ℃，最后以 30 ℃/min 升至 230 ℃，保持 1 min。

（5）待仪器参数设定完毕仪器稳定后，分别吸取标准溶液、样品溶液进行测定，进样量为 1 μL。

（6）观察苯酚、邻氯苯酚的色谱峰，记录相关结果，通过定性分析，给出实验结果，处理并提交实验报告。

（7）关机。

五、思考题

（1）气相色谱定性方法有哪几种？本实验中使用的是什么定性方法？

（2）请根据色谱报告，分别指出苯酚、邻氯苯酚的保留时间和峰宽。

项目实战二 气相色谱法测定藿香正气水中乙醇的含量

一、目的要求

（1）掌握用气相色谱法测定中药制剂中乙醇含量的方法。

（2）熟悉气相色谱定量分析操作方法。

二、基本原理

藿香正气水为酊剂，由苍术、陈皮、广藿香等十味药组成，制备过程中所用溶剂为乙醇。由于制剂中含乙醇量的高低对于制剂中有效成分的含量、所含杂质的类型和数量以及制剂的稳定性等都有影响，所以《中国药典》规定对该类制剂需做乙醇量检查。

乙醇具有挥发性，《中国药典》采用气相色谱法测定各种制剂在 20 ℃ 时乙醇（C_2H_5OH）的含量（%，mL/mL）。因中药制剂中所有组分并非能全部出峰，故采用内标法定量。色谱条件为：填充柱或毛细管柱，以直径为 0.25~0.18 mm 的二乙烯苯-乙基乙烯苯型高分子多孔小球作为载体，柱温为 120~150 ℃，氮为流动相，检测器为氢火焰离子化检测器。

三、仪器与试剂

仪器：气相色谱仪、火焰离子化检测器（FID）、毛细管柱。

试剂：无水乙醇（AR）对照品、正丙醇（AR）内标物，藿香正气水（市售品）。

四、操作步骤

1. 标准溶液的制备

精密量取恒温至 20 ℃ 的无水乙醇和正丙醇各 5 mL，加水稀释成 100 mL，混匀，即得。

2. 供试品溶液的制备

精密量取恒温至 20 ℃ 的藿香正气水 10 mL 和正丙醇 5 mL，加水稀释成 100 mL，混匀，即得。

3. 测定法

（1）校正因子的测定：取标准溶液 2 μL，连续注样 3 次，记录对照品无水乙醇和内标物质正丙醇的峰面积，按下式计算校正因子：

$$校正因子（f）=\frac{A_s / C_s}{A_R / C_R} \qquad (6\text{-}26)$$

式中 A_s——内标物质正丙醇的峰面积；

A_R——对照品无水乙醇的峰面积；

C_s——内标物质正丙醇的浓度；

C_R——对照品无水乙醇的浓度。

取 3 次计算的平均值作为结果。

（2）供试品溶液的测定：取供试品溶液 2 μL，连续注样 3 次，记录供试品中待测组分乙醇和内标物质正丙醇的峰面积，按下式计算含量：

$$含量（C_x）= f \times \frac{A_x}{A_s / C_s} \qquad (6\text{-}27)$$

式中　A_x——供试品溶液峰面积；

C_x——供试品的浓度。

取 3 次计算的平均值作为结果。

藿香正气水中乙醇含量应为 40% ~ 50%。

五、注意事项

（1）色谱柱的使用温度：各种固定相均有最高使用温度的限制，为延长色谱柱的使用寿命，在分离度达到要求的情况下尽可能选择低的柱温。开机时，要先通载气，再升高汽化室、检测室和分析柱温度，为使检测室温度始终高于分析柱温度，可先加热检测室，待检测室温度升至近设定温度时再升高分析柱温度；关机前须先降温，待柱温降至 50 ℃ 以下时，才可停止通载气、关机。

（2）进样操作：为获得较好的精密度和色谱峰形状，进样时速度要快而果断，并且每次进样速度、留针时间应保持一致。

（3）在不含内标物质的供试品溶液的色谱图中，与内标物质峰相应的位置处不得出现杂质峰。

（4）标准溶液和供试品溶液各连续 3 次注样所得各次校正因子和乙醇含量与其相应的平均值的相对偏差，均不得大于 1.5%，否则应重新测定。

六、思考题

（1）内标物应符合哪些条件？

（2）实验过程中可能引入误差的机会有哪些？

模块七　高效液相色谱法

项目一　高效液相色谱仪的基本结构

任务一　高效液相色谱法概述

　　流动相为液体的色谱称为液相色谱。早期的液相色谱常常用直径 1~5 cm、长度 0.5~5 m 的粗玻璃管，内装粒径≥150 μm 的固定相，利用重力使流动相从柱中流下，流速<1 mL/min，分析速度很慢，分离效能较差。20 世纪 60 年代末，人们对经典的液相色谱做了重大的改进，在理论上引入了气相色谱理论，在技术上采用了高压泵、高效的粒度≤10 μm 的固定相，以及高灵敏度的检测器，从而使液相色谱发生了巨大的变化，成为分析速度快、分离效能高、操作自动化的现代仪器分析法。因此，称为高效液相色谱法。

一、HPLC 的特点

1. 高　压

液相色谱用称为载液的液体作为流动相。由于固定相颗粒极细，填充十分紧密，故载液流经色谱柱时受到的阻力较大。为了能迅速地通过色谱柱，必须对载液施加 15～30 MPa，甚至高达 50 MPa 的高压。

2. 高 速

由于采用了高压，载液在色谱柱内的流速较经典液相色谱法要高得多，一般可达 1～10 mL/min，因此所需的分析时间要短得多，通常为数分钟至数十分钟。

3. 高 效

GC 的柱效约为 2000 塔板/m，而 HPLC 则可达 5000～30000 塔板/m 甚至以上。其分离效能也很高，能较快地分离出多个组分，并将结果打印出来。

4. 高灵敏度

高效液相色谱法采用了紫外检测器、荧光检测器等高灵敏度的检测器，大大提高了检测的灵敏度。最小检测限可达 10^{-11} g。此外，其进样量很少，用微升级的样品便可进行全分析。

5. 应用范围广

既能分析一般化合物，也能分析沸点高、热稳定性差和具有生理活性的物质，还能分析离子型化合物和高聚物。此外，还适宜于制备高纯试剂。

由于 HPLC 具有以上特点，20 世纪 70 年代以来，它得到了迅速发展，已广泛应用于化学、食品、生物、医药、石化、环保等领域。

二、HPLC 与 GC 的比较

HPLC 与 GC 的基本概念和基本理论一致，但 HPLC 所用的流动相、仪器设备和操作条件等与 GC 不同。二者的区别主要有以下几个方面。

1. 分析对象

GC 的分析对象是在柱温下具有足够的挥发性和热稳定性的物质，即气体和沸点较低的、相对分子质量小于 400 的化合物。而 HPLC 不受分析对象挥发性和热稳定性的限制，能分析相对分子质量大于 400 的有机化合物。它适宜于分析生物大分子、不稳定的天然产物以及高分子化合物、离子型化合物等，在目前已知的有机化合物中，只有 15%～20% 用 GC 分析可得到满意的结果，而 80%～85% 的有机化合物则要用 HPLC 来分析。

2. 流动相

GC 的流动相是载气，它对组分和固定相呈惰性，是专门用来载送样品的气体。因此在 GC 中，只有固定相能与组分分子作用。而在 HPLC 中，其流动相——载液对组分分子有一定的亲和作用，它能与固定相争夺组分分子，因而增大了分离的选择性；另外，可供选择的载液种类较多，并可灵活地调节其极性、离子强度或 pH 值，为选择最佳分离条件提供了极大的方便。

3. 分离温度

GC 一般在高于室温下分离，最高可达 300～400 ℃。而 HPLC 的分离温度却比较低，一般在室温或略高于室温下工作。

4. 色谱柱

GC 柱较长较粗，如填充柱内径 2 ~ 6 mm，长 1 ~ 10 m；毛细管柱内径 0.2 ~ 0.2 mm，长 10 ~ 100 m。而 HPLC 柱较短较细，如常规柱长一般为 15 ~ 30 cm，内径 1 ~ 6 mm；高速柱长约 3.3 cm，内径约 4.6 mm；微径柱长 1 m，内径 1 mm；开管毛细管柱长 5 m，内径 0.01 mm。

GC 固定相粒径较大，为 70 ~ 250 μm，而 HPLC 固定相粒径小，一般为 3 ~ 30 μm。

HPLC 的柱效比 GC 高得多。

5. 流动相驱动力

GC 一般采用高压载气，而 HPLC 常采用高压泵。

此外，为了提高分离效能，缩短分析时间，GC 常采用程序升温的办法，而 HPLC 则采用梯度洗提方式。

任务二　高效液相色谱仪的结构

高效液相色谱仪由高压输液系统、进样系统、分离系统以及检测和记录系统四部分组成。此外，还可有梯度洗脱、自动进样、馏分收集及数据处理等装置。图 7-1 是高效液相色谱仪流程示意图。贮液器中的载液（需预先脱气）经高压泵输送到色谱管路中，试样由进样器注入流动相，流经色谱柱进行分离，分离后的各组分由检测器检测，输出的信号由记录仪记录下来，即得液相色谱图。

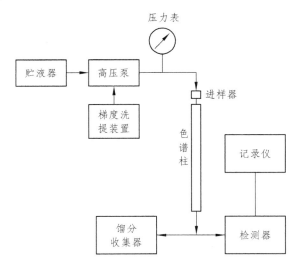

图 7-1　高效液相色谱仪结构图

一、高压输液系统

高压输液系统由贮液器、高压泵及压力表等组成。

1. 贮液器

贮液器用来贮装载液，一般由玻璃、不锈钢或聚四氟乙烯制成，容量为 1~2 L。贮液器应带有脱气装置，以便有效地脱除溶于载液中的气体。脱气方法有真空减压法、超声脱气法和通氦脱气法等。

2. 高压泵

高效液相色谱柱柱径较细，固定相颗粒细小，对流动相的阻力较大。因此必须选用流速恒定、压力平稳、无脉动、流量可调节的高压泵输送载液，才能达到快速分离的目的。一般要求泵的输出压力高达 15~50 MPa。

高压输液泵分为恒流泵和恒压泵两大类。恒流泵的特点是在一定的操作条件下，输出的流量保持恒定，往复式柱塞泵、注射式螺旋泵属于此类。恒压泵的特点是保持输出的压力恒定，而流量则随色谱系统阻力的变化而变化，气动泵属于恒压泵。当前，恒流泵有逐渐取代恒压泵的趋势。

3. 梯度洗提（又称梯度洗脱、梯度淋洗）装置

HPLC 中的梯度洗提是指在分离过程中按一定的程序连续改变载液中不同极性的各种溶剂的配比，以改变载液的总极性，或者改变载液的浓度、离子强度或 pH 值，用以改变被分离组分的保留值，从而提高分离效果和加快分离速度，同时还可以使分辨能力增加，峰形改善，降低最小检测量和提高定量分析的精度。梯度洗提可以采用在常压下预先按一定的程序将溶剂混合后再用泵输入色谱柱的低压梯度，也称外梯度；也可以将溶剂用高压泵增压后输入色谱系统的梯度混合室，混合后再送入色谱柱，即高压梯度或称内梯度系统。

二、进样系统

进样系统包括进样口、高压注射器和进样阀等，其作用是将试样注入色谱柱以进行分离。

用高压注射器进样与 GC 进样一样，可根据需要任意改变进样量，它的进样重现性较差。用六通高压微量进样阀直接进样时，由定量管计量，重现性好，能承受高压，目前几乎取代了注射器进样。

三、分离系统

分离系统包括色谱柱、恒温器和连接管等部件。柱管常采用内径为 1~6 mm、长度为 10~50 cm、内壁抛光的不锈钢管，柱形多为直形，柱内装填有高效固定相。装柱需要一些特殊的设备，且技术性很强，故常由厂家装好，供客户选用。

四、检测系统

HPLC 常用的检测器有紫外检测器、光电二极管阵列检测器、荧光检测器、电化学检测器、示差折光检测器等。其中紫外检测器是使用最广泛的检测器，其作用原理是基于待测组分对特定波长紫外光的选择性吸收，组分浓度与吸光度的关系服从朗伯-比尔定律。紫外检测器有固定波长和可变波长两类。

图 7-2 是一种双光路紫外检测器光路图。光源常采用低压汞灯，透镜将光源射来的光束变成平行光，经过遮光板后变成两条细小的平行光束，分别通过测量池与参比池，紫外滤光片滤掉非单色光，然后照射到两个紫外光敏电阻上，将此二光敏电阻接入惠斯登电桥，根据输出信号差进行检测。测量池体积在 5 ~ 10 μL，光路长 5 ~ 10 mm，其结构形式常采用 H 形或 Z 形。光电转换元件也可采用光电管或光电倍增管。检测波长一般固定在 254 nm 和 280 nm。

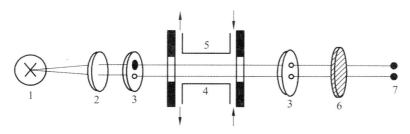

图 7-2　紫外检测器光路示意图

1—低压汞灯；2—透镜；3—遮光板；4—测量池；5—参比池；
6—紫外滤光片；7—双紫外光敏电阻

紫外光度检测器具有很高的灵敏度，最小检测浓度可达 10^{-9} g/mL，它对温度和流速不敏感，可用于梯度洗提。其结构较简单，但不适用于对紫外光完全不吸收的试样，溶剂选用亦受限制（对紫外光吸收强烈的溶剂不能用）。为了扩大应用范围和提高选择性，可应用可变波长检测器。用此检测器，还能获得分离组分的紫外吸收光谱。即当样品组分通过流通池时，短时间中断液流进行快速扫描，便可得到紫外吸收光谱，为定性分析提供信息，或据此选择最佳检测波长。

项目二　高效液相色谱定性与定量方法

任务一　高效液相色谱法的基本概念和术语

一、常用术语

基线：在色谱操作条件下，没有被测组分通过鉴定器时，记录器所记录的检测器噪声随时间变化图线称为基线。

死时间：从进样到惰性气体峰出现极大值的时间称为死时间，以 t_d 表示。

保留时间：从进样到出现色谱峰最高值所需的时间称保留时间，以 t_R 表示。

校正保留时间：保留时间与死时间之差称校正保留时间，以 t'_R 表示。

死体积：死时间与载气平均流速的乘积称为死体积，以 V_d 表示。载气平均流速以 F_c 表示，$V_d = t_d F_c$。

保留体积：保留时间与载气平均流速的乘积称保留体积，以 V_R 表示，$V_R = t_R F_c$。

峰面积：流出曲线（色谱峰）与基线构成的面积称峰面积，用 A 表示。

拖尾因子：反映峰对称性的指标。

二、色谱检测的特性

（1）灵敏度高。

（2）线性范围宽。

（3）分离度与柱效、选择因子、容量因子、分析时间的关系：

① 分离度与柱效的关系：增加柱长，分离度提高，分析时间长。

② 分离度与选择因子的关系：α 大，选择性好，对分离度影响最大。

③ 分离度与容量因子的关系：K 增加，R 增加。但 $K > 10$ 时作用不大。

④ 分离度分析时间的关系：K 在 $2 \sim 5$ 时，可在较短分析时间，取得良好的分离度。

⑤ 分离度与柱效的平方根成正比，选择因子一定时，增加柱效。

⑥ 分配系数与分配比都是与组分及固定相的热力学性质有关的常数，随分离柱温度、柱压的改变而变化：一般通过改变固定相和流动相的性质和组成或降低柱温，可增大选择因子。

⑦ 增大选择因子的最有效方法是选择合适的固定液。对于液相色谱，改变流动相的组成，可以有效控制 K。

任务二　高效液相色谱定性方法

高效液相色谱仪分析过程中影响溶质迁移的因素较多，同一组分在不同色谱条件下的保留值相差很大，即便在相同的操作条件下，同一组分在不同色谱柱上的保留也可能差别很大，因此，高效液相色谱与气相色谱相比，定性的难度更大。

高效液相色谱仪分析中常用的定性方法有利用已知标准样品定性、利用检测器的选择性定性和利用紫外检测器全波长扫描功能定性等。

一、利用已知标准样品定性

利用标准样品对未知化合物定性是最常用的高效液相色谱定性方法。

由于每一种化合物在特定的色谱条件下（流动相组成、色谱柱和柱温等相同），其保留值具有特征性，因此，可以利用保留值进行定性。如果在相同的色谱条件下，被测化合物与标准样品的保留值一致，可以初步认为被测化合物与标准样品相同。若流动相组成经多次改变后，被测化合物的保留值仍与标准样品的保留值一致，就能进一步证实被测化合物与标准样品为同一化合物，具体的操作主要有以下两种方法。

1. 外标对照法

在相同的色谱条件下，分别进样品溶液与高纯度的单一组分对照品溶液，推荐先进样品溶液，确定系统适应性没有问题后再进对照品溶液。对比两组分的保留时间，一般保留时间相对差异在 5% 以内，同时绝对误差在 0.1 min 以内的认定为同一个物质，但仍遵守"同一组分保留时间肯定一样，但保留时间一样不一定是同一组分，保留时间不一样的肯定不是同一组分"的原则。

2. 标准加入法

在相同的色谱条件下，将高纯度的对照品加入样品溶液中再上机检测，与相同浓度未加对照品的样品溶液比较，峰高或峰面积呈等比例增加的，可认定为是同一物质。此法比较适用于组分比较复杂，邻近有干扰组分峰时。

上述方法尽量使用柱效高或长柱，峰高尽量小一些，甚至可以小到定量限浓度，一些在高响应下是单个峰的，在低响应时可能是两个峰，所以一定要注意峰形，只要峰形与对照品不一致，就要怀疑不是同一个物质。再严谨一点，还可以改变流动相组成、色谱柱、柱温等，样品中的组分峰应与对照品的组分峰有相同的变化。

二、利用检测器的选择性定性

同一种检测器对不同种类的化合物的响应值是不同的，而不同的检测器对同一种化合物的响应也是不同的。所以当某一被测化合物同被两种或两种以上检测器检测时，两检测器或几个检测器对被测化合物检测灵敏度比值与被测化合物的性质是密切相关的，可以用来对被测化合物进行定性。这是双检测器定性的基本原理。

双检测器体系的连接有串联和并联两种方式。当两种检测器中的一种是非破坏型的，可以采用简单的串联连接方式，方法是将非破坏型检测器串接在破坏型检测器之前。若两种检测器都是破坏型的，需采用并联方式连接，方法是在色谱柱的出口端连接一个三通，分别连接到两个检测器上。在高效液相色谱中最常用于定性分析的双检测体系是紫外检测器（UVD）和荧光检测器（FLD）。

三、利用紫外检测器全波长扫描功能定性

紫外检测器是高效液相色谱中使用最广泛的一种检测器。全波长扫描紫外检测器可以根据被检测化合物的紫外光谱图提供一些有价值的定性信息。传统的方法是在色谱图上某组分的色谱峰出现极大值，即浓度最大时，通过停泵等手段，使组分在检测池中滞留，然后对检测池中的组分进行全波长扫描，得到该组分的紫外-可见光谱图，再取可能的标准样品按同样方法处理。对比两者光谱图即能鉴别出该组分与标准样品是否相同。某些有特殊紫外光谱图的化合物也可以通过对照标准谱图来识别。

四、破坏法

将物质进行化学破坏，可以是酸、碱降解，也可以是衍生后再进行检测，看组分峰的变化。当然，此方法不适用于组分复杂的样品。

任务三　高效液相色谱定量方法

一、系统适应性试验

高效液相色谱仪的紫外检测器灵敏度可达 0.01 μg，进样量在 μL 数量级，细微的偏差都

会对含量测定造成巨大的影响。为了确定分析使用的色谱系统是有效的、适用的，我们需要进行系统适应性试验。

色谱系统的适用性试验通常包括理论板数、分离度、灵敏度、拖尾因子和重复性等五个参数。

按各品种正文项下要求对色谱系统进行适用性试验，即用规定的对照品溶液或系统适用性试验溶液在规定的色谱系统进行试验，必要时，可对色谱系统进行适当调整，以符合要求。

1. 色谱柱的理论板数（n）

用于评价色谱柱的分离效能。由于不同物质在同一色谱柱上的色谱行为不同，采用理论板数作为衡量柱效能的指标时，应指明测定物质，一般为待测物质或内标物质的理论板数。

在规定的色谱条件下，注入供试品溶液或各品种项下规定的内标物质溶液，记录色谱图，量出供试品主成分色谱峰或内标物质色谱峰的保留时间 t_R 和峰宽（W）或半高峰宽（$W_{h/2}$），按 $n = 16(t_R/W)^2$ 或 $n = 5.54(t_R/W_{h/2})^2$ 计算色谱柱的理论板数。t_R、W、$W_{h/2}$ 可用时间或长度计（下同），但应取相同单位。

2. 分离度（R）

用于评价待测物质与被分离物质之间的分离程度，是衡量色谱系统分离效能的关键指标。可以通过测定待测物质与已知杂质的分离度，也可以通过测定待测物质与某一降解产物的分离度，对色谱系统分离效能进行评价与调整。

无论是定性鉴别还是定量测定，均要求待测物质色谱峰与内标物质色谱峰或特定的杂质对照色谱峰及其他色谱峰之间有较好的分离度。除另有规定外，待测物质色谱峰与相邻色谱峰之间的分离度应大于 1.5。分离度的计算公式为

$$R = \frac{2 \times (t_{R2} - t_{R1})}{W_1 + W_2} \text{ 或 } R = \frac{2 \times (t_{R2} - t_{R1})}{1.70 \times (W_{1,h/2} + W_{2,h/2})} \tag{7-1}$$

式中　t_{R2}——相邻两色谱峰中后一峰的保留时间；

　　　t_{R1}——相邻两色谱峰中前一峰的保留时间；

W_1、W_2 及 $W_{1,h/2}$、$W_{2,h/2}$——此相邻两色谱峰的峰宽及半高峰宽（图7-3）。

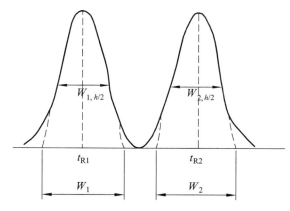

图 7-3　W_1、W_2 及 $W_{1,h/2}$、$W_{2,h/2}$ 关系图

当对测定结果有异议时，色谱柱的理论板数（n）和分离度（R）均以峰宽（W）的计算

结果为准。

3. 灵敏度

用于评价色谱系统检测微量物质的能力，通常以信噪比（S/N）来表示。通过测定一系列不同浓度的供试品或对照品溶液来测定信噪比。定量测定时，信噪比应不小于 10；定性测定时，信噪比应不小于 3。系统适用性试验中可以设置灵敏度实验溶液来评价色谱系统的检测能力。

4. 拖尾因子（T）

用于评价色谱峰的对称性。拖尾因子计算公式为

$$T = \frac{W_{0.05h}}{2d_1} \tag{7-2}$$

式中　$W_{0.05h}$——5%峰高处的峰宽；

　　　d_1——峰顶在 5%峰高处横坐标平行线的投影点至峰前沿与此平行线交点的距离（图 7-4）。

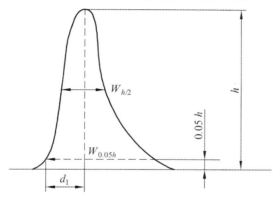

图 7-4　拖尾因子各参数关系图

以峰高作为定量参数时，除另有规定外，T 值应在 0.95 ~ 1.05。

以峰面积作为定量参数时，一般的峰拖尾或前伸不会影响峰面积积分，但严重拖尾会影响基线和色谱峰起止的判断和峰面积积分的准确性，此时应在各品种正文项下对拖尾因子做出规定。

5. 重复性

用于评价色谱系统连续进样时响应值的重复性能。采用外标法时，通常取各品种项下的对照品溶液，连续进样 5 次，除另有规定外，其峰面积测量值的相对标准偏差应不大于 2.0%；采用内标法时，通常配制相当于 80%、100% 和 120% 的对照品溶液，加入规定量的内标溶液，配成 3 种不同浓度的溶液，分别至少进样 2 次，计算平均校正因子，其相对标准偏差应不大于 2.0%。

二、定量方法的分类

1. 内标法

按各品种正文项下的规定，精密称（量）取对照品和内标物质，分别配成溶液，各精密量取适量，混合配成校正因子测定用的对照溶液。取一定量进样，记录色谱图。测量对照品

和内标物质的峰面积或峰高，按下式计算校正因子：

$$校正因子（f）= \frac{A_s / c_s}{A_R / c_R}$$

（7-3）

式中　A_s——内标物质的峰面积或峰高；

　　　A_R——对照品的峰面积或峰高；

　　　c_s——内标物质的浓度；

　　　c_R——对照品的浓度。

再取各品种项下含有内标物质的供试品溶液，进样，记录色谱图，测量供试品中待测成分和内标物质的峰面积或峰高，按下式计算含量：

$$含量（c_x）= f \times \frac{A_x}{A_s' / c_s'}$$

（7-4）

式中　A_x——供试品的峰面积或峰高；

　　　c_x——供试品的浓度；

　　　A_s'——内标物质的峰面积或峰高；

　　　c_s'——内标物质的浓度；

　　　f——内标法校正因子。

采用内标法，可避免因供试品前处理及进样体积误差对测定结果的影响。

优点：不需所有组分都出峰（校正因子），操作条件和进样量基本无影响。

缺点：内标物难找，应满足稳定无反应、结构性能相似、保留时间内插并完全分离。

注意：内标法比较适用于低含量组分的分析，一般选作内标物的物质，最好在样品中不存在，其保留值在所有组分保留值的中间，加入内标物的含量和待测组分含量不应相差很大。

2. 外标法

按各品种项下的规定，精密称（量）取对照品和供试品，配制成溶液，分别精密取一定量，进样，记录色谱图，测量对照品溶液和供试品溶液中待测物质的峰面积（或峰高），按下式计算含量：

$$含量（c_x）= c_R \times \frac{A_x}{A_R}$$

（7-5）

式中，各符号意义同上。

由于微量注射器不易精确控制进样量。当采用外标法测定时，以手动进样器定量环或自动进样器进样为宜。

优点：简便，不需要所有组分都出峰（校正因子），经常用于几个组分的分析。

缺点：操作条件波动的影响较大，进样量影响大。

3. 加校正因子的主成分自身对照法

测定杂质含量时，可采用加校正因子的主成分自身对照法。在建立方法时，按各品种项下的规定，精密称（量）取待测物对照品和参比物质、对照品适量，配制待测物校正因子的溶液，进样，记录色谱图，按下式计算待测物的校正因子。

$$校正因子 = \frac{c_A / A_A}{c_B / A_B}$$

（7-6）

式中　c_A——待测物的浓度；

　　　A_A——待测物的峰面积或峰高；

　　　c_B——参比物质的浓度；

也可精密称（量）取主成分对照品和杂质对照品各适量，分别配制成不同浓度的溶液，进样，记录色谱图，绘制主成分浓度和杂质浓度对其峰面积的回归曲线，以主成分回归直线斜率与杂质回归直线斜率的比计算校正因子。

校正因子可直接载入各品种项下，用于校正杂质的实测峰面积。需进行校正计算的杂质，通常以主成分为参比，采用相对保留时间定位，其数值一并载入各品种项下。

测定杂质含量时，按各品种项下规定的杂质限度，将供试品溶液稀释成与杂质限度相当的溶液，作为对照溶液；进样，记录色谱图，必要时，调节纵坐标范围（以噪声水平可接受为限）使对照溶液的主成分色谱峰的峰高达满量程的 10% ~ 25%。除另有规定外，通常含量低于 0.5% 的杂质，峰面积的相对标准偏差（RSD）应小于 10%；含量在 0.5% ~ 2%的杂质，峰面积的 RSD 应小于 5%；含量大于 2%的杂质，峰面积的 RSD 应小于 2%。然后，取供试品溶液和对照品溶液适量，分别进样，除另有规定外，供试品溶液的记录时间，应为主成分色谱峰保留时间的 2 倍，测量供试品溶液色谱图上各杂质的峰面积，分别乘以相应的校正因子后与对照溶液主成分的峰面积比较，计算各杂质含量。

4. 不加校正因子的主成分自身对照法

测定杂质含量时，若无法获得待测物质的校正因子，或校正因子可以忽略，也可采用不加校正因子的主成分自身对照法。同上述第 3 法配制对照溶液、进样调节纵坐标范围和计算峰面积的相对标准偏差后，取供试品溶液和对照溶液适量，分别进样。除另有规定外，供试品的记录时间应为主成分色谱峰保留时间的 2 倍，测量供试品溶液色谱图上各杂质的峰面积并与对照溶液主成分的峰面积比较，依法计算杂质含量。

5. 面积归一化法

按各品种项下的规定，配制供试品溶液，取一定量进样，记录色谱图。测量各峰的面积和色谱图上除溶剂峰以外的总色谱峰面积，计算各峰面积占总峰面积的百分率。用于杂质检查时，由于仪器响应的线性限制，峰面积归一化法一般不宜用于微量杂质的检查。

优点：简单方便，不受进样量及操作条件波动的影响。

缺点：所有组分都必须出峰，每个组分都必须有校正因子。

项目三　高效液相色谱法的分离原理

通常高效液相色谱法依据溶质（样品）在固定相和流动相的分离机理不同，分为以下几种类型：液-固吸附色谱法、液-液分配色谱法、化学键合相色谱法、离子交换色谱法、离子色谱法、离子对色谱法、尺寸排阻色谱法等。

任务一　液-固吸附色谱法（LSC）

液-固色谱法是液相色谱使用中历史最悠久的一种方法，它是在 20 世纪初由茨维特提出的，成功地用于植物色素分离，从而开创了色谱分离法。液-固色谱法的固定相为固体吸附剂，是一些多孔的固体颗粒物质，在它们的表面上存在着吸附中心。不同的分子由于在固定相上的吸附作用不同而得到分离，因此，也称为吸附色谱。

一、分离原理

当流动相分子（S）和溶质分子（X）进入色谱柱，通过固定相时，溶质分子和流动相分子在吸附剂表面上的吸附中心竞争吸附，可用下式表示：

$$X_m + nS_a \longrightarrow X_a + nS_m$$

式中　S_a 和 S_m 分别表示被吸附在固定相表面上的溶剂分子和在流动相中的溶剂分子，X_m 和 X_a 分别表示在流动相中和被吸附的溶质分子。n 是被吸附的溶剂分子数。溶质分子 X_m 被吸附，将取代固定相表面上的溶剂分子 S_a，这种竞争吸附达到平衡时，有

$$K_A = \frac{[X_a][S_m]^n}{[X_m][S_a]^n} \tag{7-7}$$

式中　K_A——吸附平衡常数。

K_A 值的大小由溶质和吸附剂分子间相互作用的强弱决定。K_A 值大表示组分在吸附剂上保留能力强，难于洗脱；K_A 值小则保留能力弱，易于洗脱。样品中各组分因此得以分离。

二、固定相

液-固色谱中的固定相吸附剂可分为极性和非极性两大类。

极性吸附剂为各种无机氧化物，如硅胶、氧化铝、氧化镁、硅酸镁及分子筛等；非极性吸附剂最常见的是活性炭。

溶质分子与极性吸附剂吸附中心的相互作用，会随溶质分子上官能团极性的增加或官能团数目的增加而增加，这会使溶质在固定相上的保留值增大。不同类型的有机化合物，在极性吸附剂上的保留顺序如下：

氟碳化合物<饱和烃<烯烃<芳烃<有机卤化物<醚<硝基化合物<腈<酯、酮、醛<醇<羧酸。

目前，由于硅胶线性容量高，机械性能好，不溶胀，与大多数样品不发生化学反应，是使用最多的固定相。

任务二　液-液分配色谱法（LLPC）

流动相和固定相都是液体的色谱法，称液-液色谱法。作为固定相的液体涂在惰性载体表

面上，形成一层液体膜，与流动相不相溶。

一、分离原理

溶质（样品）分子进入色谱柱后，分别在流动相和固定相的液膜上溶解，在两相进行分配，如同液-液萃取一样。当达到平衡时，分配系数 K_p 由下式计算。

$$K_p = \frac{c_s}{c_m}$$ （7-8）

式中　c_s，c_m——溶质在固定相和流动相中的浓度。

每种组分在两相的溶解度不同，分配系数不同。在同一色谱条件下，两种组分中分配系数大的组分在固定相中的浓度相对较大，分配系数小的组分在固定相中的浓度相对较小，经多次分配，两组分得到分离。

二、固定相

液-液色谱固定相由两部分组成，一部分是作为载体的惰性微粒，另一部分是涂在载体表面上的固定液。原则上凡是在气-液色谱中使用的固定液，在液-液色谱中都可以使用。但由于液-液色谱流动相与被分离物质相互作用，流动相极性的微小变化，都会使组分的保留值出现较大的改变。因此，在液-液色谱中，只需用几种极性不同的固定液即可。常用 β，β'-氧二丙腈、聚乙二醇、角鲨烷等。

在液-液色谱中，固定液只是机械地涂抹在载体上，由于流动相的溶解作用或冲洗作用而容易流失。结果将导致被分离组分保留值的变化，不能采用梯度洗脱，同时还污染样品。因此，20 世纪 80 年代初，研制成功的一种新型固定相——化学键合固定相，得到了广泛应用。

任务三　化学键合相色谱法（BPC）

用化学反应的方法通过化学键把固定液有机分子结合到载体表面的液相色谱法，叫作化学键合相色谱法。一般都采用硅胶为载体。利用硅胶表面的硅醇基（$\equiv$Si—OH）与多种有机分子成键，可以得到各种性能的化学键合固定相。

应用范围最广泛的是硅烷化（$\equiv$Si—O—Si—C）键合固定相。制备反应如下：

$$\equiv Si-OH + ClSiR_3（或 ROSiR_3）\longrightarrow \equiv Si-O-SiR_3 + HCl$$

这类键合固定相的特点是制备简单；具有良好的热稳定性；不易吸水；耐有机溶剂，不易流失；能在 70 ℃ 以下，pH = 2 ~ 8 的较宽范围内正常工作；可以键合不同官能团，能灵活地改变选择性；可用于梯度洗脱。

化学键合固定相的分离原理：由于键合基团不能全部覆盖具有吸附能力的载体，所以既不是典型的液-液分配过程，也不是全部吸附过程，而是双重机理兼而有之，只是按键合量的多少而各有侧重。应用于多环芳烃的分离测定，可以得到令人十分满意的效果，见图 7-5。

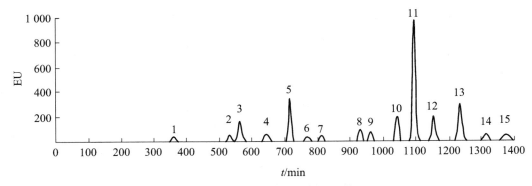

图 7-5 16 种多环芳烃萤火色谱

1—萘；2—二氢苊；3—芴；4—菲；5—蒽；6—荧蒽；7—芘；8—苯并（a）蒽；9—屈；10—苯并（b）荧蒽；
11—苯并（k）荧蒽；12—苯并（a）芘；13—二苯并（a,h）蒽；
14—苯并（g,h,i）芘；15—茚并[1, 2, 3-ed]芘

任务四　离子交换色谱法（IEC）

利用离子交换剂做固定相的液相色谱法称为离子交换色谱法。凡是在溶液中能够电离的物质，通常都可用离子交换法进行分离，也可用于有机物的分离，如氨基酸、核酸、蛋白质等生物大分子，应用比较广泛。

一、分离原理

离子交换剂是一种有带电荷官能团的固体。带 —SO_3— 等负电荷官能团的称阳离子交换剂。带 —NR_3^+等正电荷官能团的称阴离子交换剂。它们都带有可游离的离子。当被分析物质进入色谱柱后产生的阳离子 M^+和阴离子 X^-可与离子交换剂上可游离的离子进行交换，反应通式如下

阳离子交换：$R — SO_3^- H^+ + M^+ \longrightarrow R — SO_3^- M^+ + H^+$

阴离子交换：$R — NR_3^+ Cl^- + X^- \longrightarrow R — NR_3^+ X^- + Cl^-$

通式为：$R—A+B \longrightarrow R—B+A$

达平衡时，平衡常数（离子交换反应的选择系数）计算式如下：

$$K_{BA} = \frac{[B]_r[A]}{[B][A]_r} \tag{7-9}$$

式中　$[A]_r$，$[B]_r$——交换剂中洗脱离子 A 和样品离子 B 的浓度；

$[A]$，$[B]$——它们在溶液中的浓度；

选择性系数 K_{BA} 表示样品离子 B 对于 A 型交换剂亲和力的大小。

K_{BA} 越大，说明 B 离子交换能力越大，越易保留而难于洗脱。

二、固定相

常用的离子交换剂的固定相有：

（1）多孔型离子交换树脂。它是聚苯乙烯和二乙烯苯基的交联聚合物，直径为 5~20 μm。

（2）离子交换键合固定相。它是用化学反应将离子交换基团键合到惰性载体表面。它的优点是机械性能稳定，可使用小粒度固定相和高柱压来实现快速分离。

任务五　离子色谱法（IC）

离子交换色谱的流动相是电解质溶液，对于可检测电解质溶液的通用型检测器——电导检测器来说，样品以电解质溶液为背景，而被测物的浓度又大大小于流动相电解质的浓度，这样难以测量由于样品离子的存在而产生的微小电导的变化。长时间以来没有一种可以和电导检测器相配合的分离模式。直到 1975 年 Small 在分析柱和检测器之间增加了一个"抑制柱"，消除洗脱液中离子本身带来的本底电导，这一方法叫作"离子色谱"。这一方法提出之后受到普遍的重视，20 多年来得到了长足的发展，成为分析无机和有机离子十分重要的方法，在各领域中得到广泛的应用。

在离子色谱中，利用抑制柱可以除去流动相中的高浓度电解质，把背景电导加以抑制。现以硫酸钠和硝酸钠的分离为例说明双柱离子色谱的分离原理：以阴离子交换树脂做固定相，以碳酸钠溶液为流动相，可以有效地把两种阴离子分开。洗脱液在进入检测器之前，经过抑制柱，在抑制柱（填充有氢离子型阳离子交换剂）中把洗脱液中的高电导碳酸钠交换为难解离的碳酸溶液，与此同时硝酸根离子和硫酸根离子在抑制柱中也转化为相应的酸。硝酸和硫酸与碳酸不同，比其盐类有更高的导电性，经分离柱分离后，被电导检测器检测出。

20 世纪 80 年代之前离子色谱仅限于用电导检测器来分析简单的无机阴阳离子。目前离子色谱已经发展成为多种分离方式和多种检测方法，成为无机阴阳离子和有机离子的分析中重要而灵敏的方法。近几年来发展了离子色谱用的新型高效分离柱、灵敏的电化学和光学检测器、梯度泵和耐腐蚀的全塑系统，使离子色谱跨进了一个新时代。离子色谱目前在环境科学、生命科学、食品科学领域中获得了广泛的应用。

任务六　流离子对色谱法（IPC）

离子交换色谱法和离子色谱法都是用离子交换剂做固定相分离离子型混合物的方法，而离子对色谱法是用正相或反相色谱柱分离离子和中性化合物混合物的方法。离子对色谱法的出现源于离子对萃取。它是一种液-液分配分离离子化合物的技术，这种萃取方法是选择合适的反电荷离子加入水相中，与被分离的化合物形成离子对，离子对表现为非离子性的中性物质，被萃取到有机相中。在 20 世纪 60 年代初期，把它引入液相色谱中。

现代离子对色谱主要分为两类：正相离子对色谱和反相离子对色谱。现在最常用的是反相离子对色谱。反相离子对色谱兼有反相色谱和离子色谱的特点，它保持了反相色谱的操作简便、柱效高的优点，而且能同时分离离子型化合物和中性化合物。

反相离子对色谱常以非极性疏水固定相如 ODS（或 C_2、C_8）做填料，流动相是含有离子（如 B^-）的极性溶液，当样品（含有被分离的离子 A^+）进入色谱柱之后，A^+ 和 B^- 相互作用生成中性化合物 AB，AB 就会被疏水性固定相分配或吸附，按照它和固定相及流动相之间的作用力大小被流动相洗脱下来。

反相离子对色谱在许多领域中得到应用，如无机阴离子、阳离子、生物碱、维生素、抗生素以及其他药物的分析，在生物化学、石油、石油化工等方面也有很多应用。

任务七　尺寸排阻色谱法（SEC）

尺寸排阻色谱法是利用多孔凝胶的特性，基于样品分子的尺寸大小和形状不同来实现分离的方法，也称凝胶渗透色谱法。根据所用凝胶性质，可分为使用水溶液的凝胶过滤色谱法（GFC）和使用有机溶剂的凝胶渗透色谱法（GPC）。

一、分离原理

尺寸排阻色谱法的填充剂是凝胶，它是一种表面惰性、含有许多不同尺寸的孔穴的物质。对于大分子，由于不能进入孔穴而被排阻，首先被流动相洗脱出来；中等大小的分子能进入一些适当的孔穴中，但不能进入更小的微孔，在柱中受到滞留，较慢地从柱中洗脱出来；小分子可进入凝胶的绝大部分孔穴，而不受到排阻，会更慢地被洗脱出来，因而实现分离。分配系数 K_D 为

$$K_D = \frac{[X_s]}{[X_m]}\qquad\qquad（7\text{-}10）$$

式中　$[X_s]$ ——样品分子在多孔凝胶固定相中的平衡浓度；
　　　$[X_m]$ ——样品分子在流动相中的平衡浓度。

当凝胶固定相中所有孔穴都能接受样品分子时，$[X_s] = [X_m]$，则 $K_D = 1.0$，此即为凝胶的渗透极限。若凝胶固定相的所有孔穴都不能使样品分子进入，则 $[X_s] = 0$，$K_D = 0$，此即为凝胶的排阻极限。因此在尺寸排阻色谱中，不同尺寸样品分子的分布系数 K_D 总保持在 0~1.0。

二、固定相

尺寸排阻色谱固定相的种类很多，依机械强度不同可分为软性（如聚苯乙烯）、半刚性（交联聚乙烯醋酸酯）和刚性凝胶（多孔玻璃珠）三类。凝胶是指含有大量液体（一般是水）的柔软而富于弹性的物质，它是一种经过交联而具有主体网状结构的多聚体。可以用于研究高分子化合物的相对分子质量分布。

项目四　高效液相色谱流动相

在气相色谱中，流动相载气起输送样品的作用，主要是通过选择固定相来提高选择性和改善分离效果。在液相色谱中，固定相和流动相均可改变。当固定相选定时，流动相对分离

的影响有时比固定相还要大，而且可供选用的流动相的范围也宽。

任务一　流动相选择的一般方法

一、流动相的一般要求

选择流动相，首先要考虑溶剂的理化性质，应满足以下要求：

（1）对样品有一定的溶解度，否则，在柱头易产生部分沉淀。

（2）适用于所选用的检测器，如对 UV 检测器，不能用对紫外光有吸收的溶剂。

（3）化学惰性好。如液-液色谱中流动相不能与固定相互溶，否则，会造成固定相流失。液-固色谱中，硅胶吸附剂不能用碱性溶剂（如胺类）；氧化铝吸附剂不能用酸性溶剂。

（4）低黏度。黏度太大会降低样品组分的扩散系数，造成传质减慢，柱效下降，同时，也会引起柱压升高。

（5）纯度要高。一般宜采用专门的色谱纯试剂。如果不纯，会引起检测器噪声增加，基线出现较多杂质小峰，干扰定性和定量。

（6）使用安全，毒性低，对环境友好。

二、流动相对分离度的影响

分离度的影响因素可用色谱分离基本方程式说明：

$$R = \frac{n}{4} \quad \frac{\alpha-1}{\alpha} \quad \frac{k}{1+k} \qquad (7\text{-}11)$$
$$(a) \qquad (b) \qquad (c)$$

其中（a）为柱效项，影响色谱峰的宽度，主要由色谱柱的性能所决定；（b）为柱选择性项，影响色谱峰间距离；（c）为容量因子项，影响组分的保留时间。提高分离度有效的途径是在高效色谱柱上，通过改变 α 和 k 值来改善 R 值。流动相的种类和配比、pH 值及添加剂均影响溶质的 k 值和 α 值。一般来说，样品组分的 k 在 $1 \sim 10$ 内，以 $2 \sim 5$ 最佳。对复杂混合物，k 值可扩展至 $0.5 \sim 20$。k 值过大，不但分析时间延长，而且使峰形平坦，影响分离度和检测灵敏度。大多数分离工作可在选定样品 k 值处于 $1 \sim 5$ 的流动相后，再经柱效最佳化完成。但对某些两个或多个色谱峰严重重叠的情况，须通过改变 α 值，即流动相的选择性来解决。

任务二　液-液分配色谱流动相

液-液分配色谱中，样品组分的 k 值主要受溶剂的极性（强度）的影响。如在正相色谱中，先选中等极性的溶剂作为流动相，若组分的保留时间太短，表示溶剂的极性太大，改用极性较弱的溶剂，若保留时间又太长，则可选极性在上述两种溶剂之间的溶剂再进行试验，以选定最适宜的溶剂。在保持溶剂极性（强度）不变的条件下，改变流动相的种类，可通过改变其选择性来改变 α 值。

一、溶剂的极性（强度）

溶剂极性的表述方法有很多，最常用的是溶剂极性参数 P'。一些溶剂的 P' 值见表 7-1，其中水的极性最大。

表 7-1　常用溶剂的极性参数 P' 与选择性分组

溶剂	P'	选择性分组	溶剂强度 ε^0	溶剂	P'	选择性分	溶剂强度 ε^0
正戊烷	0.0			四氢呋喃	4.0	III	0.35
正己烷	0.1		0.00	氯仿	4.1	VII	0.26
1-氯丁烷	1.0	VI		乙醇	4.3	II	
四氯化碳	1.6		0.11	乙酰乙醋	4.4	VI	0.38
甲苯	2.4	VII		甲乙酮	4.7	VI	
苯	2.7	VII		丙酮	5.1	IV	
异丙醚	2.4	I		甲醇	5.1	II	0.73
乙醚	2.8	I	0.38	乙腈	5.8	VI	0.50
二氯甲烷	3.1	V	0.32	乙酸	6.0	IV	20.73
异丙醇	3.9	II	0.63	甲酰胺	9.6	IV	
正丙醇	4.0	II		水	10.2	VII	20.73

混合溶剂的 P'_{AB} 值可由下式计算

$$P'_{AB} = \phi_A P'_A + \phi_B P'_B \qquad (7\text{-}12)$$

式中　ϕ_A, ϕ_B——混合溶剂中 A 和 B 的体积分数；

　　　P'_A 和 P'_B——纯溶剂 A 和 B 的极性参数。

调节溶剂极性可使样品组分的 k 值在适宜范围。对正相色谱，二元溶剂的极性参数和组分 k 值有如下关系：

$$\frac{k_2}{k_1} = 10(P'_1 - P'_2)/2 \qquad (7\text{-}13)$$

式中　P'_1 和 P'_2——初始和调整后二元溶剂的极性参数；

　　　k_1, k_2——组分相应的容量因子。

二、溶剂的选择性

当二组分色谱峰相互重叠时，可在保持极性不变的情况下，通过改变溶剂种类来改善其选择性。Synder 将溶剂和样品分子间的作用力作为溶剂选择性分类的依据，并将溶剂选择性参数分为 3 类：溶剂接受质子、给予质子和偶极作用的能力，根据此 3 类选择性参数（接受质子的能力 X_e、给予质子的能力 X_d 和偶极作用的能力 X_n），将 81 种溶剂的 X_e，X_d，X_n 值绘在三角坐标图中（图 7-6），按具有相似选择性原则可分为 8 组溶剂。如 I 组溶剂的 X_e 较大，属于质子受体溶剂，如脂肪醚；V 组溶剂的 X_n 较大，属偶极作用力溶剂，以二氯甲烷为代表；VIII组溶剂的 X_d 值较大，属质子给予体溶剂，以氯仿为代表。同一组溶剂在分离中具有相似的选择性，不同组别的溶剂，其选择性差别较大。采用不同组别的溶剂，可显著改变溶剂的选择性。

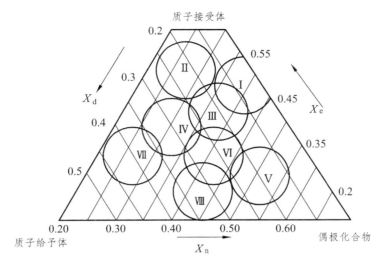

图 7-6　溶剂选择性分组的三角形坐标示意图

三、正相色谱流动相的选择

正相色谱的固定相是极性的，故增加溶剂的 P' 值，可增加洗脱能力，使组分 k 值下降。选择合适 P' 值的溶剂，使样品 k 值在 $1 \sim 10$ 内，通常在饱和烷烃，如正己烷中加入极性溶剂，调节极性溶剂的比例使 P' 能达到理想的 k 值。若分离选择性不好，则改用其他组别的溶剂来改善选择性。若二元溶剂不行，还可考虑使用三元或四元溶剂体系。

四、反相色谱流动相的选择

反相色谱固定相是非极性的，所以溶剂的极性增加，洗脱能力增加，样品的 k 值增加。

一般以水和甲醇或乙腈组成二元溶剂，已能满足多数分离要求。有时也可加入适当的酸或碱来控制流动相的 pH，以防止出现不对称色谱峰。反相色谱常采用梯度洗脱，使每个组分都在适宜条件下获得分离。

任务三　液-固吸附色谱流动相

对于常用硅胶做吸附剂的液-固吸附色谱，改变溶剂即可得到适宜的 k 值和选择性。

一、溶剂强度

Synder 用溶剂强度参数 ε^0 来定量表示溶剂强度，即其洗脱能力。如果选用初始溶剂太强，使样品组分 k 值过小，则可由表中选 ε^0 值较小的溶剂来替代；反之，若样品组分 k 值太大，则选 ε^0 大的溶剂。

通常吸附色谱使用二元混合溶剂作为流动相，可使溶剂强度随其组成连续改变，而且保持溶剂的低黏度。二元混合溶剂的强度 ε^0 与强溶剂的体积分数不呈线性变化，而是体积分数越大，ε^0 值增加越缓慢。具体确定可参考有关文献。

二、溶剂的选择性

吸附色谱中，样品的 α 值的改变可在等溶剂强度（ε^0 不变）下，用不同性质的溶剂替换强溶剂来试验，找到最适宜的流动相。选择不同溶剂时，除考虑 ε^0 值外，还应考虑试样分子与溶剂分子间的氢键作用等因素。

因吸附色谱分离机制和薄层色谱相同，可以薄层色谱为先导试验来确定液-固色谱的最优分离条件。

任务四　离子交换色谱流动相

离子交换色谱流动相常用含盐的水溶液（缓冲溶液），有时加入适量的有机溶剂如甲醇、乙腈等，以增加某些组分的溶解度。溶剂强度和选择性与盐的类型、浓度、pH 值以及加入的有机溶剂的种类和浓度有关。

一、盐的类型

由于流动相离子与离子交换树脂相互作用力的不同，盐的类型对样品组分的保留值有显著的影响。在阴离子交换中，各种阴离子的滞留次序为：柠檬酸根离子 $> SO_4^{2-} >$ 草酸根离子$> I^- > NO_3^- > CrO_4^{2-} > Br^- > SCN^- > Cl^- > HCOO^- > CH_3COO^- > OH^- > F^-$，即离子交换树脂与柠檬酸根离子结合很强，而与氟离子结合很弱，所以样品组分用柠檬酸根离子洗脱要比用氟离子洗脱快得多；在阳离子交换中，阳离子的滞留次序为 $Ba^{2+} > Pb^{2+} > Ca^{2+} > Ni^{2+} > Cd^{2+} > Co^{2+} > Zn^{2+} > Mg^{2+} > Ag^+ > Cs^+ > Rb^+ > K^+ > NH_4^+ > Na^+ > H^+ > Li^+$，但差别较小，故样品组分随不同阳离子洗脱而引起保留值的变化较小。

二、流动相的离子强度

增加流动相中盐的浓度，即增加其离子强度会增加溶剂强度，降低组分的保留值和 k 值。

三、流动相的 pH 值

离子交换色谱中的样品保留也可通过改变流动相的 pH 值加以控制。阴离子交换中，流动相的 pH 增大，使样品保留值增大；而在阳离子交换中，保留值随 pH 的增大而减小。pH 值在分离中所起主要作用是影响样品组分的电离情况和改变离子交换基上可离解的阴离子或阳离子的数目。流动相 pH 值变化也能改变分离的选择性，但其变化较难预测。样品的保留值一般随着所加入的有机溶剂的增加而减小。

任务五　空间排阻色谱流动相

排阻色谱和其他方法不同之处是，不用采取改变流动相组成的方法来控制分离度。

故选择流动相仅需考虑能很好溶解样品，黏度要低（有利于提高 n 值），要与柱填料匹配。

为减少样品和填料表面之间的相互作用（除了排阻色谱保留作用之外），如填料吸附作用和离子交换作用等，可采用控制流动相的 pH 值和离子强度来解决。

流动相的选择应使样品中所有组分均出峰或尽可能多；各组分间达到满意的分离度；分析时间尽可能短。因此可选择适宜的色谱分离优化目标函数，通过一些最优化方法（如单纯形法等）来确定最佳分离条件。对一些复杂样品可采用梯度洗脱方式，使样品中各组分间达到最大分离度和灵敏度。

项目五　高效液相色谱仪的维护

高效液相色谱是近年来发展起来的一种具有高灵敏度、高选择性的高效快速分离分析技术。它既能用于微量组分的分析测定，又能用于大量的制备分离，灵活多样。高效液相色谱在使用过程中常会出现一些影响分析结果的问题，如果了解一些日常使用和维护注意事项，就能做到早预防、勤维护，提高仪器使用寿命，使分析结果保持较好的稳定性与较高的精确性。

任务一　流动相

一、流动相的性质要求

液相色谱是样品组分在柱填料与流动相之间质量交换而达到分离的目的，因此要求流动相具备以下特点：

（1）流动相应不改变填料的性质。

（2）纯度，色谱柱的寿命与大量流动相通过有关，溶剂所含杂质在柱上积累，影响色谱柱的使用寿命。流动相必须用 HPLC 级的试剂，使用前过滤除去其中的颗粒性杂质和其他物质（使用 0.45 μm 或更细的膜过滤）。

（3）流动相的物化性质要与使用的检测器相适应。比如使用紫外检测器时，所用的流动相在检测波长下应没有吸收或吸收很小，溶剂中如果有吸收紫外光的物质，会使检测背景提高，灵敏度降低，且用于梯度洗脱时会引起严重漂移。

（4）对样品的溶解度要适宜。流动相对样品具有一定的溶解能力，保证样品组分不会沉淀在柱中（或长时间保留在柱中）。

（5）流动相沸点不要太低，否则容易产生气泡，导致实验无法进行。

二、流动相的 pH 值

流动相的 pH 值应控制在 2~8。当 pH 值大于 8 时，可使载体硅胶溶解；当 pH 值小于 2 时，与硅胶相连的化学键合相易水解脱落。

三、流动相的脱气

HPLC 所用的流动相必须预先脱气，否则容易在系统内逸出气泡，影响泵的工作。气泡还会影响柱的分离效率，影响检测器的灵敏度、基线稳定性，甚至使其无法检测。此外，溶解在流动相中的氧还可能与样品、流动相甚至固定相反应，一般采用超声脱气。

四、流动相的过滤

所用溶剂使用前必须经 0.45 μm 滤膜滤过，以除去杂质微粒。用滤膜过滤时，注意分清有机相和水相滤膜，切勿混用。有机相滤膜过水溶液时流速低或滤不动。水相滤膜过有机溶剂时，滤膜会被溶解。严禁溶有滤膜的溶剂用于液相色谱分析中。

五、流动相的贮存

流动相一般贮存于玻璃或不锈钢容器内，不能贮存于塑料容器内。因许多有机溶剂如甲醇、乙酸等可浸出塑料表面的增塑剂，导致溶剂受污染。如用于 HPLC 系统，可能造成柱效降低。贮存容器内一定要盖严，防止溶剂挥发引起组成变化，也防氧气和二氧化碳溶入溶剂。应尽量新鲜配制使用，不要贮存。

六、实验用水

实验用水应为超纯水，并通过滤膜过滤。

任务二 检测器的维护和保养

作为液相色谱仪的三大关键部件（输液泵、色谱柱、检测器）之一的检测器，主要用于监测经色谱柱分离后的组分浓度的变化，将样品组成和含量变化转化为可供检测的信号，完成定性、定量分析。常用的检测器主要有紫外检测器、荧光检测器等。

一、紫外检测器

使用紫外检测器时要注意环境因素带来的干扰。由于静电的作用，检测器在使用时易于从周围环境中吸附尘埃，覆盖在光学元件上的尘埃能降低光的传播效率，加大了光的散射，对检测有影响。故紫外检测器周围的环境要清洁，经常打扫，保持干净。强紫外照射还会使一些光学材料涂层降解，慢慢增加噪声，故检测器应避免阳光直射。长时间不用检测器时，应定期冲洗流路，赶走池内产生的气泡。

二、荧光检测器的使用与维护

荧光检测器的灵敏度比紫外检测器高，特别适用于痕量组分检测。日常使用中应注意以下几点：

（1）不能使用抑制或吸收荧光的溶剂作为流动相。

（2）溶剂的极性和溶液的温度对荧光强度有明显的影响。增大溶剂的极性，导致荧光增强。通常荧光物质溶液的荧光效率和荧光强度，随着温度的升高而降低，液相色谱中，荧光检测器通常在室温下操作，可以保证足够的灵敏度。

（3）当样品浓度过高时，荧光物质分子易与溶剂分子或其他溶质分子相互作用，引起溶液的荧光强度降低，荧光强度不再与浓度呈线性关系，即荧光淬灭效应。因此，在进行荧光检测时，试样要配成低于 10^{-6} g/mL 浓度的溶液，要使用不含荧光物质的溶剂。

任务三　高压恒流泵的维护和保养

为了延长泵的使用寿命和维持其输液的稳定性，应按以下注意事项进行操作：

（1）高压恒流泵为整个色谱系统提供稳定均衡的流动相流速，保证系统的稳定运行和系统的重现性。高压输液泵由步进电机和柱塞等组成，高压力、长时间运行会逐渐磨损泵的内部结构。在升高流速的时候应梯度升高，最好每次升高 0.2 mL/min，当压力稳定时再升高，如此反复直到升高到所需流速。

（2）在仪器使用完了以后，要及时清洗管路冲洗泵，保证泵的良好运转环境，保证泵的正常使用寿命。

（3）防止任何固体微粒进入泵体，因为尘埃或其他任何杂质微粒都会磨损柱塞、密封环等，泵的入口应经常清洗或更换。

（4）流动相不应含有任何腐蚀性物质，含有缓冲液的流动相不应保留在泵内。尤其是在停泵过长时间情况下。由于溶液静置，就可能析出盐的微细晶体。同样会损坏密封环、柱塞等。因此，必须泵入纯水将泵充分清洗，再换成适合于色谱柱保存和有利于泵维护的溶剂。

（5）要防止溶剂瓶内的流动相完，空泵运转会磨损柱塞或密封环，最终产生漏液。

（6）压力不要超过规定的最高压力，否则会使高压密封环变形漏液。

（7）流动相应先脱气，以免在泵内产生气泡，影响流量的稳定性，如果有大量的气泡，泵就无法正常工作。

任务四　色谱柱的维护和保养

液相色谱法对色谱柱的要求是柱效高、选择性好，分析速度快等。所以说色谱柱的正确使用和维护十分重要，稍有不慎就会降低柱效、缩短使用寿命甚至损坏。在色谱操作过程中，要注意下列问题，以维护色谱柱。

（1）所使用的流动相均应为 HPLC 级或相当于该级别的，在配制过程中所有非 HPLC 级的试剂或溶液均经 0.45 μm 薄膜过滤。而且流动相使用前都经过超声仪超声脱气后才使用。

（2）所使用的水必须是经过蒸馏纯化后再经过 0.45 μm 水膜过滤后使用，所有试液均新用新配。并且在进样的样品都必须经过 0.45 μm 薄膜针筒过滤后进样。

（3）本公司检验项目中所使用到的最大流速为 1.0 mL/min，所以流速提升过程应是梯度提升，不存在流速的突升突降。

（4）在仪器检测完了后，均使用水-甲醇（90∶10）清洗管路和色谱柱 1 h 以上，使用水-甲醇（90∶10）保存管路和色谱柱 40 min 以上。

（5）避免压力和温度的急剧变化及任何机械震动。温度的突然变化或者使色谱柱从高处掉下都会影响柱内的填充状况。因此在安装时要轻拿轻放。

（6）色谱柱的使用方向，色谱柱所示方向是评价流动相流动方向。不可以反冲，会迅速降低柱效。

（7）色谱柱 pH 使用范围是 2.0 ~ 9.0。当使用 pH 值超出边界时，分析结束立即用与所使用用流动相互溶的溶剂彻底清洗置换流动相。

（8）避免将基质复杂的样品尤其生物样品直接注入柱内，最好用预处理柱。

（9）若长时间不用该色谱柱，要冲洗好后，用纯甲醇或乙腈封存。

任务五　常见故障及日常维护

表 7-2 至表 7-7 中列出了液相色谱常见的一些问题，右侧则列出了日常维护的方法，可以减少问题出现的频率。

一、溶剂瓶

表 7-2　溶剂瓶的常见及日常维护

问题	维护
1. 进口筛板阻塞	更换（3~月） 过滤流动相，0.45 μm 膜
2. 气泡	流动相脱气

二、泵

表 7-3　泵的常见故障及日常维护

问题	维护
气泡	流动相脱气
泵密封损坏	更换（3 个月）
单向阀损坏	过滤流动相，运用在线过滤，准备备用单向阀

三、进样阀

表 7-4　进样阀的常见故障及日常维护

问题	维护
转子密封损坏	不要拧得过紧 过滤样品

四、色谱柱

表 7-5　色谱柱的常见故障及日常维护

问题	维护
筛板阻塞	过滤流动相 过滤样品 运用在线过滤或保护柱
柱头塌陷	避免使用 pH＞8 的流动相（针对大部分硅胶的柱子） 使用保护柱 使用预柱（饱和色谱柱）

五、检测器

表 7-6　检测器的常见故障及日常维护

问题	维护
灯失效，检测器响应降低，噪音增大	更换（6 个月）或准备备用灯
流通池有气泡	保持流通池清洁、池后使用反压抑制器 流动相脱气

六、一般故障

表 7-7　液相色谱的一般故障及日常维护

问题	维护
腐蚀/摩擦损坏	在不使用时保持系统缓冲液的清洁

综上，液相色谱仪正以分辨率高、分析速度快和应用广泛的优点备受仪器分析工作者的青睐，广泛地应用于生物医药研究、环境监测和食品检测等领域。我们在工作中，为保证分析结果的科学性和准确性，必须重视和加强对液相色谱仪的管理和维护。只有良好规范的管理，才能使仪器处于最佳工作状态，保证各项分析工作顺利完成，得出的实验数据真实可靠。

项目实战 高效液相色谱法测定醋酸地塞米松片含量

一、实战目的

（1）掌握高效液相色谱法测定药物含量的验证内容和要求；

（2）掌握高效液相色谱法测定药物含量的原理；

（3）熟悉建立高效液相色谱法的基本思路。

二、实战内容

1. 色谱条件与系统适用性试验

用十八烷基硅烷键合硅胶为填充剂；以甲醇-水（70∶30）为流动相；检测波长为 240 nm。理论板数按醋酸地塞米松峰计算不得低于 4000，醋酸地塞米松峰与相邻杂质峰的分离度应符合要求。

2. 方法学验证

（1）专属性：醋酸地塞米松片中附加成分有糖粉、淀粉、预胶化淀粉、粉晶纤维素、硬脂酸镁、羧甲基淀粉钠、10%淀粉浆。按处方比例取以上附加成分适量，置 50 mL 容量瓶中，加流动相适量，超声处理 30 min，并用流动相稀释至刻度，摇匀，滤过，弃去初滤液，续滤液过 0.45 μm 滤膜，作为空白溶液。取 20 μL 注入液相色谱仪，记录色谱图。

（2）线性与范围：取醋酸地塞米松对照品约 10 mg，精密称定，置 50 mL 容量瓶中，加流动相溶解并稀释至刻度，摇匀，作为储备液。分别精密量取该储备液 1.0，2.0，3.0，4.0，5.0 mL，置 10 mL 容量瓶中，用流动相稀释至刻度，摇匀，过 0.45 μm 滤膜，分别进样 20 μL，记录色谱图。以峰面积（Y）对进样浓度（X）绘制标准曲线，得回归方程。醋酸地塞米松在 20～100 μg/mL 内，峰面积与浓度之间应呈良好的线性关系。

（3）仪器精密度试验：精密吸取醋酸地塞米松对照品储备液 2.5 mL，置 10 mL 容量瓶中，加流动相稀释至刻度，摇匀，过 0.45 μm 滤膜，进样 20 μL，重复进样 6 次，按上述色谱条件及方法测定色谱峰面积，计算 RSD（%）。

（4）重复性试验：取同一批样品，按样品测定项下的方法测定 5 次，计算其含量测定结果的 RSD（%）。

（5）回收率试验：精密称取已知含量的醋酸地塞米松片（约相当于醋酸地塞米松 1.2 mg），共 9 份，置 50 mL 容量瓶中，加流动相适量，再分别加入地塞米松对照品储备液 4.0，6.5，9.0 mL（分别相当于醋酸地塞米松 0.8，1.3，1.8 mg），每个浓度 3 份，照"供试品测定法"项下的方法操作，计算回收率。

（6）耐用性：在不同厂牌或不同批号的同类色谱柱，不同流动相的配比和 pH 值、柱温、流速等微小变化的条件下，经试验能通过系统适用性试验。

（7）稳定性试验：取"精密度试验"项下溶液在 0，1，2，4，8，12 h 分别进样 20 μL，计算醋酸地塞米松峰面积的 RSD（％），考察测定溶液的稳定性。

3. 样品测定

取本品 20 片，精密称定，研细，精密称取适量（约相当于醋酸地塞米松 2.5 mg），置 50 mL 容量瓶中，加流动相适量，超声处理 30 min 使醋酸地塞米松溶解，并用流动相稀释至刻度，摇匀，滤过，弃去初滤液，续滤液过 0.45 μm 滤膜，作为供试品溶液。取 20 μL 注入液相色谱仪，记录色谱图。另精密量取醋酸地塞米松对照品储备液 2.5 mL，置 10 mL 容量瓶中，加流动相稀释至刻度，同法测定。按外标法以峰面积计算出供试品中醋酸地塞米松的含量。

三、实战点拨——方法学考察的内容与要求

药品质量标准的分析方法根据其使用的对象和检验目的不同，需要验证的项目也不同。对分析方法评价的目的不仅是要验证采用的方法是否适合于相应的检验要求，同时也为建立新的分析方法提供实验研究依据。

制剂中有效成分的含量测定方法的验证项目包括：准确度、精密度、专属性、线性、范围、耐用性、检测限和定量限。

1. 准确度

一般以回收率（％）表示。制剂可用含已知量被测物的各组分混合物进行测定。如不能得到制剂的全部组分，可向制剂中加入已知量的被测物进行测定，或与另一个已建立准确度的方法比较结果。

在规定范围内，制备高、中、低 3 个不同浓度的样品，各测定 3 次，用 9 次测定结果进行评价。应报告已知加入量的回收率（％），或测定结果平均值与真实值之差及其可信限，回收率的相对标准差（RSD）一般应在 2% 以内。

2. 精密度

一般用偏差、标准偏差或相对标准偏差表示。包括重复性、中间精密度和重现性。

（1）重复性：在较短时间间隔内，在相同的操作条件下由同一分析人员测定所得结果的精密度。在规定范围内，制备 3 个不同浓度的样品，各测定 3 次，用 9 次测定结果进行评价，或把被测物浓度当作 100%，用至少 6 次测定结果进行评价。

（2）中间精密度：在同一实验室，由于实验室内部条件的改变，例如不同时间由不同分析人员用不同设备测定所得结果的精密度。为考察随机变动因素对精密度的影响，应进行中间精密度试验。变动因素为不同日期、不同分析人员、不同设备。

（3）重现性：在不同实验室由不同分析人员测定结果的精密度。当分析方法将被法定标准采用时，应进行重现性试验。如建立药典分析方法时通过协同检验得出重现性结果。

3. 专属性

对于药物的含量测定，试样中可加入杂质或辅料，考察测定结果是否受干扰，并与未加杂质和辅料的试样比较测定结果。

4. 检测限

检测限系指试样中被测物能被检测出的最低量。常用的方法如下。

（1）目视法：用已知浓度的被测物，试验出能被可靠检测出的最低浓度或量。

（2）信噪比法：用于能显示基线噪音的分析方法，即把已知低浓度试样测出的信号与空白样品测出的信号进行比较，算出能被可靠检测出的最低浓度或量。一般以信噪比为 3∶1 或 2∶1 时相应浓度或注入仪器的量确定检测限。

5. 定量限

定量限系指样品中被测物能被定量测定的最低量，其测定结果应具一定准确度和精密度。杂质和降解产物用定量测定方法研究时，应确定定量限。

常用信噪比法确定定量限。一般以信噪比为 10∶1 时相应的浓度或注入仪器的量进行确定。

6. 线　　性

线性指在设计范围内，测定结果与试样中被测物质的浓度或量直接成正比关系的程度。用同一贮备液经精密稀释，或分别精密称样，制备一系列供试样品的方法进行测定，至少制备 5 份供试样品。以测得的响应信号作为被测物浓度的函数作图，观察是否呈线性，再用最小二乘法进行线性回归。

测定数据要求：应列出回归方程、相关系数和线性图。

7. 范　　围

范围指能达到一定精密度、准确度和线性的高低限浓度或量的区间。

原料药和制剂含量测定，范围应为测试浓度的 80%～120%。

8. 耐用性

耐用性系指在测定条件有小的变动时，测定结果不受影响的承受程度，为常规检验提供依据。典型的变动因素有：被测溶液的稳定性，样品提取次数、时间等。液相色谱法中典型的变动因素有：流动相的组成和 pH 值，不同厂牌或不同批号的同类色谱柱，柱温，流速等。气相色谱法变动因素有：不同厂牌或批号的色谱柱、固定相，不同类型的担体、柱温，进样口和检测器温度等。经试验，应说明小的变动能否通过设计的系统适用性试验，以确保方法有效。

模块八　离子色谱法

学习目标

◇ 知识目标

※ 了解离子色谱法的分类及其优点和适用范围;
※ 熟悉离子色谱仪的主要部件及基本操作流程;
※ 熟悉离子色谱法适用的分析对象及适用范围。

◇ 技能目标

※ 掌握离子色谱仪的操作;
※ 掌握离子色谱法色谱优化条件的选择。

项目一　离子色谱法概述

离子色谱法（IC）是利用离子交换原理，连续对溶液中共存的多种阴、阳离子进行分离并做定性和定量分析的方法。该法适于测定水溶液中低浓度的阴离子，如饮用水、高纯水、矿泉水、雨水等各种水的离子及水质的分析，纸浆和漂白液的分析，食品、药品的分析，生物体液（尿和血等）中的离子测定，钢铁工业、环境保护等方面的应用。离子色谱能测定下列类型的离子：无机及有机阴离子、碱及碱土金属、重金属、稀土离子、有机酸、胺、铵盐及表面活性剂等。

任务一　离子色谱法的分类

离子色谱（IC）是液相色谱（LC）的一种，离子色谱与高效液相色谱相比较，主要是分离模式不同，其色谱峰的迁移和扩展可用高效液相色谱理论进行描述，常用术语也与高效液相色谱相同。离子色谱法按照工作机理的不同可有以下分类方法。

按照色谱流程的不同，可分为抑制型及非抑制型。现代 IC 的开始源于 H. Small 及其合作者的工作。Small 等将抑制器连接到离子交换分离柱后，通过在抑制柱中发生的化学反应，在进入电导检测器之前，将淋洗液转变成低电导形式、待测离子成高电导形式，降低流动相的背景电导，提高待测离子的电导响应值，称为抑制型离子色谱法。1979 年 Fritz 等提出另一种分离与检测离子的模式，不用抑制器，电导检测池直接连接分离柱，用较低容量的离子交换分离柱，较低离子强度的溶液作为流动相，称为非抑制型离子色谱法。两种方法所用柱填料和淋洗液不同，各有优缺点，相较而言抑制型的应用较非抑制型广。

按照离子分离机制的不同，可分为高效离子交换色谱（HPIC）、离子排斥色谱（HPIEC）和离子对色谱（MPIC）。它们的柱填料树脂骨架基本上都是苯乙烯-二乙烯基苯的共聚物，只是树脂的离子交换功能基和容量有区别。HPIC 用低容量的离子交换树脂，其离子分离的机理主要是离子交换；HPIEC 用高容量的树脂，其离子分离的机理主要是离子排斥；MPIC 用不含离子交换基团的多孔树脂，其离子分离的机理主要是基于吸附和离子对的形成。三种方法分离机理不同，使用条件及适用范围有所区别，现分别介绍如下。

一、高效离子交换色谱（HPIC）

（一）高效离子交换色谱（HPIC）的离子交换机理

高效离子交换色谱（HPIC）是离子交换树脂上可以离解的离子，与流动相中相同电荷的溶质离子之间进行的一种可逆交换，其固定相具有固定电荷的功能基。一般阴离子交换色谱固定相的功能基是季铵基；阳离子交换色谱固定相的功能基是羧酸基和膦酸基。在离子交换的过程中，流动相（又称淋洗液）连续提供与固定相离子交换位置上平衡离子相同电荷的离子，这种平衡离子与固定相离子交换位置的相反电荷以库仑力相结合，并保持平衡。进样后，样品离子与淋洗离子竞争固定相上的电荷位置。当固定相上的离子交换位置被样品离子置换时，样品离子因与固定相电荷间的库仑力将暂时被固定相保留。同时，被保留的离子被淋洗液中的淋洗离子所置换，被保留离子从柱上被洗脱。样品中不同离子与固定相电荷之间的作用力不同，样品中不同离子通过色谱柱经淋洗液置换顺序也不一样，从而达到不同离子的分离目的。

（二）离子分离与保留的影响因素

1. 与固定相有关的因素

离子色谱的主要检测器是电导，在低电导背景下检测样品离子，固定相的改变决定了柱的选择性。影响离子交换固定相选择性的主要因素有固定相的组成、离子交换功能基的类型与结构、柱容量与亲水性、固定相颗粒的大小等。现分述如下：

（1）固定相组成的影响

离子色谱柱填料由基质和功能基团两部分组成。能解离出阳离子（如 H^+）的功能基团，可以与样品中阳离子交换，该填料称为阳离子交换固定相，其功能基团主要有磺酸基、羧酸基和膦酸基；能解离出阴离子（如 OH^-）的功能基团，可以与样品中阴离子交换，该填料称为阴离子交换固定相，其功能基团主要有带正电荷的季铵基团。

目前应用较为广泛的离子色谱固定相基质主要是一类有机聚合物。在碱性条件下，具有高交联度的基质具有宽 pH 值的稳定性及一定的机械强度。有机聚合物基质主要有三类：聚乙烯醇、聚苯乙烯-二乙烯基苯和高交联度的聚甲基丙烯酸酯。聚丙烯酸酯与聚甲基丙烯酸酯的亲水性较好，对极性较强的离子的保留比较弱，峰形良好，适合快速分离，但 pH 耐受范围有限（pH 1~12）。聚乙烯醇也有 pH 耐受范围（pH 3~12）的限制。聚苯乙烯/二乙烯基苯（PS-DVB）的 pH 稳定范围宽（0~14），可通过二乙烯基苯含量调节交联度而获得耐压和耐溶胀的性能，可用于抑制与非抑制型的柱填料。高交联度（55%二乙烯基苯基）的聚乙基乙烯苯/二乙烯基苯聚合物是目前使用最广的基质。高的交联度提高树脂的耐压性、降低在有机溶剂存在下的溶胀。

（2）离子交换功能基的类型与结构

阳离子交换树脂有强酸型阳离子交换树脂和弱酸型阳离子交换树脂两种，阴离子交换树脂有强碱型阴离子交换树脂和弱碱型阴离子交换树脂两种。常用于抑制型 IC 中阴离子交换剂的离子交换功能基主要有季铵基，季铵功能基主要有两类：烷基季铵和烷醇季铵。烷基季铵适合碳酸盐类流动相，烷醇季铵适合氢氧化物（KOH 或 NaOH）淋洗液。对阳离子交换树脂，需要使用不同类型功能基来改变其选择性。阳离子交换剂主要适用于碱金属与碱土金属、铵离子与有机胺类阳离子的高效快速分离以及不同浓度比相邻峰的分离等。在离子交换剂的基质上引入不同的功能基可改善对某一种离子或某一组离子的离子交换选择性。

离子交换功能基的结构也是固定相对离子交换选择性的影响因素。有研究表明，季铵类阴离子交换剂有数百种可能的结构。离子交换功能基的大小、形状以及功能基和功能基的分布等都对选择性有影响，可通过优化在季铵功能基中烷基的长度、厚度与疏水性等以改变选择性。

（3）柱容量与亲水性

色谱柱的柱容量及亲水性对离子色谱固定相的工作特性的影响很大，一般情况下高柱容量与低疏水性可以使得离子色谱固定相针对一些含量较低的组分有较好的分离效果。如高容量柱可用于一些含有高浓度组分样品中痕量组分的分析，可直接进样分析且有改善弱保留离子的分离，缩短分析时间的特点。用于高容量柱的所用淋洗液浓度比低容量柱的高，而淋洗液在高容量柱上弱离子的保留时间大于在低容量柱上的保留时间，强离子的保留时间并没有增加。这样强弱离子间的保留时间间距越大，分离效果越好。另一方面，固定相的疏水性对硫代硫酸盐、碘化物、高氯酸盐等疏水性强的离子，Br^-、NO_3^- 等易极化阴离子等的保留有很大影响。一般低疏水性柱会减弱易极化和疏水性强的溶质与固定相之间疏水性相互作用，从而缩短其在柱内的保留时间，此时淋洗液不需加入有机溶剂，即可一次进样同时分离亲水性与疏水性离子。低疏水性固定相的另一优点是对 OH^- 的亲和力增加，OH^- 是一种弱的淋洗液，增加离子交换位置的亲水性可增加 OH^- 的有效淋洗强度。用低疏水性的分离柱，可用较低浓度的 OH^- 淋洗液，低浓度淋洗液对抑制器的使用寿命以及与质谱等的联用是有利因素。

（4）固定相颗粒的大小的影响

柱填料微粒减小，柱压升高，流速增加，柱效增加，分离度与灵敏度增加，弱保留溶质的分离更好。

2. 流动相的影响

抑制型离子色谱中，选择性的改变主要由固定相的性质决定，但使用离子色谱的单位，多数不会做固定相的研制或购买多种色谱柱供选用。为此，在固定相选定之后，流动相的选择也很重要。

3. 淋洗液在线发生器

淋洗液的组成及浓度的变化会引起离子保留时间的改变，不可避免地造成基线不稳、再现性不好、出现鬼峰等问题。1998 年，离子色谱的创始人 Small 提出了"淋洗液在线发生"的新概念。在线淋洗液发生器解决了这个问题。随着离子色谱的发展，淋洗液在线发生器的研究也在不断进行，不断优化，这里不做详细介绍。

4. 温度与压力的影响

电导检测器是离子色谱中应用最广的检测器，溶液中离子温度对检测器的电导产生影响，分析中保持温度稳定，将使得分析获得好的重现性。随温度的增加某些离子的保留时间可能增加，而另一些离子的保留时间可能会减小。因此可通过改变柱温来改变其选择性。温度对离子交换保留的影响还与淋洗液的种类和浓度有关，种类的影响大于浓度的影响。当淋洗液中含有有机溶剂时，温度对保留的影响与有机溶剂的极性有关。离子色谱中高压力可明显改善分离与减少分析时间，这种趋势与 HPLC 相似。

（三）高效离子交换色谱（HPIC）的应用

1. 阴离子的分析

（1）无机阴离子的分析

化学抑制型电导检测中，用于阴离子分析淋洗液一般为弱酸盐。无机阴离子的分析中，常用淋洗液如表 8-1 所示：

表 8-1　用于化学抑制型电导检测阴离子的常用淋洗液

淋洗液	淋洗离子	抑制反应产物	淋洗离子强度
$Na_2B_4O_7$	$B_4O_7^{2-}$	H_3BO_3	非常弱
NaOH 或 KOH	OH^-	H_2O	弱
$NaHCO_3$	HCO^-	H_2CO_3	弱
$NaHCO_3/Na_2CO_3$	HCO_3^-/CO_3^{2-}	H_2CO_3	中
Na_2CO_3	CO_3^{2-}	H_2CO_3	强

无机阴离子的洗脱规律一般是溶质离子的电荷数越大，保留越强；相同电荷数的离子，离子半径越大，即水合离子半径越大，越容易极性化，保留越强；极化程度越强，保留越强；疏水性越强，保留越强，离子的电荷数是影响保留的一个主要溶质特性。

（2）有机阴离子、糖类、氨基酸的分析

离子色谱用于有机离子的分析是一项较新的应用，目前可用于分析小分子有机酸、多价有机阴离子、糖和氨基酸（同时分析）、糖类化合物、氨基酸等。

2. 阳离子的分析

离子色谱广泛应用于阳离子的分析，有多种灵敏的多元素分析方法，离子色谱并不是主要的分析方法，但离子色谱对碱金属、碱土金属、铵及胺类化合物的分析，有明显的优势。阳离子的分离机理、抑制原理与阴离子相似，只是电荷相反。阳离子分析中，抑制器对提高检测灵敏度作用比较小，因此在阳离子分析中非抑制型电导的应用较阴离子中多。阳离子分离的淋洗液主要是矿物酸，经过抑制器之后转变成水，可做梯度淋洗。离子交换功能基是羧基的阳离子交换分离柱，不可用醇作为有机改进剂，若淋洗液中含醇，可能发生酯化反应，对固定相的性能产生影响。该法目前可用于做碱金属、碱土金属、铵、小分子有机胺、重金属和过渡金属的分析。

二、离子排斥色谱

离子排斥的保留机理主要有 Donnan 排斥、位阻排阻（亦称为空间排斥）、疏水性相互作用、极性相互作用、π-π 电子相互作用等，甚至分离时几种机理可能同时发生。其中较为经典的是 Donnan 排斥法，这里将重点介绍 Donnan 排斥法。离子排斥色谱（HPIEC）目前主要用于无机弱酸和小分子有机酸的分离，也可用于醇类、酮类、氨基酸和糖类等的分离。

（一）离子分离机理（经典的 Donnan 排斥）

Donnan 排斥是指离子排斥色谱的固定相是总体磺化的苯乙烯/二乙烯基苯（PS-DVB）H^+型阳离子交换剂，树脂表面的负电荷层对负离子具有排斥作用。纯水通过分离柱时，水围绕磺酸基形成一水合壳层。水合壳层的水分子排列呈较好的有序状态，该水合壳层只允许未离解的化合物通过。强电解质如盐酸完全离解成 H^+ 和 Cl^-，因为 Cl^- 的负电荷受固定相树脂表面的负电荷的排斥，不能接近或进入固定相。对应于它们的保留体积为排斥体积 V_e。同时，中性水分子可进入树脂的孔穴回到流动相，相应于水分子保留时间的体积为总渗透体积 V_p。样品中的有机弱酸（如乙酸）进入柱子之后，在流动相 HCl 酸性介质中，它们处于部分或完全未离解的状态，如乙酸（HAc），未离解的乙酸不受 Donnan 排斥，可靠近并进入树脂内微孔。由上述乙酸与水均不受 Donnan 排斥，可靠近并进入树脂的内微孔，但因为乙酸在固定相表面发生了吸附作用，为此乙酸的保留体积大于 V_p。有机酸在柱内的保留时间随酸的烷基链长的增加而增加，在流动相中加入有机溶剂乙腈或丙醇，可使得脂肪族一元羧酸的保留时间缩短。基于有机酸阴离子的 pK_a 值、分子大小与疏水性不同，有机酸离子保留时间不同而达到分离的目的。

一般 Donnan 排斥中有机弱酸的 pK_a 值越小，酸性越强，酸性较强的酸比酸性较弱的酸保留时间短，酸性较强的酸被先洗脱，如乙酸（pK_a=4.56）在丙酸（pK_a=4.67）前被洗脱。疏水性吸附不同使得亲水性有机酸在疏水性有机酸前被洗脱，如酒石酸（羟基丁二酸）在琥珀酸（丁二酸）前被洗脱。酸性较强的有机酸，如草酸（pK_a=1.04）与丙酮酸（pK_a=2.26），受 Donnan 排斥，保留时间短，较早被洗脱。

（二）离子排斥色谱固定相

目前离子排斥色谱中应用较广的固定相主要有总体磺化的苯乙烯-二乙烯基苯（PS-DVB）

H⁺型阳离子交换树脂。固定相中二乙烯基苯的含量决定树脂的交联度，树脂的交联度是有机酸保留非常重要的参数，它决定有机酸扩散进入固定相的程度，影响保留的强弱。树脂的交联度交联度越高，树脂内的微孔体积越小，对组分的分离就越差。如阳离子交换树脂交联度降低时，其电荷密度也降低，而电荷密度决定了树脂对阳离子的排斥力。用低交联度的阳离子交换树脂可改善在高交联度的阳离子交换树脂上被完全排斥的离子的分离度。为此用于离子排斥的树脂的交联度比较小。有研究表明，高交联度（12%）的树脂适用于弱离解有机酸的分离，低交联度（2%）的树脂适用于较强离解有机酸的分离，目前使用较多的是交联度为8%的树脂。

（三）离子排斥色谱淋洗液

离子排斥色谱最简单的淋洗液是去离子水，但因峰形较宽，应用较少。酸性的流动相能明显改善峰形。常用的淋洗液主要有矿物酸（如 HCl、H_2SO_4、HNO_3、$HClO_4$ 等）和有机酸（如脂肪磺酸、全氟羧酸、芳香酸等）。一些非酸的亲水性淋洗液，如多元醇和糖等也适合做一元羧酸的分离。选择流动相时，应考虑溶质的酸性、极性、溶剂化性质以及检测器的类型等因素。

（四）离子排斥色谱的应用

1. 无机弱酸的分析

目前，应用于无机弱酸的离子排斥色谱分析，比较成熟的有硼酸、氟、亚砷酸、氢氰酸、氢碘酸、硅酸、亚硫酸、硫化物和碳酸等。其中硼酸的摩尔电导低，可加入甘露醇到淋洗液中，甘露醇与硼酸生成酸性较强的配合物，提高对硼酸检测的灵敏度。离子排斥色谱分析亚硫酸和亚砷酸时，可用安培检测。对硅酸的检测在通过酸性洗脱溶液中与钼酸钠柱后衍生反应后，于波长 410 nm 处光度法检测。

2. 有机酸的分析

同等条件下，有机酸离解常数大小、酸性强弱，决定保留时间，一般情况下酸性越弱，保留时间越长。

强酸中有机酸的分析，用离子排斥色谱较好。强酸在排斥柱上不被保留，在死体积洗脱，不会干扰排斥柱上有机酸的分离与定量。如分析硫酸、盐酸等强酸中有机酸时，效果显著。

3. 醇和醛的分析

对醇和醛的检测，常用脉冲安培检测器，其灵敏度高，选择性好，用 HPIEC 具有同时测定多羟基醇的优点。

三、离子对色谱

（一）分离机理

在流动相中加入亲脂性离子，如烷基磺酸或季铵化合物，它们在化学键合的反相柱上分离相反电荷的溶质离子，用 UV 作为检测器，即为反向离子对色谱（RPIPC）。离子色谱中的离子对色谱（也称流动相离子色谱（MPIC））与 RPIPC 的分离机理相似。离子对色谱中的固定相主要有高交联度、高比表面积的中性无离子交换功能基的聚苯乙烯大孔树脂，其 pH 值范围广（pH 0～14）。主要用于疏水性可电离化合物的分离，如大相对分子质量脂肪羧酸、阴离子和阳离子表面活性剂、烷基磺酸盐、芳香磺酸盐和芳香硫酸盐、季铵化合物、水可溶性的维生素、硫的各种含氧化合物、金属氰化物配合物、酚类和烷醇胺等。用于离子对色谱的检测器主要是电导和紫外分光。化学抑制型电导检测主要用于脂肪羧酸、磺酸盐和季铵离子的检测。

离子对分离色谱的选择性主要由流动相决定。其淋洗液水溶液包括两个主要成分，离子对试剂和有机溶剂。改变离子对试剂和有机溶剂的类型和浓度可改变其选择性。

（二）影响离子保留因素

相较离子交换色谱，离子对色谱的主要优点是具有通过改变色谱条件解决多种分析问题的灵活性。流动相中离子对试剂的类型和浓度；流动相中有机改进剂的类型和浓度；无机添加剂的类型和浓度；淋洗液的 pH 值等的改变都将影响到离子对色谱分析问题的灵活性。

1. 离子对试剂的类型和浓度

常见离子对试剂选择规律如下：

（1）对亲水性离子的分离，应选用疏水性离子对试剂；对疏水性离子的分离，应选用亲水性离子对试剂。

（2）一般分子较小的离子对试剂相较相对分子质量大的离子对试剂得到的分离效果好。离子对试剂的浓度也会影响柱子的有效容量，当其浓度增加时，被分离化合物的保留也增加。固定相表面离子对试剂之间的静电排斥将限制柱容量增加的程度。离子对试剂的浓度受抑制器抑制容量的限制。离子对试剂的典型浓度范围一般在 $5 \times 10^{-4} \sim 10 \times 10^{-2}$ mol/L。

2. 有机改进剂的类型和浓度

有机改进剂主要有减少保留时间和改进分离选择性的作用，还可以增加有机化合物的溶解性。其作用机理主要是有机改进剂与离子对试剂竞争固定相表面的吸附位置，减少柱子的有效容量；降低流动相的极性，影响被分离化合物与离子对试剂所形成的复合物在疏水环境中的分配。

常用有机改进剂有乙腈、甲醇和异丙醇，其中乙腈较好，因为它与水的混合物黏度低，且是吸热反应，从而使得淋洗液不易产生气泡。甲醇做有机改进剂时，须用较高浓度才能得到与用较低浓度乙腈时的相似效果。特别强调改进剂的疏水性增加时，黏度增加，会增加操作的反压和降低柱效。被测组分及离子对试剂的疏水性越强，所需有机改进剂的浓度越高。对给定分离体系，有机改进剂的浓度取决于离子对试剂的疏水性。

3. 无机添加剂的类型和浓度及淋洗液 pH 值

无机添加剂（如碳酸钠）添加到流动相中对一价离子保留的影响较小。但是可改进二价或多价阴离子的保留和峰形，其作用机理仍不清楚。如对 F^-、Cl^-、NO_2^-、Br^-、NO_3^-、SO_4^{2-} 和 HPO_4^{2-} 的分离，用 2 mmol/L TBAOH 和 10%乙腈作为淋洗液，可较好地分离 F^-、Cl^-、NO_2^-、Br^-、NO_3^-，但 SO_4^{2-} 和 HPO_4^{2-} 的保留时间较长，峰形也宽，如果在淋洗液加入少量 Na_2CO_3

（0.3 mmol/L），不仅可减少保留时间，而且改善了峰形。

离子对色谱分析阴离子，常用的离子对试剂是氢氧化铵或季铵碱；分析阳离子，常用的离子对试剂是盐酸、高氯酸和脂肪有机酸。

（三）离子对色谱的应用

离子对色谱可应用于无机离子、表面活性离子的分析、金属配合物分析等。如有两种阴离子在一种分离方式上共淋洗，在完全不同的色谱条件下，两种不同的化合物很难有相同的保留行为。例如 NO_3^- 与 ClO_3^- 的分离，用阴离子交换色谱，NO_3^- 与 ClO_3^- 共淋洗，而用 TBAOH 作为离子对试剂，在 IonPacNS1 柱上，由于 NO_3^- 与 ClO_3^- 疏水性不同，得到很好的分离。

表面活性剂分为阴离子、阳离子、非离子和两性离子型表面活性剂。离子对色谱可对表面活性阴离子如芳香磺酸盐，如甲苯、对异丙基苯和二甲苯的磺酸盐，链烷和链烯烃磺酸盐，脂肪族醇（醚）磺酸盐，烷基苯磺酸盐和磺基代脂肪酸甲醚等进行分离并测定。

任务二　离子色谱法的特点

溶液中离子型化合物的检测是经典分析化学的主要内容。目前对阳离子的分析已有如原子吸收、高频电感耦合等离子体发射光谱和 X 射线荧光分析法等分析方法，这些方法快速而灵敏；但是对于阴离子的分析，缺乏同时检测多种阴离子的快速灵敏方法。长期以来一直沿用经典的滴定法、重量法和光度法等。这些方法不能同时分析多种离子，操作步骤冗长费时，需用多种化学试剂，灵敏度低且干扰多。随着离子色谱法的不断发展，目前该法可以测定很多目前难以用其他方法测定的离子，尤其是阴离子，且具有操作简便、灵敏快速、精密度高、选择性好、分析结果准确可靠及应用范围广等优点。

一、快速方便

离子色谱目前已广泛应用于无机离子和离子态化合物的分析，有 70 多种不同类型商品化离子色谱柱，相较其他方法对 7 种常见阴离子（F^-、Cl^-、Br^-、NO_2^-、NO_3^-、SO_4^{2-}、PO_4^{3-}）和 6 种常见阳离子（Li^+、Na^+、NH_4^+、K^+、Mg^{2+}、Ca^{2+}）的分析，该法方便快速，目前测定上述离子一般的平均分析时间已分别小于 8 min。而如果用高效快速分离柱对上述 7 种最重要的常见阴离子达基线分离只需 3 min。另一方面，使用方便是离子色谱发展的标志之一。如 NaOH 是化学抑制型离子色谱中分析阴离子的推荐淋洗液，但在使用时，空气中的 CO_2 总会溶入 NaOH 溶液中生成 CO_3^{2-}，使得基线漂移，有时出现鬼峰。目前使用的在线淋洗液发生器，解决了这一难题，只需工作站的鼠标即可得到所需准确浓度的无污染的 KOH 淋洗液。

二、独特选择性

离子色谱法对无机阴离子的分析目前已是广泛应用的首选方法，对常见无机阳离子、极性有机化合物及小分子有机酸的分析显示出明显的优势，它是对 LC 与 GC 的重要补充。离子色谱法分析离子的选择性主要由选择适当的分离和检测系统来达到。相较 HPLC，离子色谱法中固定相对选择性的影响较大。如 IonPacCS15 型阳离子分离柱，在其树脂修饰基团增加了冠醚后，阳离子的洗脱顺序从原来的 $Li^+ \rightarrow Na^+ \rightarrow NH_4^+ \rightarrow K^+ \rightarrow Mg^{2+} \rightarrow Ca^{2+}$ 改变成 $Li^+ \rightarrow Na^+ \rightarrow NH_4^+ \rightarrow Mg^{2+} \rightarrow Ca^{2+} \rightarrow K^+$。除此之外，离子色谱法对不同离子分析的选择性可通过选择适当的分离方式、检测方法与淋洗液等来达到，在选定分离柱和检测器后，可由选择淋洗液的种类和浓度以及梯度来改变其选择性。

离子色谱住采用的是全 PEEK 材质，可耐强酸强碱，不必担心金属材质溶出问题。

三、灵敏度高

离子色谱分析的浓度范围为 μg/L 级至 mg/L 级。直接进样（如 25～50 μL）电导检测，对常见阴离子的检出限可小于 10 μg/L。对核电厂、半导体工业等所用的高纯水，检出限可达 pg/L 级甚至更低。离子色谱法应用灵活，根据各影响因素进行调整，往往能获得良好的效果，如其检测灵敏度的提高与选择性的改善有关，为此可采用柱后衍生反应来提高检测灵敏度，且该法成本较低；简单地用离子色谱与电感耦合等离子体-质谱（ICP-MS）联用，对砷、铅、锡、汞、铬、镧系元素、磷、硫、钒和镍的检测限也可得到改善。

四、可同时分析多种离子化合物

离子色谱法与光度法、原子吸收法相比较，其主要优点是可以同时检测样品中的多种成分。能在短时间内得到阴、阳离子以及样品组成的全部信息。如离子色谱法可同时检测饮用水中氟化物、氯化物、亚硝酸盐、硝酸盐、硫酸盐等阴离子化合物的含量，且测定操作简单、无干扰、分析速度快、精密度高。

五、真正的绿色色谱分析技术

电解淋洗液在线发生器及高效电解抑制器的发展加速了离子色谱的发展，使离子色谱的应用范围不断增加，且因为该两项技术的发展，使离子色谱法趋于绿色发展。电解淋洗液在线发生器的出现，很好地解决了淋洗液获取高纯氢氧化物的问题，使氢氧化物梯度淋洗成功实施。离子色谱一般不用或很少使用有机溶剂，如有使用也是极少量与水互溶的有机溶剂，这就减少了有机溶剂对工作人员健康的伤害及对环境的污染，是一项真正意义的绿色色谱分析技术。

任务三　离子色谱仪的基本结构

离子色谱法与 HPLC 仪器相似，一般先做成一个个单元组件，根据分析要求将各单元组件组合起来。现在的离子色谱仪由流动相传送（流动相容器、高压输液泵、进样器）、分离柱、检测器和数据处理四个部分组成（图 8-1）。此外可根据需要配置以下装置及系统，如流动相在线脱气装置、自动进样系统、流动相抑制系统、柱后反应系统和全自动控制系统等。

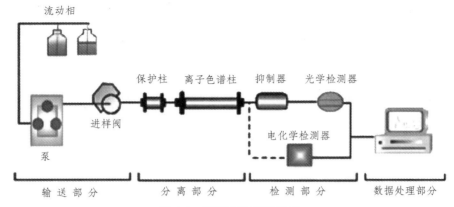

图 8-1 离子色谱仪的组成

离子色谱法的流动相传送系统要求耐酸碱腐蚀以及在有机溶剂（如乙腈、甲醇和丙酮等）中能稳定存在。凡是与流动相接触的容器、管道、阀门、泵等均不宜用不锈钢材料，目前主要采用的是耐酸碱腐蚀的聚醚醚酮（PEEK）材料的全塑料离子色谱系统。

分离柱是离子色谱的核心部件，其材料是一些惰性材料，一般在室温下使用。

离子色谱的检测器分为电化学检测器和光学检测器两大类。电化学检测器包括电导、直流安培、脉冲安培和积分安培；光学检测器主要是紫外/可见分光。电导检测器是离子色谱法的主要检测器，分为抑制型和非抑制型两种。抑制器能具有提高电导检测器的灵敏度和选择性的作用。安培检测器有单电位安培检测器（或称直流安培检测器）和多电位安培检测器（或称脉冲安培检测器）。光学检测器包括紫外/可见和荧光检测器。

色谱数据处理系统是借助于网络技术的发展，色谱工作站可以对色谱分析做数据处理、全程控制仪器运行、实现仪器智能化与自动化，甚至能实现对多系统的远程实时遥控。

离子色谱仪的工作过程：流动相通过输液泵以稳定的流动状态（通过流速或压力表现）输送至分析体系，通过进样器倒入色谱柱，流动相通过色谱柱时样品各组分被分离，并依次随流动相流至检测器，检测到的信号被输送至数据系统记录、处理或保存。抑制型与非抑制型的装置有区别，其流动过程也有不同。

项目二　离子色谱实验技术

任务一　流动相的选择

一、高效离子交换色谱流动相的选择

离子交换分离是淋洗离子和样品离子对固定相有效交换容量的竞争，样品离子和淋洗离子对固定相应有相近的亲和力才能使得这项竞争达到目的。抑制型离子色谱法选择性的改变主要取决于固定相，在固定相选定之后，流动相的选择对离子色谱控制和改善离子交换起到

很重要的作用。流动相的选择与所用的检测器有关，直接电导检测和抑制型电导检测所用的淋洗液在浓度、pH 及类型上有很大的不同。

（一）流动相的种类

1. 测定阴离子的流动相

高效离子交换色谱测定阴离子时，要求如下：淋洗液阴离子易于质子化，并能与 H^+ 结合生成弱离解的酸；淋洗液阴离子能在有效时间内从固定相洗脱溶质离子；与淋洗液阴离子对应的阳离子必须能在抑制器中与 H^+ 交换。能达到条件的常用阴离子淋洗液有氢氧化物、碳酸盐、硼酸盐、酚盐及两性离子，钠、钾离子是较适合的阳离子，通常用它们的钠盐。目前 $Na_2CO_3/NaHCO_3$ 混合溶液是应用较广的淋洗液，两者都易质子化形成弱电导碳酸，可通过改变 CO_3^{2-} 和 HCO_3^- 的比例或浓度来得到不同的选择性，该法简单易行。

2. 测定阳离子的流动相

高效离子交换色谱测定阳离子时，要求如下：淋洗液阳离子易于羟基化，并能生成弱离解的碱；分析阳离子时电荷相反，淋洗液阳离子必须容易羟基化并生成一个弱离解的碱；淋洗液阳离子必须能在有效时间内从固定相洗脱溶质离子，与淋洗液阳离子相对应的阴离子必须能在抑制器中与 OH^- 交换。能达到条件的常用阳离子淋洗液有矿物酸，如硝酸、硫酸、盐酸及甲基磺酸。目前阳离子的抑制型电导检测中，氢离子（H^+）几乎是唯一的淋洗液离子。

（二）流动相的浓度及 pH 值

离子交换是一个动态平衡过程，该平衡将受到淋洗液浓度的影响，从而影响到离子的保留，一般情况下淋洗离子的浓度越高，淋洗液从固定相置换出溶质离子越有效，溶质离子洗脱时间越短。淋洗离子浓度的增加对多价溶质离子的影响明显大于低价溶质离子，使得高价离子保留时间比低价离子的保留时间减少得多，这种影响会出现部分溶质离子洗脱顺序的改变。如常见 7 种阴离子的分析中，当用 CO_3^{2-}/HCO_3^- 作为淋洗液，其淋洗离子浓度增加时，全部离子的保留时间都减小了，但明显二价离子的减小程度更大，其产生的结果就是 NO_3^-/PO_4^{3-} 和 NO_3^-/SO_4^{2-} 的选择性发生明显的改变。

离子交换功能基、淋洗液和溶质离子的离子化程度受到淋洗液 pH 值的影响，阴离子分离中这种影响较为明显，特别是在非抑制型 IC 中。一般强酸性阴离子和强碱性阳离子受 pH 影响较小。若淋洗液是弱酸（或弱酸的盐）或是弱碱时，淋洗液 pH 的改变将影响酸或碱的离解，因而影响到它们的电荷和洗脱溶质离子的能力。同时，弱酸或弱碱的溶质也受 pH 值的影响。增加溶质的电荷，将增加保留时间。如有羧酸、弱酸性的阴离子和多数胺类等存在时，淋洗液的 pH 控制是很重要的。

二、离子排斥色谱流动相的选择

离子排斥色谱流动相常用的淋洗液主要有矿物酸（如 HCl、HNO_3、H_2SO_4、$HClO_4$ 等）和有机酸（如脂肪磺酸、全氟羧酸、芳香酸等）。部分非酸亲水性淋洗液，也适合做一元羧酸的分离（如多元醇和糖等）。离子排斥色谱在选择流动相时，主要考虑溶质的极性、酸性、溶剂化性及检测器的类型等因素。

　　用 Ag^+ 型阳离子交换剂做抑制柱填料时，HCl 是唯一的淋洗液；用抑制型电导检测时，应选择本底电导较低的淋洗液，如烷基磺酸和全氟代羧酸、十三氟代庚酸、辛烷磺酸、全氟丁酸、甲基磺酸、己烷磺酸等。

　　对于非抑制型电导检测，常用的淋洗液是芳香酸，如对甲苯磺酸、苯甲酸、邻苯二甲酸等。

　　另一方面，离子排斥色谱流动相的选择性还与被测离子的 pK_a 有关，除此之外其他淋洗条件的改变对其选择性影响不大。

三、离子对色谱流动相的选择

　　离子对色谱分析阴离子，常用的离子对试剂是氢氧化铵或季铵碱；分析阳离子，常用的离子对试剂是盐酸、高氯酸和脂肪有机酸。由于流动相的较强酸碱性，主要用在 pH 值范围在 0～14 稳定的有机聚合物固定相。若选择的流动相的 pH 值小于 7，即可用 HPLC 中用的 C_{18} 基质的分离柱，直接电导或抑制型电导检测。对多价离子的分离，常需加入适当的酸或碱到流动相中，以改变其 pH 值。

任务二　离子色谱样品的预处理技术

一、概　述

　　离子色谱法检测样品时发现用标准溶液可得到很好的色谱图，在分析实际样品时的色谱图却令人不满意，使得定性定量分析难以完成，究其原因出现不好色谱图主要是因为样品的基体因素、有的组分不可逆地保留在柱上，造成柱效降低或完全失效等。因此，样品前处理的目的就是要将样品转变成水溶液或水与极性有机溶剂的混合溶液，减少和排除去干扰物，调节 pH 值，浓缩和富集待测成分，使它们符合离子色谱法进样的要求，从而得到准确的结果。

　　目前比较经典的离子色谱样品前处理方法主要有：传统的干式灰化法、水蒸气蒸馏法、高温水解法、氧瓶/氧弹燃烧法等，近代的紫外光分解、固相萃取、膜技术、微波消解、螯合离子色谱法与阀切换等。切记离子色谱与高效液相色谱分析的对象不一样，很多适合高效液相色谱样品前处理的方法不一定能直接用于离子色谱，必须经过实践验证后方能使用。

　　对于离子色谱法的样品，在进入系统检测前需做初步分析，不同样品情况处理方式及过程也不同，具体情况分述如下。

　　（1）离子色谱法灵敏度较高，一般用的都是较稀样品溶液，高浓度样品会增加色谱柱容量负荷。为此，对于未知液体样品，需先稀释 100 倍后进样，然后根据结果选择合适的稀释倍数，以此避免色谱柱容量的超载，并减少强保留组分对柱子的污染。

　　（2）过滤除去颗粒物。用过滤器时，需事先用 5～10 mL 去离子水清洗，再用清洗剂进行清洗，直到得到满意的空白后再使用。使用过程中应注意，清洗过滤器的溶剂应与样品溶液相同，一方面是两者的 pH 值相同，另一方面要与样品的溶剂相同。如样品的溶剂是水与有机溶剂的混合物，则清洗剂也应为同样的混合物。

　　（3）测定样品如果是澄清的、基体简单的水溶液。如测定饮用水、酒类、饮料等样品中的有机酸、无机阴离子和阳离子时，则无须进行前处理，直接用去离子水或淋洗液作为溶剂进行稀释，稀释后经 0.45 μm 的滤膜过滤即可进样分析。若澄清、基体简单、样品中有色素及有机物，可采用反相填料预处理柱过滤。

（4）对含有重金属离子或有机物等样品。其重金属离子可用多种类型的阳离子交换树脂经静态交换或动态离子交换给予去除，有机物可用活性炭或其他类型有机吸附剂吸附去除。

（5）对于悬浮液或含有微生物、细菌的样品，可用细菌漏斗、滤纸过滤、紫外光照射等方法进行处理。对于悬浮液也可以采用离心分离后，取上清液进行分析，或通过滤膜（0.45 μm）除去颗粒物。

（6）对液体样品中阴离子的测定。如来水、矿泉水及其他瓶装水中阴离子的测定样品，可将样品在氦气流中吹 5 min 以去除其中可能存在的臭氧、二氧化碳及二氧化氯。然后再加入一定浓度特定防腐剂进行保存。对于碳酸类饮品，一般应将其加热至约 50 ℃，搅拌或超声脱气去除 CO_2 及其他气体，冷至室温，过滤即可。

（7）对需要进行过渡金属分析的样品，样品应盛装在经 10% 硝酸充分浸泡过的聚乙烯塑料容器中，使用前需用稀硝酸和去离子水充分洗涤，取样后立即加入稀酸酸化以防金属离子水解，同时可以消除金属离子在聚乙烯塑料容器上的吸附，减缓如 Fe^{2+} 等还原性金属离子的氧化速度。酸化后的样品再通过 0.2 ~ 0.45 μm 的滤膜过滤并存放于 4 ℃ 环境中。值得注意的是，酸化不能消除有机物的干扰。如果废水中含有有机配位体，配位体会与待测痕量金属离子配合，如不做前处理，测定时只有游离的金属离子和中等强度配合的金属离子可被测定。

（8）对固体样品，相较于 HPLC 的样品前处理，离子色谱法的样品前处理要简单多了，特别是测定样品中易溶于水的离子时，直接用去离子水、酸、碱、淋洗液或其他化学试剂提取即可；样品中不易溶于水的有机物如药物，则可用甲醇、乙醇、二氯甲烷等进行提取。为使提取液易于过滤，一般可用浓度较淋洗液大 1 ~ 2 个数量级的盐类作为提取液。分析固体或是液体的阳离子时，实验室常用的三酸消解法均适用；碱溶法只能用于过渡金属、镧系元素及重金属的分析。测定样品中的阴离子，则不能用三酸消解样品，可改为微波消解、热解法分解等消解样品。

二、样品消解方法

1. 干式灰化法

干式灰化法主要用于测定有机试样的分解。干式灰化法是将试样置于马弗炉中通过高温（400 ~ 700 ℃）分解，有机试样在空气中高温燃烧留下无机残余物。接着加入少量浓盐酸或热浓硝酸对残余物进行浸取，将浸取物定量转移至玻璃容器中，根据离子色谱法分析工作要求制备分析试液。干式灰化法消解样品的时间因试样的性质及分析要求而不同，一般为 2 ~ 4 h。干式灰化法的优点是方法简便、样品不加或少量加入试剂，避免外部引入的杂质。不足之处就是费时，且因少数元素挥发而造成损失。

对于植物性药物的分析，可参考 Haddad 等首先提出的干式灰化法消解植物样品，经过处理后采用离子色谱法进行分析测定。其干式灰化处理具体步骤是：将 2.0 g 某植物性药物样品磨碎并干燥后置于镍坩埚中，加入 10 mL 0.5 g/L 氧化钙形成匀浆。将坩埚中样品炭化 1 h 后转移至 600 ℃ 马弗炉中灰化 2 h，然后加入 3 g 氢氧化钠颗粒后，继续在 600 ℃ 加热 3 min。

冷却后取出，小心地旋转坩埚至熔融物固化。待样品完全冷却后，用去离子水将已固化的熔融物完全溶解，并定容至 100 mL。注意样品中氢氧化钠的浓度很高，须经进一步处理后方可进行离子色谱法测定。

测定粮食样品时，测定金属元素时一般采用加酸消解法，测定非金属元素时一般采用干式灰化法。

干式灰化法消解样品测定阳离子时，一般无须加入 NaOH 或 Na_2CO_3 固定剂，可以直接灰化并用酸提取。具体操作有异于上述植物性药物样品的干式灰化处理。需通过查阅相关资料并通过实践验证后确定其灰化处理。

2. 氧瓶/氧弹燃烧法

氧瓶燃烧-离子色谱法是测定有机试样中非金属元素的常规分析方法，与经典测定方法测定的结果很接近。它是由 Schoniger 于 1955 年创立的一种干式灰化普遍采用的方法。

氧瓶/氧弹燃烧法是将样品包在定量滤纸内，用铂片夹牢，放入充满氧气的锥形烧瓶中进行燃烧，其装置如图 8-2 所示。样品燃烧，待测组分以氧化物形式释放，并被置于氧瓶中的吸收液吸收，过滤后即可进入离子色谱法进行分析。

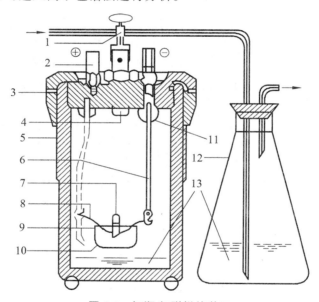

图 8-2　氧瓶/氧弹燃烧装置

1—三通阀；2—点火装置；3—密封圈；4—通气口；5—不锈钢管；6—铂金电极；
7—胶囊；8—铂保险丝；9—样品粉末；10—坩埚；
11—气阀；12—锥形瓶；13—吸收液

目前，氧瓶燃烧-离子色谱法主要用于植物、生物、废弃物及石化产品等样品中的 F、Cl、Br、P、S、N 和 Se 元素分析时的样品前处理。在药物分析中也得到应用。如伍朝赏等认为药物检测分析中，用强酸性条件下的湿法或碱性条件下的干法对药物样品进行前处理，容易破坏药物中的有机物，且会引入干扰测定的离子，难以处理。后通过测定含氟药物醋酸氟轻松和氟哌酸中氟的含量等实践验证，药物检测分析中样品的干式灰化处理以氧瓶燃烧法为好。具体方法是：称取 20 mg 试样，依照《中华人民共和国药典》中氧瓶燃烧法破坏有机物，用

20 mL 水为吸收液，待生成的烟雾被完全吸收，继续振摇 2～3 min，将吸收液移入 25 mL 容量瓶中，用少量水冲洗燃烧瓶，洗液并入上述容量瓶中，加水至刻度定容摇匀。同法做空白试验。对人参中的微量氟、三苯基膦和三苯基膦酸酯中的磷、指甲等生物样品中的氟等的检测均可用该法进行消解。

3. 湿式消解法

湿式消解法主要用于消解含蛋白质的食品、饲料、肥料及生物碱等有机试样。硝酸与硫酸的混合溶液作为消解液，与试样一起置于克氏（Kjeldahl）烧瓶中，在一定温度下进行消解，加入 K_2SO_4 可提高沸点并促进分解。硝酸能将大部分有机物氧化消解为二氧化碳、水及其他挥发性物质，余留无机成分的酸或盐。针对不同类别的样品，具体操作有差异，现以 Halstead 等用 Kjeldahl 法消解湖水中的有机物为例说明。具体操作步骤如下：将 35 mL 湖水样品及 7 mL 碱性过硫酸盐溶液（0.22 mol/L $K_2S_2O_8$ + 0.50 mol/L NaOH）置于消解管中，盖好盖子后放入高压釜，在 204 kPa 的压力及 121 ℃ 的温度下加热 30 min，样品冷却后可直接进入离子色谱分析。消解过程中可能存在部分 Cl^- 被氧化成 ClO_3^- 而干扰 NO_3^- 的测定，为此需要选用合适的离子色谱柱如 IonPaCAS9-HC 柱，可消除 ClO_3^- 与 NO_3^- 测定的干扰，实现 ClO_3^- 与 NO_3^- 很好分离。该法消解的样品还可直接用于总磷的分析。本法最大的优势在于排污少，可以避免 Kjeldahl 法消解中带入的重金属汞的排放。

4. 高温水解

高温水解法是一种相较成熟的样品预处理方法，该法主要利用了一些元素（如卤素等）的易挥发性特点，通过高温（如高达 1060 ℃ 的高温）将这些元素从它们的盐或其他化合物中以蒸气的形式释放出来，然后用合适的吸收液将释放出来的蒸气吸收，从而达到将待测组分进行分离与富集的目的。高温水解法处理的样品，基体简单，几乎可以直接进样测定。因高温水解法对样品水解的完全程度主要取决于热解温度、水蒸气温度和流速、待分析样品的化学特性以及所用的催化剂等，为此使用此法时要注意不同样品水解条件的调整。如在临床医学中，鉴定人体血液中的阴离子，王芳等自行设计组装用于人体血液中阴离子分析（测定血液中氟、氯、氮和硫）的高温水解装置，增加了缓冲瓶和调控部件，使加热条件最佳化。具体做法如下：移取 0.50 mL 血样均匀滴入 75 mm 的瓷舟内，覆盖 1 g 混合催化剂（V_2O_5、WO_3 按质量比=1∶4 的混合物）于样品上，放置于低温电热板上（100 ℃ 左右）加热烘干 3 h，待瓷舟中的血液基本渗入混合催化剂，再覆盖 0.5 g 混合催化剂。将瓷舟推入热解炉高温区，塞紧热解炉磨口塞，通入潮湿氧气，在炉温 850 ℃、水温 70 ℃、氧气流量 500 mL/min 的条件下，热解 18 min。以离子色谱法的淋洗液为吸收液，吸收完毕后，用淋洗液定容后即可进入离子色谱分析。

5. 快速水蒸气蒸馏

快速水蒸气蒸馏法是在酸性或碱性介质中，通入水蒸气，F、Cl 或 NH_3 等随蒸汽蒸馏出来，该法快速简单，主要用于地质样品前处理。在此不做赘述。

6. 紫外光分解法

紫外光分解法与膜分离结合是一项新的样品预处理研究方向。该法主要用于消解样品中有机物，从而测试样中的无机离子。紫外光分解法具有试剂使用量极少、污染少、试剂空白值低、回收率高等优点，但该法消解样品的时间相对较长，不适于测定样品中 I^-、NO_2^-、SO_3^{2-} 和 Mn^{2+} 等易被氧化的成分。

紫外光分解的作用机理如下：光解作用产生的 $HO·$ 自由基可将有机物降解。单位时间内产生的自由基数量越多，紫外光解速度越快。溶液中的水可提供的自由基基本足够，但有机物含量较高的样品，其光解需加入少量双氧水加速自由基的形成，从而加速有机物的降解。

7. 微波消解法

微波消解法是一种利用微波能量转化为热能对样品进行消解的一项新技术，它包括了溶解、干燥、灰化、浸取等过程，适于处理批量样品及萃取极性与热不稳定的化合物。

微波消解法的加热方式与传统的传导加热方式相反，传统加热方式是从热源"由外到内"间接加热分解样品，样品温度一般不超过沸点，而微波消解是对试剂直接进行由微波能到热能的转换加热，属于体加热方式，样品温度可能超过样品沸点温度。多数微波消解法均采取在密闭容器中进行。鉴于上述两个原因（加热方式及密闭容器中加热消解），微波消解技术具有样品分解完全、快速，操作简单，处理效率高，挥发性元素损失小，试剂消耗少，污染小，空白低等优点，被誉为"绿色化学反应技术"。不足之处就是不可避免地出现罐压升高而带来不安全因素，且因此导致该法消化样品量小。

一般微波溶样方法有以下三种：

（1）常压消解法

此法的消化过程不是在密闭容器中进行的，为此该法具有处理样品容量大、安全性好、样品容器便宜易得等特点。因为不是密闭容器，所以样品处理会出现以下缺点，如易被玷污，有时消解不完全，挥发性元素易损失。主要用于有机样品消解。

（2）高压消解法

此法使用的消解容器为消解罐，是一种密闭容器。高压消解法是应用最广的比较成熟的方法，部分方法已被列为标准方法，并已经应用于各类样品中。

（3）连续流动微波消解法

连续流动微波消解是一项将微波在线消解与流动注射联用的技术，目前市面上连续微波消解仪品种越来越多，技术也越发先进，连续微波消解仪的面世，使得微波消解法完全实现自动化，并解决了上述方法存在的问题。避免了敞口消解玷污和易挥发组分的损失，闭罐消解时产生的爆炸危险，减少了溶剂、样品的使用量，缩短了消解时间等。

目前微波消解仪可以消解许多传统方法难以消解的样品，并具有消解样品彻底、快速、空白值低、溶剂用量少、节省能源、易于实现自动化等优点，其应用广泛。可用于消解废水、淤泥等环境样品及生物组织、食品、药品、矿粉等试样。美国公共卫生组织已将微波消解法作为测定金属离子时消解植物样品的标准方法。

三、样品净化技术

经过上述消解处理后的样品，经溶解后，进入离子色谱法分析前，还需要做净化处理。样品的净化处理过程缓慢，经常占去大部分的分析时间。即便如此，样品的净化处理却是不可或缺的，因为样品净化处理的效果往往决定着最后分析结果的成败。样品净化技术一般既可以离线，也可以在线进行。常用的样品净化技术一般有固相萃取法、膜分离法及在线浓缩富集和基体消除技术，现分述如下。

（一）固相萃取

固相萃取是一种近年发展起来的样品预处理技术，该法主要利用了待测物质和基体的保留性能的不同，从而实现样品的净化目的。它是由液-固萃取和液相色谱技术相结合发展而来，与传统的液-液萃取法相比较，该法可以提高分析物的回收率，并具有减少样品预处理过程、操作简单、所需样品体积较少、易实现自动化、样品不易被污染等优点。目前广泛应用于医药、食品、环境、化工等领域，并已成为一种十分重要的样品前处理方法。

固相萃取技术发展迅速，固相萃取柱填料已商品化，主要有两大类，一类是一次性的可满足不同样品测定需要的多种 SPE 填料，另一类是能够再生和可多次使用的 SPE 柱。固相萃取柱填料这些种类，使得固相萃取技术成为了色谱分析中最常用的既快速又灵活的一种样品前处理方法。本节将重点介绍反相材料、离子交换材料、螯合材料和其他新型固相萃取填料在离子色谱法中的应用。

1. 硅胶类 SPE 预处理柱

离子色谱的色谱柱填料的性能与高效液相色谱的色谱柱填料的性能有很大的差异，且两者所测定的对象也有不同。因此，适于离子色谱法用的 SPE 填料与适于高效液相色谱法用的 SPE 填料相比，既有共性又有其特性，二者工作的基本原理相同，目的却不一样。高效液相色谱中常用的硅胶表面很容易通过化学反应键合上具有不同离子交换功能基的离子交换剂，从而使其具有高的选择性。其次硅胶的稳定性能好，能处理很多种类的样品。为此，固相萃取的 SPE 柱将硅胶作为柱填料，目前已商品化的硅胶填料有 C_{18}、C_8 及 CN 等。测定食品、药品中无机阴离子及阳离子时，一般用 C_{18} SPE 柱净化样品。测定生理体液中的阴离子及阳离子时，必须除去其中蛋白质，因为蛋白质会不可逆地吸附在离子色谱法固定相上，极大降低柱效，但是如果在 C_8 硅胶固定相的表面涂上一层亲水性聚合物薄膜，它能阻止蛋白质不可逆地吸附在柱填料上，消除蛋白质的影响。在反相高效液相色谱测定生物体液中药物含量时的样品前处理就曾经使用过该法。

2. 阴、阳离子交换树脂类 SPE 预处理柱

SPE 柱除上述硅胶填料外，也常用一些具有一定功能基或中性的树脂作为柱填料。聚合物填料的选择性好且能很方便地消除样品基体，为此聚合物填料的应用也较为广泛。一般 H^+ 型阳离子交换树脂填充的前处理柱（如 Dionex OnGurad H）可用于去除样品中阳离子的干扰。Ag^+ 型阳离子交换树脂填充的前处理柱（如 Dionex OnGurad Ag）可用于去除样品中卤化物的干扰。Ba^{2+} 型阳离子交换前处理柱（如 Dionex OnGurad Ba）可用于去除硫酸根和氯酸根等离子的干扰。如用离子色谱法检测水样中的氨基乙醇时，采用 OnGurad H 去除钠离子和铵根离子的干扰。

为了获得最佳分析结果，在使用树脂类 SPE 柱时应注意以下几点。

（1）如果采用人工处理样品时，应使用 5 mL 全塑注射器，对 SPE 柱提供必要的人为压力。

（2）在使用 SPE 柱前应用合适体积的去离子水或其他试剂冲洗 SPE 柱，以去除 SPE 柱中

可能存在的残留离子。如 OnGuardⅡRP 柱必须依次用 5 mL 甲醇、10 mL 去离子水冲洗后，才能用于样品的处理。

（3）处理低浓度样品（如 100 μg/L～1 mg/L Cl⁻的预处理）时，应将最后的冲洗液注入离子色谱仪中，做空白试验。如果空白值太大，表明冲洗不充分，应重新冲洗并测定空白值，直至空白值符合要求。

（4）适当的流速可以使 SPE 柱的处理效果达到最佳且使得柱床获得最有效的利用，但是当处理的样品溶液的量小于柱的最大容量时，则上样速度可适当加大。

（5）处理样品溶液及标准溶液，最初的流出液都应该丢弃不留。具体操作是将样品溶液加入 5 mL 的注射器中，应将先流出的 3 mL 流出液弃去，再收集其后的 2 mL 流出液，进行离子色谱法测定。流出液的丢弃量根据 SPE 柱的柱长而定，如对 1.0 mL SPE 柱，弃去前面的 3 mL 流出液，但是换成是对 2.5 mL SPE 柱，则应该弃去前面的 6 mL 流出液。

（6）如果去除的物质为有色物质或其他肉眼可观察到的物质（如沉淀），则 SPE 柱一直可使用到有色带扩展至距离 SPE 柱出口 3/4 处。在某些特殊情况下，如果想得到 SPE 柱的最大上样量，则可让样品溶液一直通过该 SPE 柱，并用适当的检测方法进行连续检测，直到观察到柱的穿透为止。如为测定 OnGuardⅡ Ag SPE 柱对 Cl⁻的穿透体积，可将许多份 2 mL 的 Cl⁻溶液在压力推动下通过该柱，并使流出液流进盛有 5～10 mL 0.1 mol/L $AgNO_3$ 的烧杯中，当观察到有 AgCl 沉淀生成时，则发生了 SPE 柱的穿透，此时所通过的样品溶液的体积就是该体系的穿透体积。

（7）SPE 柱必须在垂直的情况下使用。

（8）在上述基础上，需进行 SPE 柱的回收率实验。通过回收率实验可评价除因与基体组分一起保留在 SPE 柱上造成的分析物损失量。较为理想的效果是通过合适的前处理后，回收率应该接近 100%。

SPE 柱的回收率实验具体做法如下：首先需要对 SPE 柱进行预处理，紧接着通过用合适的标准溶液对离子色谱分析方法进行校正。将离子色谱标准溶液在压力推动下通过 SPE 柱，针对不同长度的 SPE 柱，适量弃去前面的流出液，并收集其后的 2 mL 流出液进行离子色谱法分析。若回收率不好，可能是弃去流出液的体积的选择不够准确，导致样品可能被 SPE 柱中的液体所稀释。那就需要在样品基体中进行标准加入实验，重复测定回收率。回收率较低的原因很多，不能一概而论，大多数可能存在的原因有可能是分析物与基体发生了共沉淀而被柱填料所保留（常见的有 Ag 柱和 Ba 柱），也有可能是分析物与基体组分相结合所致（如 OnGuardⅡP 柱），有时可通过调节溶液 pH 值来改善回收率。对 Ag 柱和 Ba 柱，当回收率较低时，对样品进行适当稀释，因为高浓度的基体经过 SPE 柱时，基体成分发生沉淀，分析物可被该沉淀吸附，从而造成回收率下降，稀释可在一定程度上减少吸附。

除了上述 SPE 柱使用情况外，有些样品的预处理只用一种 SPE 柱是不够的，可以同时使用多种 SPE 柱去除干扰。这种多柱串联系统，可以不受样品基体组分的影响，目标分析物不被其中的任一种 SPE 柱除去，净化效果良好。

3. 螯合树脂类 SPE 预处理柱

离子色谱法中的螯合树脂固相萃取法，可用于一些复杂基体中痕量过渡金属离子和镧系金属离子的富集、浓缩和基体消除，也可以去除样品中的一些干扰金属离子。螯合固相萃取材料还可以用于复杂基体中痕量阴离子的富集。

　　螯合树脂固相萃取法是基于氢离子与金属离子竞争树脂上的螯合位置的工作原理来完成净化处理的。溶液的 pH 值对螯合树脂类 SPE 的螯合能力有很强的影响，当 pH<2.5 时，氢离子浓度高，螯合树脂完全质子化，螯合柱几乎不保留过渡金属离子；当通过柱的洗脱液 pH=5～6 时，氢离子浓度降低，氢离子将被过渡金属和镧系金属取代。同时，相对过渡金属和镧系金属而言，碱土金属在树脂上的保留较弱。因此用 pH=5.5 的乙酸铵缓冲溶液进行淋洗时，碱土金属将被选择性洗脱，大多数过渡金属和镧系金属则被定量保留在柱上，当 pH<2 时（0.5 mol/L HNO$_3^-$），氢离子浓度升高，过渡金属和镧系元素被完全洗脱。

　　螯合固相萃取材料对于复杂基体中痕量阴离子的富集。其工作原理是通过调节淋洗液浓度和阳离子种类，来调控预处理柱的柱容量，实现基体消除和待测物富集的目的。一般分为三个步骤：一是当用高浓度淋洗液冲洗富集柱时，柱容量将达到最大，此时所有离子都保留在富集柱上；二是用较低浓度的淋洗液淋洗富集柱，使得柱容量下降，此时弱保留离子将会从富集柱中洗脱出来；最后是用更低浓度的淋洗液洗脱富集柱，此时富集柱容量很小，强保留离子也将从富集柱中被洗脱出来，从而实现样品中弱保留干扰离子和强保留待测离子的分离，达到消除基体的目的。

4. 碳材料

　　活性炭由石墨微晶、无定形碳和单一平面网状碳三部分组成，其中石墨微晶是活性炭的主体部分。活性炭作为吸附剂进行固相萃取具有很好的优势，如活性炭有大量的空隙及很大的比表面积，是一种疏水性很强的吸附材料，并且对有机物有很好的吸附性，反而对无机离子的亲和力很弱。经过改良后的碳纳米管更加独具特色，其独特的中空结构、高化学稳定性、高比表面积，使得碳纳米管作为良好的固相萃取材料而备受关注。相较其他萃取材料如 C$_8$、C$_{18}$ 等，碳纳米管具有更强的萃取能力。石墨烯是具有比碳纳米管更大比表面积，制备更为简单，且不受金属离子的污染的吸附剂，其在分离领域的应用将比碳纳米管更为广泛。

　　目前碳材料可用于萃取水样中的除草剂、杀虫剂和杀菌剂等污染物，去除食品样品中色素等疏水性杂质，及酱油、果汁、低度酒中的 21 种有机酸的分析等。

（二）膜技术

　　膜技术广泛用于工业生产中，如废水处理、纯水制备、食品及生物工程等。离子色谱法分析中净化样品的膜技术主要有三种：渗析法、超滤及电渗析。

1. 渗析法

　　渗析法是利用半透膜的透过性特点，将它作为滤膜，使试样中的小分子经扩散作用不断透出膜外，而大分子不能透过而被保留，直到膜两边达到平衡。渗析技术的使用防止了大分子对分离柱的破坏，避免了泵甚至检测器的堵塞，使样品前处理简化，节省了时间，提高了效率。

　　渗析法近年来快速发展，已经实现在线的样品前处理。在线渗析法主要包括四个步骤：渗析池淋洗、渗析、转移、进样。

2. 电渗析法

电渗析法是基于在电场的作用下，带电离子透过膜到阴极室或阳极室，电渗析所用的膜基本上是渗析法经常用的中性纤维膜和离子交换膜。离子交换膜分为阳离子膜及阴离子膜，阳离子膜只能通过阳离子和水，阴离子膜只能透过阴离子和水，通电后带相反电荷的离子及中性分子则不透过对应的反电荷的离子膜或透过很少。从而使得样品中阴、阳离子分别进入相应的阴极室或阳极室，达到阴、阳离子的分离净化目的。该技术能选择性地富集待分析的离子，不需要预处理柱，能在 20 min 内获得 10 ~ 20 倍的富集效率。与其他方法相比较，该法可处理大体积的样品以达到高的检测灵敏度。

3. 超　　滤

超滤是在压力的作用下，使不易过滤的样品通过膜。其膜的孔径为 1 ~ 50 nm，它可分离相对分子质量为 3000 ~ 1 000 000 的可溶性大分子物质。相较渗析法，该法速度快、回收率高，但易被大分子物质污染。该法主要用于处理含有大分子的生化样品，在离子色谱应用中主要用于去除样品中的蛋白质等大分子。目前在线超滤-离子色谱法有操作简单、处理快速、自动化等优点，使得超滤技术已经成为离子色谱样品前处理方法之一。

（三）阀切换与柱切换技术

离子色谱中的阀切换与柱切换技术是通过切换阀，连接两根或两根以上相同或不同分离机理的色谱柱，通过阀切换改变淋洗液的流动方向，在一根色谱柱上首先实现待测组分和干扰组分的分离，达到分离和纯化的目的，在随后的色谱柱上完成待测组分的分离分析。目前，阀切换与柱切换技术可实现对复杂样品的直接进样分析，已成为分析复杂化合物的有力工具。目前有三种主要的离子色谱阀切换与柱切换技术：核心切换法、单泵柱切换法和循环离子色谱法。

任务三　分离方式和检测方式的选择

离子色谱分析中，测定一个未知样品或确立一种方法发展时，首先要考虑的是选择适当的分离方式及检测离子方式。目前离子色谱有三种主要的分离方式和多种检测方式。具体注意事项及做法如下。

作为分析者应最先了解样品的基体情况以及待测化合物的分子结构和性质，如待测离子的电荷数、酸碱性、亲水性、是无机离子还是有机离子，是否为表面活性化合物等。待测离子的疏水性、水合能及 pK 值是决定选用分离方式的主要因素。根据待测离子提供的特性，确定其分离方式。如疏水性弱、水合能高的离子，较适合用 HPIC 分离（如 Cl$^-$或 K$^+$）；水合能低和疏水性强的离子，较适合用 MPIC 分离或亲水性强的离子交换分离柱（如高氯酸或四丁基铵）；有一定疏水性也有明显水合能，pK_a 值在 1 ~ 7 的离子，较适合用 HPICE 分离（如乙酸盐或丙酸盐）。

离子色谱常用检测器有两种：电化学检测器（包括电导和安培）和光学检测器。确定分离方式后，可根据测定离子特点选择合适的检测方式。一般情况可遵循以下规律。电导检测可用于在水溶液中以离子形态存在的离子，如无机、有机离子及较强的酸或碱，以弱酸盐（$Na_2CO_3/NaHCO_3$、KOH、$NaOH$）或强酸（H_2SO_4、甲基磺酸、HNO_3、HCl）为流动相的阴、阳离子交换分离；对弱离解及具有电化学活性的离子，适合用安培检测器；具有对可见光或紫外有吸收基团或经柱后衍生反应后生成了有吸光基团的化合物，可选用光学检测器，在外加电压下可发生氧化还原反应基团的化合物，则可选用直流安培或脉冲安培检测。对于复杂样品，可采用两种或三种检测器串联使用，使得其一次进样能够获得更多的信息。当有多种方案可选时，分析方案的确定要由基体的特性、过程的复杂程度以及经济合理来决定。

任务四　色谱参数的优化

一、分离度的改善

（一）样品的稀释

离子色谱分离柱的柱容量是有一定范围的，为避免造成柱的损伤或增加柱清洗难度及减少清洗与再平衡的时间，同时为了增加分析分离度。对于未知的样品，最好先稀释后再进样。如盐水中 SO_4^{2-} 和 Cl^- 的分离，如果直接进样，会出现该分析样品的色谱峰很宽且有拖尾，原因就是没有经过稀释的样品，离子浓度过高，其进样量已超过了分离柱的容量，在常用的色谱条件下，30 min 之后仍有 Cl^- 洗脱。此时，在稳定基线未恢复之前不能再进样。

（二）分离和检测方式的选择及适当的改变

若待测离子已经做了稀释，但是待测离子对固定相亲和力很相近或是相同，结果色谱分离效果常不令人满意。出现这种情况，在选择好适当的流动相之后，就应该考虑选择适当的分离方式和检测方式，在此可依据离子色谱分离方式和检测方式的选择规律，针对不同的待测类型做出选择，并通过试验实践做出适当的调整。如 NO_3^- 和 ClO_3^- 两种离子，它们的离子半径相近、电荷数相同，采用碳酸盐作为淋洗液在阴离子交换分离柱上共淋洗。鉴于 ClO_3^- 的疏水性大于 NO_3^- 的正可调整淋洗液，此时用 OH^- 作为淋洗液，在亲水性柱上或离子对色谱柱上进行就很能轻易将它们分开。又如 NO_2^- 与 Cl^- 在阴离子交换分离柱上的保留时间相近，分离困难，可根据两者对 UV 吸收差异比较大的特点，将紫外和电导两种检测器串联，用紫外检测器测定 NO_2^-，用电导检测器测定 Cl^-，这样一次进样可同时检测 NO_2^- 与 Cl^-。对高浓度强酸中弱酸的分析，采用离子排斥，不会干扰弱酸在离子排斥柱上的分离。

（三）淋洗液与淋洗模式的选择

在前面的章节中，我们知道离子色谱固定相对色谱分析分离效果起到很大的作用，但是固定相的种类有限，在固定相确定后，流动相的选择对离子色谱分析分离效果也很重要。淋洗液的种类、浓度及有机溶剂的适当选择，适当的淋洗模式的选择等，都能有效地改善离子色谱分析的分离度。

离子色谱中固定相结构不同，离子交换功能基的选择性和亲水性不同，淋洗液的选择亦不同。为获得最佳的分离，一般要求样品离子和淋洗离子之间应该有相近的亲和力。一般离子交换功能基为烷基季铵的阴离子交换剂，用碳酸盐作为淋洗液；离子交换功能基为烷醇季铵的离子交换剂，主要用 KOH 或 NaOH 作为淋洗液。另一方面，淋洗液浓度的不同对不同价态的离子影响也有差异，如淋洗液浓度改变对多价待测离子保留时间的影响大于对一价待测离子。为此可以通过改变淋洗液的浓度来改变多价待测离子的保留时间，从而达到将多价待测离子与一价待测离子分开的目的。

离子交换树脂亲和力强的离子有两种，一种是电荷数大的离子，如 PO_4^{3-} 、 AsO_4^{3-} 和柠檬酸等；一种是离子半径大，疏水性强，如 I^- 、SCN^- 、$S_2O_3^{2-}$ 、苯甲酸及多聚磷酸盐等。对电荷数大的离子可采用选择强的淋洗离子或增加淋洗液浓度来改善测定效果。对离子半径较大，疏水性强的离子，可考虑选用亲水性的分离柱或在淋洗液中加入适量极性有机溶剂（如甲醇、乙腈等），有机溶剂可以缩短保留时间，减小峰的拖尾，增加测定的灵敏度。当样品中有两种离子的分离度小于 0.8 或共洗脱时，可考虑查看两种离子的疏水性是否不同，若疏水性有差异，可考虑在淋洗液中加入适当的有机溶剂来改善分离。

除了上述淋洗液种类的选择和浓度的改变，淋洗液的淋洗模式也对离子色谱分析的分离效果产生很大的作用。如梯度淋洗，梯度淋洗的突出优点是能在一次进样中同时分离强保留与弱保留的离子，能缩短分析时间，改善分离的效果，提高柱容量。目前采用抑制型电导检测，以 OH^- 类淋洗液用于梯度淋洗效果较好；$Na_2B_4O_7$ 类淋洗液是用作梯度淋洗分离弱保留离子比较合适的淋洗液。如淋洗液中有添加有机溶剂时，可采取保持淋洗离子浓度不改变，只改变有机溶剂的浓度，这种梯度淋洗模式在离子对色谱与紫外检测中应用较多。

（四）减少保留时间

离子色谱的发展就是要通过不断探索，寻找最佳测定条件，在保证测定结果的高准确度、高精密度的同时节约测定成本，测定成本包含了仪器成本、测定试剂使用量、减少分析时间等诸多因素。其中减少分析时间而快速检测备受人们关注，快速检测包括快速得到分析结果、改进生产效率、高的样品通量、减少消耗等。

从前面章节中了解到，离子色谱分析中减少分析时间的方法很多，可以通过选择合适的固定相、流动相，增加流速，改变温度，调整柱长，调节淋洗液种类及浓度，改变淋洗模式如梯度淋洗，适当加入有机溶剂，检测方式的串联，用快速柱（短柱或整体柱）等来达到，但每种方法都有不同的局限性。如增加淋洗液的流速虽然可缩短分析时间，但流速的增加使得系统压力也增加了，系统所能承受的压力是有限的，为此淋洗液的流速大小受到系统所能承受最高压力的限制。另一方面由于整体柱结构的多孔性，使得整体柱具有一定的低流阻与反压，虽然仍然可用高的流速，但会消耗更多的溶剂。

改变温度也能加快分析速度，如温度的提高，使得淋洗液黏度降低，待测离子扩散系数增大，这时可用较高的流速而不增加压力与降低柱效；但值得注意的是离子色谱需要整个色谱系统的温度稳定，多数柱填料在高温（ $> 80\,℃$ ）下是不稳定的，而且有些离子的保留随温度的增加而增加，反而会使得分析时间增加。

调整柱长，缩短分析时间，如短柱保留体积减小，减少运行时间，但柱效降低。

减小柱填料颗粒的大小，可提高柱效，但压力增加，使得保留时间增加。

梯度淋洗分离，影响选择性的变量更多，对于多成分样品的分析与快速分析，梯度淋洗比较有利。但淋洗条件的优化较复杂。

综上所述，离子色谱分析中不是调整哪一项指标就能达到既能得出最佳实验测试效果，又能达到最短分析时间目的的。我们只能通过不断地试验实践，如正交实验等方式方法寻找样品测试中各项影响因素的最佳条件，实验条件的确定使得样品测试既能保证最佳测试效果的同时又能保证分析时间达到最短的目的。

（五）改善检测灵敏度

离子色谱常用检测器有两种：电化学检测器（包括电导和安培）和光学检测器。本节只讨论电导检测器的情况。改善检测灵敏度的方法主要有：直接调节、增加进样量、采用浓缩柱、微孔柱等。现分述如下。

1. 直接调节

直接调节将基线噪声尽量降低，并将检测器的灵敏度设置到较高灵敏挡，以此改善检测灵敏度，该法直接简单但效果有限。

2. 增加进样量

增加进样量可提高检测的灵敏度。进样体积的上限由保留时间最短的色谱峰与死体积（水负峰）间的时间和柱容量决定，可根据这一原理确定进样量的上限，在原有实验条件下适当增加进样量，不超出其上限即可。如用 IonPac CS12A 柱，12 mmol/L 的硫酸作为淋洗液。进样体积为 1300 μL 时，用抑制型电导检测碱金属和碱土金属可低至 μg/L 级。在阴离子分析中，用 CO_3^{2-} / HCO_3^- 做流动相时，F^- 保留时间最短的峰靠近水负峰，F^- 没有足够的时间参加色谱过程，F^- 定量测定困难。此时用亲水性强的固定相，以 NaOH 为淋洗液，采用梯度淋洗模式，适当增大进样量，当进样量为 1000 μL 时常见阴离子测定可低至 μg/L 级。增加进样体积时，还需考虑柱容量。

3. 采用浓缩柱

当测试的样品比较清洁时，样品痕量成分测定使用浓缩柱的效果是比较好的。但是在用浓缩柱时应注意，柱子的动态离子交换容量不可超过理论值及注意 考虑样品的基体。

4. 采用微孔柱

离子色谱中常用标准柱的直径为 4 mm，小孔径柱直径为 2 mm。小孔柱较标准柱体积小了 4 倍，进样量相同的情况下，在小孔柱中检测器产生信号将是标准柱的 4 倍之多。并且淋洗液的用量只是标准柱的 1/4，大大减少了淋洗液的消耗。是一种较为环保的柱型。

项目实战　离子色谱法测定水中阴离子

一、实战目的

（1）掌握离子色谱法分析的基本原理及操作技术。

（2）熟悉离子色谱仪的基本组成。

（3）熟悉离子色谱对常见阴离子的测定方法。

（4）了解离子色谱定性、定量的分析方法。

二、实战原理

（1）采用环进样的方式进样。

（2）分离机理：离子交换分离。

本实验采用阴离子交换树脂作为固定相，以 $NaHCO_3$-Na_2CO_3 混合液为洗脱液（淋洗液），用外标法定量分析样品水中的阴离子。

当待测阴离子的试液进入分离柱后，在分离柱上发生如下交换过程：

$$R\text{-}HCO_3 + MX \rightleftharpoons RX + M\text{-}HCO_3$$

样品进入色谱柱后，用淋洗液进行洗脱，样品离子即与树脂上离子进行可逆交换，直至平衡。不同阴离子（如 F^-、Cl^-、NO_2^-、NO_3^- 等）与阴离子树脂的亲和力不同，它们在树脂上的保留时间不同从而达到分离的目的。

（3）本实验采用的检测器为电导检测器。

三、仪器与试剂

仪器：离子色谱仪，732 型强酸 Metrosep A SUPP 5-250 阴离子分析色谱柱，Metrosep A SUPP 4/5 guard 阴离子色谱保护柱，超声波发生器，真空过滤装置，1 mL、10 mL 注射器各一支，0.20 μm、0.45 μm 水相微孔过滤膜。

试剂：NaF、KCl、$NaNO_2$、$NaNO_3$，上述试剂均为优级纯；超纯水。

四、实战步骤

（1）准备浓度分别为 1.0×10^{-5}、2.0×10^{-5}、3.0×10^{-5} 和未知浓度的试样各一份。

（2）设置仪器参数：淋洗液流量 1.2 mL/min，数据采集时间 10 min。

（3）用注射器注入 1.0×10^{-5} 的溶液进入离子色谱仪，观察色谱图，记下相关数据，依次进行其他浓度试样的检测。

注意试液装入前清洗三次，最后抽取时无气泡。

（4）绘制标准曲线。

五、结果处理

（1）数据记录（表 8-2）

表 8-2　离子色谱法测定水中阴离子数据记录

溶液	离子	出峰时间	峰面积
1.0×10^{-5}			
2.0×10^{-5}			
3.0×10^{-5}			
未知液			

（2）根据标准试样和样品试样色谱图中色谱峰的保留时间，确定被分析离子在色谱图中的位置。

（3）绘制标准曲线，拟合线性回归方程。

（4）计算水样中被测阴离子的含量。

六、注意事项

（1）淋洗液必须先进行超声脱气处理。

（2）所有进样液体必须经过微孔滤膜过滤。

七、思考题

（1）比较离子色谱法和高效液相色谱法的异同点。

（2）测定阴离子的方法有哪些？试比较它们各自的特点。

（3）简述抑制器的作用。

参考文献

[1] 刘兰英. 仪器分析[M]. 北京：中国商业出版社，2008.

[2] 何世伟. 色谱仪器[M]. 杭州：浙江大学出版社，2012.

[3] 李华昌，符斌. 化验师技术问答[M]. 北京：冶金工业出版社，2006.

[4] 陆明廉，张叔良. 近代仪器分析基础与方法[M]. 上海：上海医科大学出版社，1993.

[5] 朱良漪. 分析仪器手册[M]. 北京：化学工业出版社，1997.

[6] 方肇伦. 仪器分析在土壤学和生物学中的应用[M]. 北京：科学出版社，1933.

[7] 何世伟. 色谱仪器[M]. 杭州：浙江大学出版社，2012.

[8] SCOTT R P W. Introduction to analytical gas chromatography[M]. New York: Marcel Dekker-Inc, 1998.

[9] 容蓉，邓赟. 仪器分析[M]. 北京：中国医药科技出版社，2014.

[10] 魏福祥，韩菊，刘宝友. 仪器分析原理及技术 [M]. 2 版. 北京：中国石化出版社，2011.

[11] 安登魁. 现代药物分析选论[M]. 北京：中国医药科技出版社，2000.

[12] FENG N et al. Investigation of the metabolism of 7-(4-chlorobenzyl)-7, 8, 13, 13a-tetrahydroberberine chloride in the rat[J]. Eur. J. Drug Metab. Pharmacokinet, 1998, 1: 41-44.

[13] 汪正范，等. 色谱联用技术[M]. 北京：化学工业出版社，2001.

[14] 牟世芬，朱岩，刘克纳. 离子色谱方法及应用[M]. 北京：化学工业出版社，2018.

[15] GJERDE D T, FRITZ J S, SCHMUCKLER G. J Chromatogr, 1979, 186: 509.

[16] HADDAD P R, NESTERENKO P N, BUCHBERGER W. JChromatogr A, 2008, 1184: 456.

[17] BRUZZONITI M C. Sarzanin 离子色谱法[J]. AnalChimActa, 2005, 540: 45.

[18] WARTH L M, FRITZ J S. J Chromatogr Sci, 1988, 26: 630.

[19] BARRON R E, FRITZ J S. J Chromatogr, 1984, 284: 13.

[20] NORDBORG A, HILDER E F, HADDAD P R. Annu Rev Anal Chem, 2011, 4: 197.

[21] PAULI B, NESTERENKO P N. Tr Anal I Chem, 2005, 24: 295.

[22] 屈峰，牟世芬. 环境化学，1994，13（4）：363.

[23] WEISS J. Ion Chramatography. 2nd ed. Weinheim: VCH, 1995.

[24] FISCHER K, KOTALIK J, kETTRUP K. J Chromatogr Sci, 1999, 37: 477.

[25] ZINN G M, RAHMAN G M M, FABER S, et al. Journal of Dietary Supplements, 2015, 67: 15.

[26] SHAW M J, HADDAD P R. Environment International, 2004, 30: 403.

[27] 伍朝赏，周清泽，罗发军. 药物分析杂志，1991，11（4）：202.

[28] HALSTEAD J A, EDWARDS J, SORACCO R J, et al. J Chromatogr A, 1999, 857(1): 337.

[29] LIN J H, YANG Y C, SHIH YC, et al. Biosens Bioelectron, 2016, 77: 242.

[30] 王芳，周丽沂. 分析仪器，1991，2：58.

[31] LI T，CAO J，LI Z，et al. Food Chem，2016，192：188.

[32] 华中师范大学，东北师范大学. 分析化学[M]. 4 版. 北京：高等教育出版社，2011.

[33] 李美发. 分析化学[M]. 6 版. 北京：人民卫生出版社，2007.

[34] 武汉大学. 分析化学[M]. 4 版. 北京：高等教育出版社，2000.

[35] 刘约权. 现代仪器分析[M]. 2 版. 北京：高等教育出版社.

[36] 朱明华. 仪器分析[M]. 4 版. 北京：高等教育出版社，2018.

[37] 刘密新. 仪器分析[M]. 2 版. 北京：清华大学出版社，2002.

[38] 武汉大学化学系. 仪器分析[M]. 北京：高等教育出版社，2001.

[39] DB34/T 2743-2016 槐米及其制品中总黄酮含量的测定分光光度法[S]. 合肥：安徽省质量技术监督局，2016.

[40] 李克安. 分析化学教程[M]. 北京：北京大学出版社，2005.

[41] 吕方军，王永杰. 分析化学[M]. 武汉：华中科技大学出版社，2010.

[42] 国家药典委员会. 中华人民共和国药典[M]. 北京：中国医药科技出版社，2015.

[43] 华东理工大学化学系，四川大学化工学院. 分析化学[M]. 北京：高等教育出版社，2003.

[44] 冯务群，李菁. 分析化学[M]. 河南：河南科学技术出版社，2012.

[45] 张凌. 分析化学[M]. 北京：中国中医药出版社，2016.

[46] 武汉大学. 分析化学[M]. 北京：高等教育出版社. 2007.

[47] GB/T 7484-1987. 水质氟化物的测定　离子选择电极法[S].

[48] 谢庆娟，李维斌. 分析化学[M]. 北京：人民卫生出版社，2013.

[49] 张梅，池玉梅. 分析化学[M]. 北京：中国医药科技出版社，2014.

[50] 潘国石. 分析化学[M]. 北京：人民卫生出版社，2010.

[51] 梁生旺，万丽. 仪器分析[M]. 北京：中国中医药出版社，2012.

[52] 顾国耀，祁玉成. 分析化学[M]. 北京：高等教育出版社，2010.

[53] 邹学贤，分析化学[M]. 北京：人民卫生出版社，2006.

[54] 彭红，文红梅，药物分析[M]. 北京：中国医药科技出版社，2015.

[55] 张梅，池玉梅，分析化学[M]. 北京：中国医药科技出版社，2014.

[56] 冯务群，李曹. 分析化学[M]. 2 版. 郑州：河南科学技术出版社，2012.

[57] 刘金龙. 分析化学[M]. 北京：化学工业出版社，2012.

[58] 吕方军，王水杰. 分析化学[M]. 武汉：华中科技大学出版社，2010.

[59] 胡广林，许辉. 分析化学[M]. 北京：中国农业大学出版社，2009.

[60] 马红掘. 实用药物研发仪器分析[M]. 上海：华东理工大学出版社，2014.

[61] 王中慧，张清华. 分析化学[M]. 北京：化学工业出版社，2013.

[62] 师宇华，费强，于爱民，等. 色谱分析[M]. 北京：科学出版社，2015.

[63] 苏克曼，张济新. 仪器分析实验[M]. 北京：高等教育出版社，2005.

[64] 湖南大学. 色谱分析[M]. 北京：中国纺织出版社，2008.

[65] 陈卫，丁于明. 罗红霉素胶囊剂中罗红霉素红外光谱鉴别方法的实验[J]. 抗感染药学，2009（2）.

[66] 邹良明. 食品仪器分析[M]. 北京：科学出版社，2017.

[67] 许柏球，丁兴华，彭珊珊. 仪器分析[M]. 北京：中国轻工业出版社，2013.